U0282376

数字电子技术基础

汤秀芬　李　虹　主编

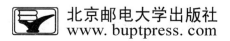

北京邮电大学出版社
www.buptpress.com

内 容 简 介

    本书是依据教育部教学指导委员会电子信息科学与电气信息类平台课程教学基本要求编写。全书共9章,主要内容包括数制和码制,逻辑代数,逻辑门电路,组合逻辑电路,锁存器和触发器,时序逻辑电路,半导体存储器可编程逻辑器件,脉冲波形的产生和整形,数/模和模/数转换器等,各章末都附有小结和习题,以利于学生理论联系实际,巩固所学知识。

    本书可作为高等院校电子、电气、计算机等信息类本科专业"数字电子技术基础"课程的教材,也可供其他各相关专业的学生和从事电子技术工作的工程技术人员参考。

图书在版编目(CIP)数据

数字电子技术基础 / 汤秀芬,李虹主编. --北京:北京邮电大学出版社,2014.12

ISBN 978-7-5635-4211-6

Ⅰ. ①数… Ⅱ. ①汤… ②李… Ⅲ. ①数字电路—电子技术 Ⅳ. ①TN79

中国版本图书馆 CIP 数据核字(2014)第 277485 号

书　　　名:数字电子技术基础

著作责任者:汤秀芬　李　虹　主编

责 任 编 辑:付兆华

出 版 发 行:北京邮电大学出版社

社　　　址:北京市海淀区西土城路 10 号(邮编:100876)

发 行 部:电话:010-62282185　传真:010-62283578

E-mail:publish@bupt.edu.cn

经　　　销:各地新华书店

印　　　刷:北京源海印刷有限责任公司

开　　　本:787 mm×1 092 mm　1/16

印　　　张:17.75

字　　　数:460 千字

版　　　次:2014 年 12 月第 1 版　2014 年 12 月第 1 次印刷

ISBN 978-7-5635-4211-6　　　　　　　　　　　　　　　　　　　　　　　定　价:38.00 元

· 如有印装质量问题,请与北京邮电大学出版社发行部联系 ·

前　言

　　本书是依据教育部教学指导委员会电子信息科学与电气信息类平台课程教学基本要求编写,作者根据多年的教学经验积累和课程建设成果,参考国内外诸多经典教材,编写了本书。该教材具体特点如下:

　　① 注重基础性。全书对基本概念、基本原理和基本分析方法的阐述清晰透彻、深入浅出。内容编排遵循由简单到复杂、循序渐进的原则,遵循"先器件后电路、先基础后应用"的规律。教材层次分明、重点突出,使学生能够对基础知识牢固掌握并能灵活运用。

　　② 注重实用技能的培养,引入简单易学的虚拟仿真软件 Multisim。Multisim 是 EWB升级版,以界面形象直观、操作方便、易学易用、仿真分析功能强大等优点突出。Multisim与 EWB 相比,器件库大大扩充,包含有上万种器件,器件模型设计得更加精确,虚拟仪器品种增多,使用数量也不受限制,仿真分析项目增多,分析结果更加精确、可靠。

　　③ 加强理论联系实际。本书的主要目的之一就是使读者能设计和构建真正的数字电路,因而我们更注重分析在硬件设计中有些实际意义的问题,如数字集成电路的速度、功耗、驱动能力、噪声容限等对数字电路性能的影响、不同系列门电路之间的连接等。常用集成数字器件采用当前主流芯片,力求体现最新的数字电子技术。

　　本书共 9 章,各章主要内容及特点如下:

　　第 1 章介绍数字电路的基本概念、数制、二进制算术运算及码制。

　　第 2 章介绍逻辑代数、逻辑函数的表示方法及其化简、用 Multisim 11.0 进行逻辑函数的化简与变换。目前一些比较流行的 EDA 软件都具有自动化简和变换逻辑函数式的功能。本章提到的 Multisim 11.0 就是其中的一种。利用这些软件,可以很容易地在计算机上完成逻辑函数的化简或变换。

　　第 3 章介绍 CMOS、TTL 等几种常见集成门电路的结构、逻辑功能、电气特性和主要参数。为了适应数字集成电路的发展现状,本章在内容选取上采用了以 CMOS 电路为主,TTL 为辅的方案,强调 CMOS 基本单元电路的研究。增加双极型 CMOS 门电路的有关内容。面向工程应用,介绍了门电路的电气特性、门电路 3 种不同输出结构(推拉、OD、三态)使用方法、门电路的接口。本章内容对读者建立数字硬件电路的基础非常重要。

　　第 4 章介绍组合逻辑电路的分析与设计的方法、常用的组合逻辑电路。通过一个例子简单介绍如何使用 Multisim 11.0 分析组合逻辑电路。其目的是使读者更好地理解电子设计自动化。由于 Multisim 11.0 的操作主要涉及原理图的输入和仿真,参照本章提供操作步骤,读者可以在很短的时间内掌握该软件的基本操作。

　　第 5 章介绍锁存器和触发器。锁存器和触发器虽然同为记忆单元,但具有不同的动作特点,本章对二者进行了严格区分。

第6章介绍时序逻辑电路的分析与设计的方法、常用的时序逻辑电路。通过一个例子简单介绍如何使用 Multisim 11.0 分析时序逻辑电路。

第7章介绍半导体存储器和可编程逻辑器件。针对各种半导体存储器具有的相似的内部结构和工作原理的特点，重点对各种存储单元的差异和特点进行分析，使读者能较快地领会各种半导体存储器的特点和应用场合。可编程逻辑器件发展很快，但基本结构和工作原理并没有太大变化，因此，本章重点分析简单可编程逻辑器件的结构和工作原理，在简单可编程逻辑器件的基础上引入目前的主流器件 CPLD/FPGA。

第8章介绍施密特触发器、单稳态触发器、多谐振荡器3种电路的工作原理、分析方法、主要参数计算，并给出了这3种电路的许多应用举例。通过一个例子介绍如何使用 Multisim 11.0 分析 555 定时器。

第9章介绍数/模和模/数转换器的基本原理和主要技术指标。数/模转换器和模/数转换器种类较多，本章选取在集成芯片中常用的电路类型。

参加本书编写工作的有汤秀芬(第1~6章)、李虹(第7~9章)。汤秀芬任本书主编，负责全书的整体规划和统稿工作。

本书编写力求条理清晰，语言准确，文字简洁，图表规范。由于我们的能力和水平有限，书中不妥之处，恳请读者给予批评指正。

作者

目　　录

第1章　数制和码制

1.1　概　　述

人们在自然界感知的形形色色物理量中,就其变化规律的特点而言,可以分为两大类。一类物理量是一系列离散的时刻取值,数值的大小和每次的增减都是最小数量单位的整数倍,而小于这个最小数量单位的数值没有任何物理意义,即它们是一系列时间离散、数值也离散的信号。我们把这一类物理量称为数字量,表示数字量的信号称为数字信号。将工作在数字信号下的电子电路称为数字电路。例如,我们统计通过某一条生产流水线的零件数量,得到的就是一个数字量,最小数量单位的"1"代表一个零件,小于1的数值已经没有任何物理意义。

另外一类物理量的变化在时间上连续,数值上也是连续的。我们把这一类物理量称为模拟量,表示模拟量的信号称为模拟信号,将工作在模拟信号下的电子电路称为模拟电路。在工程技术上,为了便于处理和分析,通常用传感器将模拟量转换为与之成比例的电压或电流信号,然后再送到电子系统中进一步处理。例如,热电偶工作时,输出的电压或电流信号就是一种模拟信号,因为被测的温度不可能发生突跳,所以测出的电压或电流,无论在时间上还是在数值上都是连续的。

随着计算机科学与技术突飞猛进的发展,绝大多数电子系统都采用计算机来对信号进行处理。由于计算机无法直接处理模拟信号,所以需要将模拟信号转换为数字信号,然后送到数字电路(可以是专用的数字信号处理电路,也可以是通用的计算机)进行处理,最后再将处理结果根据需要转换为相应的模拟信号输出。

数字信号通常都是用数码形式给出的。不同的数码可以用来表示数量的大小。用数码表示数量大小时,仅用一位数码往往不够用,因此,经常需要用进位计数制的方法组成多位数码使用。这种多位数码的构成方式以及从低位到高位的进位规则称为数制。人们在日常生活中经常遇到计数问题,并且习惯于用十进制数。在数字电路中,经常使用的计数进制除了我们最熟悉的十进制以外,更多的是使用二进制、八进制和十六进制。

当两个数码分别表示两个数量大小时,两个二进制数可以进行算术运算。由于目前数字电路中的算术运算最终都是以二进制运算进行的,所以在这一章里,我们还将比较详细地讨论在数字电路中是采取什么方式完成二进制算术运算的。

不同的数码不仅可以用来表示数量的大小,而且可以用来表示不同的事物或事物的不同状态。这些特定的二进制数码称为代码。为了便于记忆和查找,以一定的规则编制代码,用以表示十进制数值、字母、符号等的过程称为编码;若需编码的信息有 N 项,则需用的二进制数

码的位数 n 应满足如下关系

$$2^n \geqslant N \qquad (1.1.1)$$

将代码还原成所表示的十进制数、字母、符号等的过程称为解码或译码。

1.2 数　　制

1.2.1　十进制

十进制(Decimal Number)是日常生活和工作中最常使用的进位计数制。十进制数采用 0、1、2、3、4、5、6、7、8、9 十个不同的数码。在计数时,采用"逢十进一",例如 $9+1=10,19+1=20$。所谓十进制就是以 10 为基数的计数体制。每一个数码处于十进制数的不同数位时,它代表的数值是不同的,这些数值称为位权(Weight)。对于任意一个十进制数都可以按位权展开。例如,把十进制数"356.52"按权展开为

$$(356.52)_D = 3 \times 10^2 + 5 \times 10^1 + 6 \times 10^0 + 5 \times 10^{-1} + 2 \times 10^{-2}$$

一般的,任意十进制数可表示为

$$(N)_D = \sum_{i=-\infty}^{\infty} K_i \times 10^i \qquad (1.2.1)$$

式(1.2.1)中 K_i 为基数"10"的第 i 次幂的系数,它可以是 0～9 中任何一个数字。

如果将式(1.2.1)中的基数"10"用字母 R 来代替,就可以得到任意进制数的表达式。

$$(N)_R = \sum_{i=-\infty}^{\infty} K_i \times R^i \qquad (1.2.2)$$

式(1.2.2)中的取值与式(1.2.1)规定相同。R 称为计数的基数,K_i 是第 i 次幂的系数,R^i 称为第 i 位的权。

十进制数人们最熟悉,但数字电路实现起来困难。因为构成数字电路的基本思路是把电路的状态与数码对应起来。而十进制的 10 个数码要求电路有 10 个完全不同的状态,这样使得电路很复杂,因此,在数字电路中不直接处理十进制数。

1.2.2　二进制

目前,在数字电路中应用最广泛的是二进制(Binary Number)。二进制数只有"0"和"1"两个数码,在计数时"逢二进一",例如 $1+1=10$(读为"壹零")。必须注意,这里的"10"与十进制数的"10"是完全不同的,它并不代表数"拾"。左边的"1"表示 2^1 位数,右边的"0"表示 2^0 位数,也就是 $10=1 \times 2^1 + 0 \times 2^0$。所谓二进制就是以"2"为基数的计数体制。每个数位的权值为 2 的幂。

一般地说,二进制数可表示为

$$(N)_B = \sum_{i=-\infty}^{\infty} K_i \times 2^i \qquad (1.2.3)$$

根据式(1.2.3),任何一个二进制数均可展开,并计算出它所表示的十进制数的大小。例如,把二进制数"1111.001"按权展开为

$$(1111.001)_B = 1 \times 2^3 + 1 \times 2^2 + 1 \times 2^1 + 1 \times 2^0 + 0 \times 2^{-1} + 0 \times 2^{-2} + 1 \times 2^{-3} = (15.125)_D$$

二进制数由于只需"0"和"1"两个状态,数字装置实现简单可靠,所用元件少。因而二进制是数字系统唯一认识的代码。但二进制书写太长。

公式中分别使用下脚注 B(Binary)和 D(Decimal)表示括号里的数是二进制数和十进制数。

1.2.3　十六进制和八进制

对于同一个数,用二进制数表示比用十进制数表示需要的位数多,书写和阅读都不方便,容易出错。为此,人们常采用二进制数的缩写形式:十六进制数和八进制数。采用十六进制数和八进制数比二进制数简短,易读易记,且与二进制之间的转换方便。因此,数字系统中普遍采用十六进制数和八进制数表示。

在十六进制(Hexadecimal Number)中,每个数位上使用的数码符号为 0、1、2、3、4、5、6、7、8、9、A(10)、B(11)、C(12)、D(13)、E(14)、F(15)共 16 个,其计数规则是"逢十六进一",所谓十六进制就是以"16"为基数的计数体制。每个位的权值为 16 的幂。其表达式如下

$$(N)_H = \sum_{i=-\infty}^{\infty} K_i \times 16^i \tag{1.2.4}$$

在八进制(Octal Number)中,有 0、1、2、3、4、5、6、7 八个数码,其计数规则是"逢八进一",所谓八进制就是以"8"为基数的计数体制。每位的权值为以 8 为底的幂。其表达式如下

$$(N)_O = \sum_{i=-\infty}^{\infty} K_i \times 8^i \tag{1.2.5}$$

根据式(1.2.4)和(1.2.5),任何一个十六进制数和八进制数均可展开,并计算出它们所表示的十进制数的大小。例如,把八进制数"13.2"和十六进制数"F9"分别按权展开为

$$(13.2)_O = 1 \times 8^1 + 3 \times 8^0 + 2 \times 8^{-1} = (11.25)_D$$

$$(F9)_H = 15 \times 16^1 + 9 \times 16^0 = (249)_D$$

公式中分别使用下脚注 H(Hexadecimal)和 O(Octal)表示括号里的数是十六进制和八进制。

1.2.4　不同进制数之间的转换

1. 其他进制转换成十进制

不同数制之间的转换方法有若干种。把非十进制数转换成十进制数,采用按权展开相加法。具体步骤是,首先把非十进制数写成按权展开的多项式,然后按十进制数的计数规则求其和。

例 1.2.1　试将二进制数(1101.11)$_B$转换为十进制数。

解:$(1101.11)_B = 1 \times 2^3 + 1 \times 2^2 + 0 \times 2^1 + 1 \times 2^0 + 1 \times 2^{-1} + 1 \times 2^{-2} = (13.75)_D$

例 1.2.2　将八进制数(167.42)$_O$转换为十进制数。

解:$(167.42)_O = 1 \times 8^2 + 6 \times 8^1 + 7 \times 8^0 + 4 \times 8^{-1} + 2 \times 8^{-2} = (119.53125)_D$

例 1.2.3　将十六进制数(4E6)$_H$转换为十进制数。

解:$(4E6)_H = 4 \times 16^2 + 14 \times 16^1 + 6 \times 16^0 = (1254)_D$

2. 十-二进制之间的转换

十进制数转换为二进制数时,整数部分和小数部分的方法不同,下面分别介绍。

对于整数部分,十进制整数$(N)_D$可写成

$$(N)_D = b_n \times 2^n + b_{n-1} \times 2^{n-1} + \cdots + b_1 \times 2^1 + b_0 \times 2^0 \tag{1.2.6}$$

$$\frac{1}{2}(N)_D = b_n \times 2^{n-1} + b_{n-1} \times 2^{n-2} + \cdots + b_1 \times 2^0 + \frac{b_0}{2} \tag{1.2.7}$$

由此可知,将十进制数除以2,其余数为b_0,得到的商为

$$b_n \times 2^{n-1} + b_{n-1} \times 2^{n-2} + \cdots + b_1 \tag{1.2.8}$$

同理,可将式(1.2.8)除以2得到的商写成

$$b_n \times 2^{n-1} + b_{n-1} \times 2^{n-2} + \cdots + b_1 = 2\left(b_n \times 2^{n-2} + b_{n-1} \times 2^{n-3} + \cdots + b_2 + \frac{b_1}{2}\right) \tag{1.2.9}$$

由式(1.2.9)不难看出,若将$(N)_D$除以2所得的商再除以2,则所得余数即b_1。依此类推,反复将每次得到的商再除以2,直到商为0为止,就可求得二进制数的每一位了。

例 1.2.4 将十进制数$(25)_D$转换为二进制数。

解: 根据上述原理,可按下列步骤将其转换为二进制数。

```
2 | 25      ……余1……K₀    低
2 | 12      ……余0……K₁    │
2 | 6       ……余0……K₂    │
2 | 3       ……余1……K₃    ↓
2 | 1       ……余1……K₄    高
    0
```

上述转换步骤可归纳为:十进制数25除2取余,直至商为0,并将余数自上而下倒级联,即得到相应的二进制数。因此,$(25)_D = (11001)_B$。

对于小数部分,十进制整数$(N)_D$可写成

$$(N)_D = b_{-1} \times 2^{-1} + b_{-2} \times 2^{-2} + \cdots + b_{-(n-1)} \times 2^{-(n-1)} + b_{-n} \times 2^{-n} \tag{1.2.10}$$

将式(1.2.10)两边分别乘以2,得

$$2 \times (N)_D = b_{-1} \times 2^0 + b_{-2} \times 2^{-1} + \cdots + b_{-(n-1)} \times 2^{-(n-2)} + b_{-n} \times 2^{-(n-1)} \tag{1.2.11}$$

式(1.2.11)说明,将十进制小数乘以2,所得乘积的整数即为b_{-1}。因此,将小数用基数2去乘,保留积的整数,再用积的小数继续乘2,依次下去,直到乘积是0位或达到要求的精度进行"四舍五入"为止,其积的整数部分即为对应的二进制数的小数部分。

例 1.2.5 将$(0.706)_D$转换为二进制数,要求其误差不大于2^{-10}。

解:

$$0.706 \times 2 = 1.412 \quad\cdots\cdots\cdots\cdots\cdots\cdots 1 \cdots\cdots b_{-1}$$
$$0.412 \times 2 = 0.824 \quad\cdots\cdots\cdots\cdots\cdots\cdots 0 \cdots\cdots b_{-2}$$
$$0.824 \times 2 = 1.648 \quad\cdots\cdots\cdots\cdots\cdots\cdots 1 \cdots\cdots b_{-3}$$
$$0.648 \times 2 = 1.296 \quad\cdots\cdots\cdots\cdots\cdots\cdots 1 \cdots\cdots b_{-4}$$
$$0.296 \times 2 = 0.592 \quad\cdots\cdots\cdots\cdots\cdots\cdots 0 \cdots\cdots b_{-5}$$
$$0.592 \times 2 = 1.184 \quad\cdots\cdots\cdots\cdots\cdots\cdots 1 \cdots\cdots b_{-6}$$
$$0.184 \times 2 = 0.368 \quad\cdots\cdots\cdots\cdots\cdots\cdots 0 \cdots\cdots b_{-7}$$
$$0.386 \times 2 = 0.735 \quad\cdots\cdots\cdots\cdots\cdots\cdots 0 \cdots\cdots b_{-8}$$
$$0.736 \times 2 = 1.472 \quad\cdots\cdots\cdots\cdots\cdots\cdots 1 \cdots\cdots b_{-9}$$

通过乘2取整,直到乘积是0位或达到要求的精度,并将保留的整数自上而下级联。因要求其误差不大于2^{-10},所以乘到第9次2时,1.472的小数小于0.5,b_{-10}应为0,得到二进制数为$(0.706)_D = (0.101101001)_B$,其误差不大于$2^{-10}$。

依此类推,对于十进制数转换成其他进制数,只要把基数 2 换成其他进制的基数即可。

3. 其他进制间的转换

由于 3 位二进制数可以有 8 个状态,即 000~111,正好是八进制;而 4 位二进制数可以有 16 个状态,即 0000~1111,正好是十六进制,故可以把二进制数进行分组,其整数部分和小数部分可以同时进行转换。其方法是:以二进制数的小数点为基准,分别向左、向右,每 3 位(或 4 位)分一组。对于小数部分,最低位一组不足 3 位(或 4 位)时,必须在有效位右边补零,使其足位。然后,把每一组二进制数转换成八进制(或十六进制)数,并保持原排序。对于整数部分,最高位一组不足位时,可在有效位的左边补零,也可不补。

例 1.2.6　将 $(1011110.1011001)_B$ 转换成八进制数和十六进制数。

解: $(1011110.1011001)_B = (001\ 011\ 110.101\ 100\ 100)_B$

$$= (136.544)_O$$

$$(1011110.1011001)_B = (0101\ 1110.1011\ 0010)_B$$

$$= (5E.B2)_H$$

例 1.2.7　将 $(703.65)_O$ 和 $(9F12.04A)_H$ 转换成二进制数。

解: $(703.65)_O = (111\ 000\ 011.110\ 101)_B$

$$(9F12.04A)_H = (1001\ 1111\ 0001\ 0010.0000\ 0100\ 1010)_B$$

若要将十进制转换成八进制或十六进制,可先转换成二进制,再分组后转换成八进制或十六进制。十进制、二进制、八进制和十六进制之间的关系如表 1.2.1 所示。

表 1.2.1　0~15 数码不同数制之间的关系对照

十进制数	二进制数	八进制数	十六进制数	十进制数	二进制数	八进制数	十六进制数
0	0000	0	0	8	1000	10	8
1	0001	1	1	9	1001	11	9
2	0010	2	2	10	1010	12	A
3	0011	3	3	11	1011	13	B
4	0100	4	4	12	1100	14	C
5	0101	5	5	13	1101	15	D
6	0110	6	6	14	1110	16	E
7	0111	7	7	15	1111	17	F

例 1.2.8　将 $(3DB)_H$ 转换成八进制。

解: $(3DB)_H = (0011\ 1101\ 1011)_B = (001\ 111\ 011\ 011)_B = (1733)_O$

复习思考题

1.2.1　写出 5 位二进制数、5 位八进制数和 5 位十六进制数的最大数。

1.2.2　在十-二进制数转换中,整数部分的转换方法和小数部分的转换方法有何不同?

1.2.3　为什么在计算机或数字系统中通常采用二进制数?

1.3 二进制算术运算

1.3.1 二进制算术运算的特点

当两个二进制数码表示两个数量大小时,它们之间可以进行算术运算。二进制数的加、减、乘、除 4 种运算的运算规则与十进制数基本相同,两者唯一的区别在于进位或借位规则不同。

例 1.3.1 计算两个二进制数 1011 和 0001 的和。

解:

$$
\begin{array}{r}
1011 \\
+\ 0001 \\
\hline
1100
\end{array}
$$

所以 $1011+0001=1100$。

二进制数的加法规则是"逢二进一"。

例 1.3.2 计算两个二进制数 1010 和 1001 的差。

解:

$$
\begin{array}{r}
1010 \\
-\ 1001 \\
\hline
0001
\end{array}
$$

所以 $1010-1001=0001$。

二进制数的减法规则是"借一当二"。

例 1.3.3 计算两个二进制数 1010 和 0101 的积。

解:

$$
\begin{array}{r}
1010 \\
\times\ 0101 \\
\hline
1010 \\
0000 \\
1010 \\
0000 \\
\hline
110010
\end{array}
$$

所以 $1010\times0101=110010$。

由上述运算过程可见,乘法运算是由左移被乘数与加法运算组成的。

例 1.3.4 计算两个二进制数 1001 和 0101 之商。

解:

$$1.11\cdots$$
$$0101\overline{)1001}$$
$$\underline{0101}$$
$$1000$$
$$\underline{0101}$$
$$\overline{0110}$$
$$\underline{0101}$$
$$0010$$

所以 $1001\div0101=1.11\cdots$。

由上述运算过程可见,除法运算是由右移被除数与减法运算组成的。

若能将减法运算转化为某种形式的加法运算,那么全部的算术运算只需要用"移位"和"相加"两种操作完成。数字电路中运算电路的结构就会大为简化。

1.3.2 反码、补码和补码运算

1. 原码

前面只考虑了二进制数的正数,当涉及负数时,就要用带符号的二进制数表示。那么,数的正、负又如何表示呢? 通常采用的方法是在二进制数的前面增加一位符号位。正数的符号位用"0"表示,负数的符号位用"1"表示。这种形式的二进制数称为原码。例如

$$(+5)_D=(0101)_{原}$$
$$(-5)_D=(1101)_{原}$$

二进制 X 的原码的定义为

$$[X]_{原}=\begin{cases}0X'\\1X'\end{cases} \tag{1.3.1}$$

式(1.3.1)中 X' 是数值部分。

为了简化电路,在数字电路中,将负数用补码表示,可将减法运算变为加法运算。下面,首先介绍补码的概念,然后举例说明负数的求补方法及减法运算,同时,为了便于得到补码,引入反码的概念。

2. 反码

正数的反码与原码相同,负数的原码除了符号位外的数值部分按位取反,即 1 改为 0,0 改为 1,在电路上是很容易实现的。例如

$$(+5)_D=(0101)_{原}=(0101)_{反}$$
$$(-5)_D=(1101)_{原}=(1010)_{反}$$

二进制 X 的反码的定义为

$$[X]_{反}=\begin{cases}0X'\\1[(2^n-1)-X']\end{cases} \tag{1.3.2}$$

式(1.3.2)中 n 是码的位数(包括符号位),X' 是数值部分。

3. 补码

正数的补码与原码相同,负数的补码除了符号位外的数值部分按位取反加 1。例如

$$(+5)_D=(0101)_{原}=(0101)_{补}$$
$$(-5)_D=(1101)_{原}=(1011)_{补}$$

二进制 X 的补码的定义为

$$[X]_{补}=\begin{cases}0X'\\1[2^n-X']\end{cases} \tag{1.3.3}$$

式(1.3.3)中 n 是码的位数(包括符号位),X' 是数值部分。

例 1.3.5 求 01101001 的反码及补码。

解:$(01101001)_原＝(01101001)_反＝(01101001)_补$

例 1.3.6 求 11101001 的反码及补码。

解:$(11101001)_原＝(10010110)_反＝(10010111)_补$

表 1.3.1 是 4 位带符号位的二进制数原码、反码和补码的对照表。其中规定用 1000 作为 -8 的补码,而不用来表示 -0。

表 1.3.1　4 位带符号位的二进制数原码、反码和补码的对照

十进制数	二进制数			十进制数	二进制数		
	原码	反码	补码		原码	反码	补码
+7	0111	0111	0111	−1	1001	1110	1111
+6	0110	0110	0110	−2	1010	1101	1110
+5	0101	0101	0101	−3	1011	1100	1101
+4	0100	0100	0100	−4	1100	1011	1100
+3	0011	0011	0011	−5	1101	1010	1011
+2	0010	0010	0010	−6	1110	1001	1010
+1	0001	0001	0001	−7	1111	1000	1001
0	0000	0000	0000	−8	1000	1111	1000

4 位带符号的二进制数的原码、反码和补码所表示的数值范围分别为:原码是 $-7\sim+7$,反码也是 $-7\sim+7$,补码是 $-8\sim+7$。由此可以推知,对于 n 位带符号的二进制数的原码、反码和补码的数值范围分别为如下。

原码:　　$-(2^n-1)\sim+(2^n-1)$;

反码:　　$-(2^n-1)\sim+(2^n-1)$;

补码:　　$-2^{n-1}\sim+(2^n-1)$。

4. 二进制补码的减法运算

采用补码的形式,可以方便地将减法运算转换成加法运算,即 $A-B=A+(-B)$,对 $(-B)$ 求补码,然后进行加法运算。而乘法和除法通过移位和相加也可实现,这样可以使运算电路结构得到简化。

进行二进制补码的加法运算时,必须注意被加数补码与加数补码的位数相等,即让两个二进制数补码的符号位对齐。通常两个二进制数的补码采用相同的位数表示。

补码运算规则如下。

规则 1:两个 n 位二进制数之和的补码等于该两数的补码之和,即 $[X+Y]_补=[X]_补+[Y]_补$。

例 1.3.7 已知 $X=+33,Y=+15,Z=-15$,求 $[X+Y]_补,[X+Z]_补$。

解:

```
      00100001  [+33]补              00100001  [+33]补
   +  00001111  [+15]补           +  11110001  [−15]补
      ────────                      ──────────
      00110000  [+48]补           [1] 00010010  [+18]补
                                   进位
                                   丢掉
```

规则 2：两个 n 位二进制数之差的补码等于被减数补码与减数取负的补码之和，即 $[X-Y]_\text{补}=[X]_\text{补}+[-Y]_\text{补}$。

例 1.3.8　已知 $X=+33$　$Y=+15$，求 $[X-Y]_\text{补}$

解：$[X]_\text{补}=00100001$　$[-Y]_\text{补}=[-15]_\text{补}=11110001$

$$
\begin{array}{r}
00100001 \quad [+33]_\text{补} \\
+\quad 11110001 \quad [-5]_\text{补} \\
\hline
[1]\ 00010010 \quad [+18]_\text{补}
\end{array}
$$

正数的补码即是它所表示的数的真值，负数的补码部分不是它所表示的数的真值。

已知补码，求原码：正数的补码和原码相同；负数的补码应该是数值位减"1"再取反，但对于二进制数来说，先减"1"取反和先取反再加"1"的结果是一样的。故由负数的补码求原码就是数值位取反加"1"。例如

已知某数的补码为 $(11101110)_\text{B}$，其原码为 $(10010010)_\text{B}$。

5. 溢出

例 1.3.9　试用 4 位二进制表示数，用补码计算 $2+7$。

解：

$$
\begin{array}{r}
0010 \quad [+2]_\text{补} \\
+\quad 0111 \quad [+7]_\text{补} \\
\hline
1001 \quad [-1]_\text{补}
\end{array}
$$

计算结果 1001 表示 -1，而实际正确的结果应该为 $+9$。错误产生的原因在于 4 位二进制补码中，有 3 位是数值位，它所表示的范围为 $-8\sim+7$，而本题的结果超出了这个范围，因而会得出错误的计算结果。

如果运算的结果大于数字设备所表示数的范围就会产生溢出，它会使结果数发生错误。解决溢出的办法是进行位扩展，即用 5 位以上的二进制补码表示，就不会产生溢出了。

6. 溢出的判别

例 1.3.10　某数字设备用 5 位二进制表示数，试计算 $9+3$、$9+12$、$-9-3$ 和 $-9-12$。

解：

$$
\begin{array}{r}
0\,1\,001 \quad [+9]_\text{补} \\
+\ 0\,0\,011 \quad [+3]_\text{补} \\
\hline
0\,1\,100 \quad [+12]_\text{补}
\end{array}
\qquad
\begin{array}{r}
0\,1\,001 \quad [+9]_\text{补} \\
+\ 0\,1\,100 \quad [+12]_\text{补} \\
\hline
1\,0\,101 \quad [-5]_\text{补}
\end{array}
$$

次高位　最高位　　　　　　　　　　　次高位　最高位

$(01100)_\text{补}=(01100)_\text{原}=+12$

计算 $9+3=12$，结果是正确的，而 $9+12$ 的结果是负数，结果是错误的，这就是产生了溢出。因为 5 位二进制数的补码最大表示为 $01111=+15$，而 $9+12=+21$ 大于了 $+15$。

$[-9]_\text{补}=10111$　$[-3]_\text{补}=11101$　$[-12]_\text{补}=10100$

$$
\begin{array}{r}
1\,0\,111 \quad [-9]_\text{补} \\
+\ 1\,1\,101 \quad [-3]_\text{补} \\
\hline
1\,1\,0\,100 \quad [-4]_\text{补}
\end{array}
\qquad
\begin{array}{r}
1\,0\,111 \quad [-9]_\text{补} \\
+\ 1\,0\,100 \quad [-12]_\text{补} \\
\hline
1\,0\,1\,011 \quad [+11]_\text{补}
\end{array}
$$

自动丢弃　次高位　最高位　　　　　　自动丢弃　次高位　最高位

$$[-4]_{补} = (10100)_{补} = (11100)_{原} = -12$$

计算 $-9-3=-12$,结果是正确的,而 $-9-12$ 的结果是正数,结果是错误的,这就是产生了溢出。因为 5 位二进制数的补码最小表示为 $10000=-16$,而 $-9-12=-21$ 小于了 -16。

比较 4 种情况可以看出,若其最高位和次高位的进位位,不是均无进位产生,就是均产生进位,则其运算结果是正确;若其最高位和次高位的进位位,只有一位产生进位,则产生溢出,其运算结果是错误。

复习思考题

1.3.1 二进制正、负数的原码、反码和补码三者之间是什么关系?

1.3.2 如何求二进制数补码对应的原码?

1.3.3 为什么说二进制数的加法运算是算术运算基础?

1.3.4 说明溢出产生的原因及解决的办法。

1.4 几种常用的编码

1.4.1 十进制代码

为了实现在数字电路中直接用十进制进行输入和运算,需要将十进制数的 0~9 十个数码分别用若干位二进制代码来表示。十进制数常用的编码方案就是常用的所谓二-十进制编码(Binary-Coded-Decimal,BCD)。4 位二进制代码可以有 0000~1111 十六个组合方式,取其中哪十个以及如何与 0~9 相对应,有许多种方案。其中常用的有 8421 码、余 3 码、2421 码、5421 码、余 3 循环码等。如表 1.4.1 所示为几种常用的 BCD 码。它们的编码规则各不相同。

表 1.4.1　几种常见的 BCD 码

十进制数	有权码			无权码	
	8421	2421	5421	余 3 码	余 3 码循环码
0	0000	0000	0000	0011	0010
1	0001	0001	0001	0100	0110
2	0010	0010	0010	0101	0111
3	0011	0011	0011	0110	0101
4	0100	0100	0100	0111	0100
5	0101	1011	1000	1000	1100
6	0110	1100	1001	1001	1101
7	0111	1101	1010	1010	1111
8	1000	1110	1011	1011	1110
9	1001	1111	1100	1100	1010

十进制数与二进制码之间可用下式表示：

$$(N)_D = w_3 b_3 + w_2 b_2 + w_1 b_1 + w_0 b_0 \qquad (1.4.1)$$

式(1.4.1)中 $w_3 \sim w_0$ 为二进制码中各位的权。满足此关系式的编码称有权码,其每位数码代表的权值固定。不满足此关系式的编码称无权码。

1. 自然二进制码

自然二进制码也称自然权码,其排列简单,完全符合二-十进制数之间的转换规律。当用 4 位二进制码时,有 0000～1111 十六种组合,分别代表 0～15 的十进制数。当用五位二进制码时,有 00000～11111 三十二种组合,分别代表 0～31 的十进制数。当用 n 位二进制码时,有 2^n 个代码。

2. 8421BCD 码

8421 码是十进制代码中最常用的一种。它取用了 4 位自然二进制代码的 0000～1111 中 16 种组合的前 10 种组合。其余 6 种组合是无效的。其编码中每位的值都是固定数,称为位权。b_3 位的权为 $2^3 = 8$,b_2 位的权为 $2^2 = 4$,b_1 位的权为 $2^1 = 2$,b_0 位的权为 $2^0 = 1$,因此称为 8421BCD 码。它属于有权码。

用 8421BCD 码,可以将十进制数的每一位转换成相等的二进制数,而不是将整个十进制数转换成二进制数。例如

$(202)_D = (11001010)_{自然码}$,而 $(202)_D = (0010\ 0000\ 0010)_{8421BCD}$。

例 1.4.1 $(612.4)_D = (?)_{8421BCD}$

解：$(612.4)_D = (0110\ 0001\ 0010.0100)_{8421BCD}$

3. 2421 码

2421 码也是有权码。b_3 位的权为 $2^3 = 2$,b_2 位的权为 $2^2 = 4$,b_1 位的权为 $2^1 = 2$,b_0 位的权为 $2^0 = 1$,它的 0 和 9、1 和 8、2 和 7、3 和 6、4 和 5 也互为反码。它是有权代码,编码方案不是唯一的。

4. 5421 码

5421 码也是有权码,它各位的权依次为 b_3 位的权为 $2^3 = 8$,b_2 位的权为 $2^2 = 4$,b_1 位的权为 $2^1 = 2$,b_0 位的权为 $2^0 = 1$。

5. 余 3 码

余 3 码的编码规则与 8421 码不同,每一个余 3 码所表示的二进制数要比它所对应的十进制数多 3,即余 3 码是由 8421 码加 3 产生的。余 3 码是一种无权代码。

6. 余 3 循环码

余 3 循环码是无权码,它的特点是相邻的两个代码之间只有一位状态不同。这在译码时不会出错(竞争-冒险)。

若把一种 BCD 码转换成另一种 BCD 码,应先求出某种 BCD 码代表的十进制数,再将该十进制数转换成另一种 BCD 码。

例 1.4.2 $(0100\ 1000.1011)_{余3 BCD} = (?)_{2421 BCD}$

解：$(0100\ 1000.1011)_{余3 BCD} = (15.8)_D = (0001\ 1011.1110)_{2421 BCD}$

1.4.2 格雷(Gray)码

格雷码也是一种常见的无权码,是按"相邻性"原则编排的。如表 1.4.2 所示为 4 位格雷

码。该码任何两个相邻代码之间仅有一位不同,而且首尾两个代码也具有相邻性,所以格雷码也称循环码。常用于模拟量的转换,当模拟量发生微小变化,而可能引起数字量发生变化时,格雷码仅仅改变一位,这与其他码同时改变 2 位或更多的情况相比,更加可靠。

例如:8421 码中的 0111 和 1000 是相邻码,当 7 变到 8 时,4 位均变了。若采用格雷码,0100 和 1100 是相邻码,仅最高一位变了。因此,可以减少代码变换过程中产生的错误。格雷码有多种编码方案,表 1.4.2 所示的格雷码是一种常用的编码方案。它由二进制码通过一定的规则得到。设 4 位二进制码为 $b_3 b_2 b_1 b_0$,4 位格雷码为 $g_3 g_2 g_1 g_0$,可以通过以下规则将二进制码转换为格雷码。

① 如果 b_0 和 b_1 相同,则 g_0 为 0,否则为 1;

② 如果 b_1 和 b_2 相同,则 g_1 为 0,否则为 1;

③ 如果 b_2 和 b_3 相同,则 g_2 为 0,否则为 1;

④ g_3 和 b_3 相同。

上述规律还可以用以下逻辑表达式描述:

$g_0 = b_0 \oplus b_1$,$g_1 = b_1 \oplus b_2$,$g_2 = b_2 \oplus b_3$,$g_3 = b_3$。

式中,"$\oplus$"为异或逻辑运算符,第 2 章第 2.2.2 小节将会对其进行介绍。

十进制代码中的余 3 循环码就是取 4 位格雷码中的 10 个代码组成的,它仍然具有格雷码的优点,即两个相邻代码之间仅有一位不同。

表 1.4.2　格雷码

二进制码	格雷码	二进制码	格雷码
$b_3 \ b_2 \ b_1 \ b_0$	$g_3 \ g_2 \ g_1 \ g_0$	$b_3 \ b_2 \ b_1 \ b_0$	$g_3 \ g_2 \ g_1 \ g_0$
0000	0000	1000	1100
0001	0001	1001	1101
0010	0011	1010	1111
0011	0010	1011	1110
0100	0110	1100	1010
0101	0111	1101	1011
0110	0101	1110	1001
0111	0100	1111	1000

1.4.3　ASCII 码

ASCII 码是美国标准信息交换码(American Standard Code for Information Interchange,ASCII)是由美国国家标准化协会(ANSI)制定的一种信息代码,广泛地用于计算机和通信领域中。ASCII 码已经由国际标准化组织(ISO)认定为国际通用的标准代码。它是用 7 位二进制码表示,其编码如表 1.4.3 所示。它共有 128 个代码,可以表示大、小写英文字母、十进制数、标点符号、运算符号、控制符号等,普遍用于计算机、键盘输入指令和数据等。

表 1.4.3　ASCII 码

$b_3b_2b_1b_0$	$b_7b_6b_5$							
	000	001	010	011	100	101	110	111
0000	NUL	DLE	SP	0	@	P	`	p
0001	SOH	DC1	!	1	A	Q	a	q
0010	STX	DC2	"	2	B	R	b	r
0011	ETX	DC3	#	3	C	S	c	s
0100	EOT	DC4	$	4	D	T	d	t
0101	ENQ	NAK	%	5	E	U	e	u
0110	ACK	SYN	&	6	F	V	f	v
0111	BEL	ETB	'	7	G	W	g	w
1000	BS	CAN	(	8	H	X	h	x
1001	HT	EM	)	9	I	Y	i	y
1010	LF	SUB	*	:	J	Z	j	z
1011	VT	ESC	+	;	K	[	k	{
1100	FF	FS	,	<	L	\	l	|
1101	CR	GS	-	=	M	]	m	}
1110	SO	RS	.	>	N	∧	n	~
1111	SI	US	/	?	O	—	o	DEL

例 1.4.3　用 ASCII 码表示"Good Night!"。

解:从表 1.4.3 可查出各字符的 ASCII 码如表 1.4.4 所示。

表 1.4.4　例 1.4.3 语句中各字符与 ASCII 码的对应关系

字符	ASCII 码	字符	ASCII 码	字符	ASCII 码
G	1000111	空格	0100000	h	1101000
o	1101111	N	1001110	t	1110100
o	1101111	i	1101001	!	0100001
d	1100100	g	1100111		

1.4.4　奇偶校验码

奇偶校验码(Odd-Parity Code)是计算机中常用的一种可靠性代码,其主要用途是检查数据传输过程中数码 1(或者 0)的个数的奇偶性是否正确。奇偶校验码由信息位和校验位两部分组成。信息位就是传送的二进制信息本身,校验位则是附加的冗余位。在信息中添加校验位的作用是使得数据发送端的奇偶校验码具有统一的奇偶性,以便数据接收端的验证。例如,假设采用 8 位校验码,由 1 个校验位和 7 个数据位构成,在信息传递过程中需要对信息做奇校验,即要求奇偶校验码始终具有奇数个 1。当信息为 1101000 时,校验位应该为 0,即包含校验位的奇偶校验码为 01101000;当信息为 1001000 时,校验位应该为 1,即包含校验位的奇偶校验码为 11001000。

复习思考题

1.4.1　8421 码、2421 码、5421 码、余 3 码和余 3 循环码在编码规则上各有何特点?

1.4.2　用 ASCII 代码写出"Hello!"。

1.4.3　8421BCD 码为什么用得较普遍?

1.4.4　格雷码有什么特点,用于什么场合?

1.4.5　奇偶校验码有什么特点,用于什么场合?

本 章 小 结

用 0 和 1 组成的二进制数既可以用来表示数量的大小,又可以用来表示不同的事物。

在用数码表示数量的大小时,采用的各种计数进位制规则称为数制。常用的数制有十进制、二进制、十六进制和八进制几种。任意一种格式的数可以在十六进制、二进制和十进制之间相互转换。

与十进制数类似,二进制数也有加、减、乘、除 4 种运算,加法是各种运算的基础。由于数字电路的基本运算都采用二进制运算,所以本章里比较详细地叙述了二进制数的符号在数字电路中的表示方法,原码、反码和补码的概念,以及采用补码进行带符号数加法运算的方法。

在用数码表示不同的事物时,这些数码已没有数量大小的含义,所以将它们称为代码。本章中列举了 8421 码、2421 码、5421 码、余 3 码、余 3 循环码、格雷码、ASCII 码,以及奇偶校验码。

习　　题

1.1　将下列二进制数转换为十进制数。

(1) $(101.011)_B$　　(2) $(110.101)_B$　　(3) $(1111.1111)_B$　　(4) $(1001.0101)_B$

(5) $(10111)_B$　　(6) $(1001000)_B$　　(7) $(1011111.0110)_B$　　(8) $(110.10101)_B$

1.2　将下列十进制数转换为二进制数、八进制数和十六进制数(要求转换误差不大于 2^{-4})。

(1) 45　　(2) 112　　(3) 25.24　　(4) 3.14

1.3　将下列二进制数转换为八进制数和十六进制数。

(1) $(101.01)_B$　　(2) $(1101.101)_B$　　(3) $(0111.1001)_B$　　(4) $(1010.111011)_B$

1.4　将下列十六制数转换为二进制数。

(1) $(2F.555)_H$　　　　　　(2) $(AB4.5)_H$

1.5　写出下列二进制数的原码、反码和补码。

(1) $(+1001)_B$　　(2) $(+1011)_B$　　(3) $(-10101)_B$　　(4) $(-0101)_B$

1.6　写出下列带符号位二进制数(最高位为符号位)的反码和补码。

(1) $(011001)_B$　　(2) $(011011)_B$　　(3) $(101001)_B$　　(4) $(101111)_B$

1.7　试用 8 位二进制补码计算下列各式,并用十进制数表示结果。

(1) 12＋19　　　(2) 21－3　　　　(3) －30－25　　　　(4) －110＋50

1.8　用二进制补码运算计算下列各式。

(1) 3＋15　　　(2) 9－12　　　　(3) 12－7

(4) －16－14　　(5) 8＋11　　　　(6) 20－25

1.9　将下列十进制数转换为 8421BCD 码。

(1) 354　　　　(2) 24　　　　　　(3) 114.10　　　　(4) 35.617

1.10　将下列数码作为自然二进制数或 8421 BCD 码时,分别求出相应的十进制数。

(1) 1001011111　(2) 1010010011　(3) 1000010　　　(4) 1011.1001

1.11　用 4 位格雷码表示 0、1、2、…、8、9 十个数,其中规定用 0000 四位代码表示数 0,试写出两种格雷码的表示形式。

1.12　写出下列字符的 ASCII 码的表示。

(1) &　　　　　(2) －　　　　　　(3) book　　　　　(4) THEY

第2章 逻辑代数

2.1 概　述

在数字电路中,1位二进制数码"0"和"1"不仅可以表示数量的大小,还可以表示事物的两种不同的逻辑状态。例如,用"1"和"0"分别表示电路中电平的高与低、某开关元件的导通与截止,某事件结论的对与错等。在数字逻辑电路中的变量,即逻辑变量只有两个可取的值,即"0"和"1",因而称为二值逻辑变量。这里,"0"和"1"并不表示数量的大小。而是用来表示完全对立的逻辑状态。

当二进制数码"0"和"1"表示二值逻辑,并按某种因果关系进行运算时,称为逻辑运算,最基本的3种逻辑运算为与、或、非,它与算术运算的本质区别是"0"和"1"没有数量的意义,故在逻辑运算中 1+1=1(或运算)。

数字电路是一种开关电路,输入、输出量是高、低电平,可以用二值变量(取值只能为 0,1)来表示。输入量和输出量之间的关系是一种逻辑上的因果关系。仿效普通函数的概念,数字电路可以用逻辑函数的数学工具来描述。

逻辑代数是英国数学家 George Boole 在 1854 创立的,所以也叫做布尔代数。直到 20 世纪 30 年代,美国人 Claude E. Shannon 在开关电路中才找到了它的用途,并且很快被广泛应用于解决开关电路和数字逻辑电路的分析与设计中,所以也将布尔代数称为开关代数或逻辑代数。本章所讲的逻辑代数就是逻辑代数在二值逻辑电路中的应用。下面我们将会看到,虽然有些逻辑代数的运算公式在形式上和普通代数的运算公式雷同,但是两者所包含的物理意义有本质的不同。逻辑代数中也用字母表示变量,这种变量称为逻辑变量。逻辑运算表示的是逻辑变量以及常量之间逻辑状态的推理运算,而不是数量之间的运算。

逻辑代数有一系列的定律、定理和规则,用它们对数学表达式进行处理、可以完成对逻辑电路的化简、变换、分析和设计。

2.2　逻辑代数

2.2.1　基本逻辑运算

在二值逻辑函数中,基本逻辑运算有与、或、非 3 种逻辑运算。

1. 与逻辑运算

如图 2.2.1(a)所示电路,两个串联的开关控制一盏灯就是与逻辑事例,只有开关 A、B 同时闭合时灯泡 L 才亮。A 和 B 中只要有一个断开或者两个均断开时,则灯泡 L 不亮。在这个电路中,开关 A、B 与灯泡 L 的逻辑关系是"当所有的条件全部具备之后,事件才会发生",即"缺一不可"。这种运算称为与运算。

设开关闭合为"1",开关不闭合为"0";灯亮,$L=1$,灯不亮,$L=0$,则可得到表 2.2.1 所示的输入输出的逻辑关系,称为真值表。

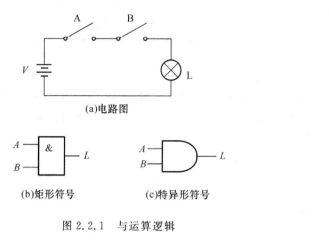

(a)电路图

(b)矩形符号 (c)特异形符号

图 2.2.1 与运算逻辑

表 2.2.1 与逻辑真值表

A	B	L
0	0	0
0	1	0
1	0	0
1	1	1

从表 2.2.1 中可知,其逻辑规律服从"有 0 得 0,全 1 得 1"。这种与逻辑可以写成下面的表达式

$$L = A \cdot B \tag{2.2.1}$$

式(2.2.1)称为与逻辑式。式中符号"·"为与运算符号。读做"与"或"乘",在不至于引起混淆的前提下,符号"·"可以省略。实现与逻辑运算的门电路称为与门,其门电路的逻辑符号如图 2.2.1(b)和图 2.2.1(c)所示。

若有 n 个逻辑变量做与运算,其逻辑式可表示为

$$L = A_1 \cdot A_2 \cdot \cdots \cdot A_n \tag{2.2.2}$$

2. 或逻辑运算

如图 2.2.2(a)所示电路,两个并联的开关控制一盏灯就是或逻辑事例,只要开关 A、B 有一个闭合时,灯 L 就会亮。而当 A 和 B 均断开时,则灯 L 不亮。在这个电路中,开关 A、B 与灯泡 L 的逻辑关系是"当有一个或一个以上条件具备,事件就会发生",即"有一即可"。

用与前面相同的逻辑赋值同样也可得到其真值表,如表 2.2.2 所示,其逻辑规律服从"有 1 得 1,全 0 得 0"。或逻辑表达式为

$$L = A + B \tag{2.2.3}$$

式中符号"+"表示 A、B 的或运算,也称为逻辑加。读做"或"或"加"。实现或逻辑运算的门电路称为或门,其门电路的逻辑符号如图 2.2.2(b)和图 2.2.2(c)所示。

若有 n 个逻辑变量做或运算,其逻辑式可表示为

$$L = A_1 + A_2 + \cdots + A_n \tag{2.2.4}$$

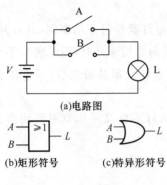

图 2.2.2　或运算逻辑

表 2.2.2　**或逻辑真值表**

A	B	L
0	0	0
0	1	1
1	0	1
1	1	1

3. 非逻辑运算

如图 2.2.3 所示电路,一个开关控制一盏灯就是非逻辑事例,当开关 A 闭合时,灯 L 就会不亮。而当 A 断开时,则灯 L 亮。在这个电路中,开关 A、B 与灯泡 L 的逻辑关系是"条件具备时事情不发生;条件不具备时事情才发生",这种运算称为非运算。

用与前面相同的逻辑赋值同样也可得到其真值表如表 2.2.3 所示。

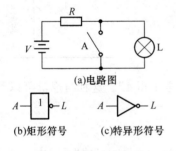

图 2.2.3　非运算逻辑

表 2.2.3　**非逻辑真值表**

A	L
0	1
1	0

其逻辑式为

$$L = \overline{A} \qquad\qquad (2.2.5)$$

式(2.2.5)中字母 A 上方的短划"‾"表示非运算。读做"非"或"反"。在逻辑运算中通常将 A 称为原变量,而将 $\overline{A}$ 称为反变量或非变量。实现非逻辑运算的门电路称为非门或反相器,其门电路的逻辑符号如图 2.2.3(b)和图 2.2.3(c)所示。

2.2.2　复合逻辑运算

除了与、或、非 3 种基本运算之外,还有一些其他的逻辑运算,如与非、或非、与或非、异或、同或等。这些逻辑运算是由两种或两种以上的基本运算复合而成的,因此又称复合逻辑运算。

1. 与非逻辑运算

与非运算是先与运算后非运算的组合。以二变量为例,其逻辑表达式为

$$L = \overline{A \cdot B} \qquad\qquad (2.2.6)$$

其真值表如表 2.2.4 所示。其逻辑规律服从"有 0 得 1,全 1 得 0"。实现与非运算用与非门电路来实现,其门电路的逻辑符号如图 2.2.4(a)和图 2.2.4(b)所示。

表 2.2.4 与非逻辑真值表

A	B	L
0	0	1
0	1	1
1	0	1
1	1	0

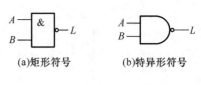

(a)矩形符号　　　　(b)特异形符号

图 2.2.4 与非运算逻辑符号

2. 或非逻辑运算

或非运算是先或运算后非运算的组合。以二变量 A、B 为例,其逻辑表达式为

$$L=\overline{A+B} \qquad (2.2.7)$$

其真值表如表 2.2.5 所示。其规律服从"有 1 得 0,全 0 得 1"。

或非运算用或非门电路来实现,其门电路的逻辑符号如图 2.2.5(a)和(b)所示。

表 2.2.5 或非逻辑真值表

A	B	L
0	0	1
0	1	0
1	0	0
1	1	0

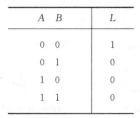

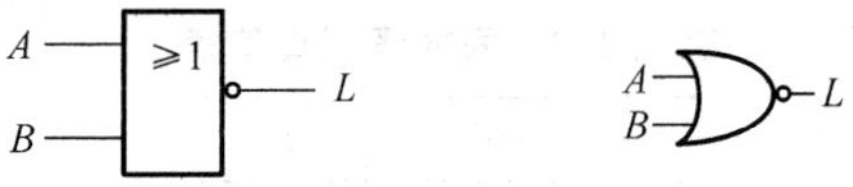

(a)矩形符号　　　　(b)特异形符号

图 2.2.5 或非运算逻辑符号

3. 与或非逻辑运算

与或非运算是"先与后或再非"3 种运算的组合。以 4 变量为例,逻辑表达式为

$$L=\overline{AB+CD} \qquad (2.2.8)$$

与或非逻辑运算是:当输入变量 A、B 同时为 1 或 C、D 同时为 1 或 A、B、C、D 同时为 1 时,输出 L 才等于 0。在工程应用中,与或非运算由与或非门电路来实现,其真值表如表 2.2.6 所示,其门电路的逻辑符号如图 2.2.6 所示。

表 2.2.6 与或非逻辑真值表

A	B	C	D	L	A	B	C	D	L
0	0	0	0	1	1	0	0	0	1
0	0	0	1	1	1	0	0	1	1
0	0	1	0	1	1	0	1	0	1
0	0	1	1	0	1	0	1	1	0
0	1	0	0	1	1	1	0	0	0
0	1	0	1	1	1	1	0	1	0
0	1	1	0	1	1	1	1	0	0
0	1	1	1	0	1	1	1	1	0

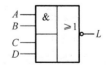

图 2.2.6 与或非运算逻辑符号

4. 异或逻辑运算

异或逻辑运算的表达式为

$$L=A\oplus B=A\,\overline{B}+\overline{A}B \qquad (2.2.9)$$

符号"⊕"表示异或运算,其规律服从"相同为 0,不同为 1"。异或运算用异或门电路来实现,其真值表如表 2.2.7 所示。其门电路的逻辑符号如图 2.2.7(a)和图 2.2.7(b)所示。

表 2.2.7 异或逻辑真值表

A B	L
0 0	0
0 1	1
1 0	1
1 1	0

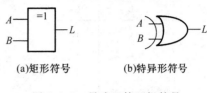

(a)矩形符号　　　　(b)特异形符号

图 2.2.7　异或运算逻辑符号

5. 同或逻辑运算

同或运算的逻辑表达式为

$$Y=A\odot B=\overline{A\oplus B}=AB+\overline{A}\ \overline{B} \tag{2.2.10}$$

符号"$\odot$"表示同或运算,其规律服从"相同为 1,不同为 0"。同或运算用同或门电路来实现,它等价于异或门输出加非门,其真值表如表 2.2.8 所示。其门电路的逻辑符号如图 2.2.8(a)和图 2.2.8(b)所示。

表 2.2.8　同或逻辑真值表

A B	L
0 0	1
0 1	0
1 0	0
1 1	1

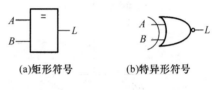

(a)矩形符号　　　　(b)特异形符号

图 2.2.8　同或运算逻辑符号

2.2.3　逻辑代数的基本公式和常用公式

1. 基本公式

表 2.2.9 给出了逻辑代数的基本公式,也叫布尔恒等式。

表 2.2.9　逻辑代数的基本公式

0-1 律	$\overline{1}=0$	$\overline{0}=1$
	$0+A=A$	$1\cdot A=A$
	$1+A=1$	$0\cdot A=0$
互补律	$A+\overline{A}=1$	$A\cdot\overline{A}=0$
还原律	$\overline{\overline{A}}=A$	
重叠律	$A+A=A$	$A\cdot A=A$
交换律	$A+B=B+A$	$A\cdot B=B\cdot A$
结合律	$A+(B+C)=(A+B)+C$	$A\cdot(B\cdot C)=(A\cdot B)\cdot C$
分配律	$A\cdot(B+C)=A\cdot B+A\cdot C$	$A+B\cdot C=(A+B)\cdot(A+C)$
反演律	$\overline{A+B}=\overline{A}\cdot\overline{B}$	$\overline{A\cdot B}=\overline{A}+\overline{B}$

在上述基本公式中,摩根定理亦称反演律。在逻辑函数的化简和变换中经常要用到这一对公式。

这些公式的正确性可以用列真值表的方法加以验证。

例 2.2.1　用真值表证明摩根定理$\overline{A+B}=\overline{A}\cdot\overline{B}$和$\overline{A\cdot B}=\overline{A}+\overline{B}$。

解：摩根定理很容易用真值表加以证明：列出等式左边函数与右边函数的真值表，如果等式两边的真值表相同，说明等式成立。将等式两边的逻辑表达式的真值表画在一起，将 A,B 所有可能的取值组合逐一代入上式的两边，算出相应的结果，即得到如表 2.2.10 所示的真值表。从表 2.2.10 可见，第 2 列和第 3 列、第 4 列和第 5 列的值在 A、B 取值情况下都相等，故摩根定理$\overline{A+B}=\overline{A}\cdot\overline{B}$和$\overline{A\cdot B}=\overline{A}+\overline{B}$两等式成立。

表 2.2.10　例 2.2.1 的真值表

A B	$\overline{A}\cdot\overline{B}$	$\overline{A+B}$	$\overline{A}\cdot B$	$\overline{A}+\overline{B}$
0　0	1	1	1	1
0　1	0	0	1	1
1　0	0	0	1	1
1　1	0	0	0	0

2. 常用公式

表 2.2.11 为常用的一些公式。

表 2.2.11　常用公式

序　号	公　式
1	$A+A\cdot B=A$　　$A\cdot(A+B)=A$
2	$A+\overline{A}\cdot B=A+B$　　$A(\overline{A}+B)=A\cdot B$
3	$A\cdot B+A\cdot\overline{B}=A$　　$(A+B)(A+\overline{B})=A$
4	$A\cdot B+\overline{A}\cdot C+B\cdot C\cdot D=A\cdot B+\overline{A}\cdot C$ $(A+B)(\overline{A}+C)(B+C+D)=(A+B)(\overline{A}+C)$

表 2.2.11 中的公式是利用基本公式导出的。直接运用这些导出公式可以给化简逻辑函数的工作带来很大方便。

例 2.2.2　证明常用公式 $A+AB=A$。

解：$A+AB=A(1+B)=A\cdot 1=A$

该常用公式可表述为：两个乘积项相加，长项中含有短项，则短项是多余的，可以去掉。

例 2.2.3　证明常用公式 $A+\overline{A}\cdot B=A+B$

解：

方法一：

$A+\overline{A}\cdot B=(A+\overline{A})(A+B)=1\cdot(A+B)=A+B$

方法二：

$A+\overline{A}\cdot B=A(1+B)+\overline{A}B=A+AB+\overline{A}B=A+B(A+\overline{A})=A+B$

方法三：

$A+B=(A+B)(A+\overline{A})=AA+A\overline{A}+AB+\overline{A}B=A+AB+\overline{A}B=A(1+B)+\overline{A}B=A+\overline{A}B=A+B$

该常用公式可表述为：两个乘积项相加，长项含有短项的非，则非因子多余的，可从长项中去掉。

例 2.2.4　证明常用公式 $A\cdot B+\overline{A}\cdot C+B\cdot C=A\cdot B+\overline{A}\cdot C$

解:

方法一:

$$A \cdot B + \overline{A} \cdot C + B \cdot C = AB + \overline{A}C + (A + \overline{A})BC = AB + \overline{A}C + ABC + \overline{A}BC$$

$$= AB(1 + C) + \overline{A}C(1 + B) = = AB \cdot 1 + \overline{A}C \cdot 1 = AB + \overline{A}C$$

方法二:

$$A \cdot B + \overline{A} \cdot C = (AB + \overline{A})(AB + C) = (B + \overline{A})(AB + C) = AB + \overline{A}C + BC$$

该常用公式可表述为:第 1 项中包含 A,第 2 项中包含 $\overline{A}$,而这两个项的其余因子组成第 3 项时,则第 3 项是多余的,可以去掉。

本节所列出的基本公式和常用公式反映了逻辑关系,而不是数量之间的关系,在运算中不能简单套用初等代数的运算规则。

2.2.4 逻辑代数的基本规则

1. 代入规则

在任何一个逻辑等式中,如果将等式两边出现的某变量 A,都用一个函数代替,则等式依然成立,这个规则称为代入规则。

例如,在 $\overline{A + B} = \overline{A} \cdot \overline{B}$ 中,现将所有出现 A 的地方都代入函数 $L = CD$,则证明等式仍成立。即得

$$\overline{CD + B} = \overline{CD} \cdot \overline{B}$$

利用代入定理可以将前面的两变量常用公式推广成多变量的公式。例如,两变量的摩根定律 $\overline{A + B} = \overline{A} \cdot \overline{B}$,$\overline{A \cdot B} = \overline{A} + \overline{B}$ 中,用 $(B + C)$ 和 BC 分别代替两式中的变量 B,则可得

$$\overline{A + (B + C)} = \overline{A} \cdot \overline{B + C} = \overline{A} \cdot \overline{B} \cdot \overline{C}$$

$$\overline{A \cdot BC} = \overline{A} + \overline{BC} = \overline{A} + \overline{B} + \overline{C}$$

这就证明了三变量的摩根定律也是成立的。

2. 反演规则

利用摩根定律,可以求一个逻辑函数 L 的反函数 $\overline{L}$,只要将 L 式中所有的"·"换为"+","+"换为"·",常量"0"换成"1","1"换成"0",原变量变成反变量,反变量换成原变量,得到 L 的反函数 $\overline{L}$。

利用反演规则,可以比较容易地求出一个原函数的反函数。运用反演规则时必须注意以下几点。

① 保持原函数原来的运算次序,先与后或。并注意优先考虑括号内的运算。

② 对跨越两个或两个以上变量的"非号"要保留不变。

③ 在函数式中有"⊕"和"⊙"运算符时,求反函数时,要将运算符"⊕"换成"⊙",将运算符"⊙"换成"⊕"。

例 2.2.5 已知 $L = A(B + C) + CD$,求 $\overline{L}$。

解: 按照反演规则,得

$$\overline{L} = (\overline{A} + \overline{B} \, \overline{C})(\overline{C} + \overline{D})$$

例 2.2.6 试求 $L = A + \overline{B\overline{C} + D + E}$ 的反函数 $\overline{L}$。

解: 按照反演规则,并保留反变量以外的非号不变,得

$$\overline{L} = \overline{A} \cdot \overline{(\overline{B} + C) \cdot \overline{DE}}$$

3. 对偶规则

设 L 逻辑表达式,若把 L 中所有的"$+$"换成与"$\cdot$","$\cdot$"换成与"$+$","1"换成与"0","0"换成与"1",而变量保持不变,则所得的新的逻辑式 L^D 称为 L 的对偶式。

如：　$L=A(B+\overline{C})$　$L^D=A+B\overline{C}$

$$L=(A+\overline{B})(A+C\cdot 1)\quad L^D=A\cdot\overline{B}+A\cdot(C+0)$$

当某个逻辑恒等式成立时,则该恒等式两侧的对偶式也相等,这就是对偶规则。

对偶规则可用来证明逻辑恒等式。为了证明两个逻辑式相等,通过证明它们的对偶式相等来完成,有时会更加方便。

例 2.2.7　试证明 $A+BC=(A+B)(A+C)$。

解：首先写出等式两边的对偶式,得到

$$A(B+C)\text{和}AB+AC$$

根据分配律可知,这两个对偶式是相等的,亦即 $A(B+C)=AB+AC$。

由对偶定理即可确定原来的两式也一定相等,于是式 $A+BC=(A+B)(A+C)$ 得到证明。

求对偶式时,要注意保证优先次序不变,否则就会出错。另外应注意对偶规则和反演规则的区别:求对偶式时不需要将逻辑变量取反,而求反函数时需要将逻辑变量取反。

复习思考题

2.2.1　请各举出一个现实生活中存在的与、或、非逻辑关系的事例。

2.2.2　求:(1) $A+1$;(2) $A\cdot 0$;(3) $A\cdot A$;(4) $A+A$。

2.2.3　什么是逻辑代数?

2.3　逻辑函数及其表示方法

2.3.1　逻辑函数

在普通代数中,函数描述的是原变量和因变量之间的映射关系。类似的,逻辑函数描述的是输入逻辑变量和输出逻辑变量之间的因果关系。由于逻辑变量是只取"0"或"1"的二值逻辑变量,因此逻辑函数也是二值逻辑函数。如

$$L=F(A_1,A_2\cdots A_n)$$

则 F 称为 n 变量的逻辑函数

其中:A_1,A_2,$\cdots$,A_n 称为 n 个输入逻辑变量,取值只能是"0"或"1",L 为输出逻辑变量,取值也只能是"0"或"1"。

任何一件具体的因果关系都可以用两个逻辑函数来描述。例如,图 2.3.1 所示是一个开关控制电路,可

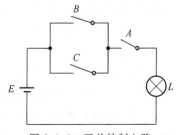

图 2.3.1　开关控制电路

以用一个逻辑函数描述它的逻辑功能。

用 A、B、C 表示三个开关状态,用 1 表示开关闭合,0 表示开关断开。设 L 表示灯的状态,即 L 为 1 表示灯亮,L 为 0 表示灯不亮,则灯 L 是开关 A,B,C 的二值逻辑函数,即

$$L = F(A, B, C)$$

2.3.2 逻辑函数的表示方法

逻辑函数可以有多种表示方法,本节内容主要介绍有真值表、函数表达式、逻辑图、波形图等几种常用的逻辑函数表示方法。

1. 逻辑真值表

逻辑真值表就是采用一种表格来表示逻辑函数的运算关系,其中输入部分列出输入逻辑变量的所有可能取值的组合,输出部分根据逻辑函数得到相应的输出逻辑变量值。

仍以图 2.3.1 所示的电路为例,根据电路的工作原理不难看出,只有 $A=1$,同时 B、C 至少有一个为 1 时,L 才等于 1,于是,可列出如图 2.3.1 所示电路的真值表,如表 2.3.1 所示。

表 2.3.1　图 2.3.1 所示逻辑电路的真值表

输　入	输出	输　入	输出
$A\ B\ C$	L	$A\ B\ C$	L
0　0　0	0	1　0　0	0
0　0　1	0	1　0　1	1
0　1　0	0	1　1　0	1
0　1　1	0	1　1　1	1

2. 函数表达式

把输入和输出的关系写成与、或、非等基本运算的组合形式,就得到了逻辑函数表达式。在图 2.3.1 所示的电路中,根据对电路功能的要求和与、或的逻辑定义,B 和 C 中至少有一个合上可以表示为 $(B+C)$,同时还要求合上 A,则应写作 $A \cdot (B+C)$。因此得到输出的逻辑函数表达式为

$$L = A \cdot (B+C) \tag{2.3.1}$$

3. 逻辑图

将逻辑函数各变量之间的与、或、非等逻辑关系用图形符号表示出来,就可以得到逻辑函数的逻辑图。将式(2.3.1)中所有的与、或运算符号用相应的逻辑符号代替,并按照逻辑运算的先后次序将这些逻辑符号连接起来,就得到如图 2.3.2 所示电路所对应的逻辑图。

4. 波形图

如果将逻辑函数输入变量每一种可能出现的取值与对应的输出值按时间顺序依次排列起来,就得到了表示该逻辑函数的波形图。常用于数字电路的分析和调试。

如果用波形图来描述式(2.3.1)的逻辑函数,则只需将表 2.3.1 给出的输入变量与对应的输出变量取值依时间顺序排列起来,就可以得到所要的波形图,如图 2.3.3 所示。

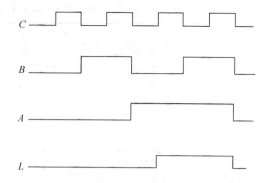

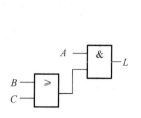

图 2.3.2 图 2.3.1 所示逻辑电路的逻辑图　　　　图 2.3.3 图 2.3.1 所示逻辑电路的时序图

除上面介绍的 4 种逻辑函数表示方法外,还有卡诺图法及硬件描述语言等。在后面的课程中将重点介绍卡诺图法。

5. 逻辑函数表示方法之间的相互转换

上述 4 种不同的表示方法所描述的是同一逻辑关系,因此它们之间有着必然的联系,可以从一种表示方法,得到其他表示方法。在组合逻辑电路分析和设计中,经常需要在不同表示方法之间进行转换。例如,在组合逻辑电路设计时,首先需要根据逻辑问题列出真值表,然后根据真值表写出逻辑表达式,再根据逻辑表达式画出逻辑图。以下通过下面的例子来说明各种表示方法间的相互转换。

(1) 真值表与函数表达式的相互转换

例 2.3.1 某逻辑函数的真值表如表 2.3.2 所示,写出函数表达式。

表 2.3.2 例 2.3.1 的真值表

输　入			输　出		输　入			输　出	
A	B	C	L_1	L_2	A	B	C	L_1	L_2
0	0	0	1	0	1	0	0	0	0
0	0	1	1	0	1	0	1	0	1
0	1	0	1	1	1	1	0	0	0
0	1	1	1	1	1	1	1	0	1

解: 逻辑式为

$$L_1 = \overline{A}\,\overline{B}\,\overline{C} + \overline{A}\,\overline{B}C + \overline{A}B\,\overline{C} + \overline{A}BC$$

$$L_2 = \overline{A}B\,\overline{C} + \overline{A}BC + A\,\overline{B}C + ABC$$

通过例 2.3.1 可以总结出由真值表写出逻辑函数式的一般方法,即:找出真值表中逻辑函数值为 1 的输入变量的组合;写出函数值为 1 的输入组合对应的乘积项,其中输入变量取值为 1 的写成原变量,输入变量取值为 0 的写成反变量;将这些乘积项逻辑加,即得到输出的逻辑表达式。

例 2.3.2 写出逻辑函数 $L = \overline{A}\,\overline{B} + C$ 的真值表。

解: 将输入变量 A, B, C 的取值的所有组合状态逐一代入 L 函数表达式计算出函数值,将计算结果列表,即得表 2.3.3 所示的真值表。

表 2.3.3 例 2.3.2 的真值表

输 入	输出	输 入	输出
A B C	L	A B C	L
0 0 0	1	1 0 0	0
0 0 1	1	1 0 1	1
0 1 0	0	1 1 0	0
0 1 1	1	1 1 1	1

（2）函数表达式与逻辑图的相互转换

例 2.3.3 画出逻辑函数 $L=\overline{AB+\overline{C}}\cdot\overline{A+\overline{C}}\cdot B$ 的逻辑电路。

解：由逻辑函数表达式转换为相应的逻辑图时，只要用逻辑图形符号代替逻辑函数表达式中的逻辑运算符号，并按运算优先顺序将它们连接起来，就可以转换为逻辑图。其逻辑图如图 2.3.4 所示。

例 2.3.4 已知逻辑函数逻辑电路如图 2.3.5 所示，试写出逻辑函数的真值表，并写出逻辑表达式。

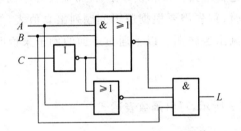

图 2.3.4 例 2.3.3 的逻辑图

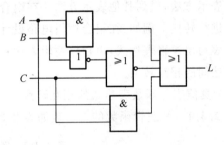

图 2.3.5 例 2.3.4 的逻辑电路图

解：由逻辑图写出逻辑表达式为

$$L=AB+\overline{\overline{B}+C}+AC$$

由逻辑表达式得到真值表，如表 2.3.4 所示

表 2.3.4 例 2.3.4 的真值表

输 入	输出	输 入	输出
A B C	L	A B C	L
0 0 0	0	1 0 0	0
0 0 1	0	1 0 1	1
0 1 0	1	1 1 0	1
0 1 1	0	1 1 1	1

（3）波形图与真值表的相互转换

例 2.3.5 已知逻辑函数 L 的输出波形如图 2.3.6 所示，试画出其真值表。

解：从已知的逻辑函数波形图求对应的真值表时，首先需要从波形图上找出每个时间段里输入变量与函数输出的取值，然后将这些输入、输出取值对应列表，就得到了所求的真值表，如表 2.3.5 所示。

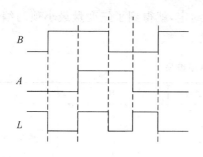

图 2.3.6　例 2.3.5 的波形图

表 2.3.5　例 2.3.5 的真值表

输　入		输出
A	B	L
0	0	1
0	1	0
1	0	0
1	1	1

例 2.3.6　已知逻辑函数的真值表如表 2.3.6 所示,试画出输入输出波形,并写出输出端的逻辑函数表达式。

解: 在将真值表转换为波形图时,只需将真值表中所有的输入变量与对应的输出变量取值依次排列画成以时间为横轴的波形,就得到了所求的波形图。

由真值表画出输入输出波形如图 2.3.7 所示。

表 2.3.6　例 2.3.6 的真值表

输　入			输出	输　入			输出
A	B	C	L	A	B	C	L
0	0	0	1	1	0	0	0
0	0	1	1	1	0	1	0
0	1	0	1	1	1	0	1
0	1	1	0	1	1	1	1

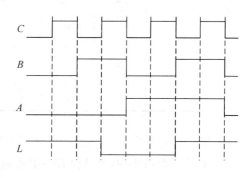

图 2.3.7　例 2.3.6 的波形图

输出端的逻辑表达式为

$$L = \overline{A}\,\overline{B}\,\overline{C} + \overline{A}\,\overline{B}C + \overline{A}B\,\overline{C} + AB\,\overline{C} + ABC$$

2.3.3　逻辑函数的两种标准形式

一种输入输出的逻辑关系可以有多种等效的表达式表示,但可以化为标准形式。其标准型有两种:标准与-或表达式和标准或-与表达式。

本节内容先介绍逻辑函数最小项和最大项的概念,然后给出两种标准表达式的定义以及它们之间的关系。

1. 最小项和最大项

(1) 最小项及其性质

在 n 变量的逻辑函数中,设有 n 个变量 $A_1 \sim A_n$,而 m 是由所有这 n 个变量组成的乘积项(与项)。若 m 中包含的每一个变量都以原变量或反变量的形式在乘积项中出现且仅出现一次,则称 m 是 n 变量的最小项。对于 n 变量的逻辑函数,共有 $2^n = 8$ 个最小项。

例如,$n=3$ 时,有 $2^3 = 8$ 个最小项 $\overline{A}\,\overline{B}\,\overline{C}$、$\overline{A}\,\overline{B}C$、$\overline{A}B\,\overline{C}$、$\overline{A}BC$、$A\,\overline{B}\,\overline{C}$、$A\,\overline{B}C$、$AB\,\overline{C}$ 和 ABC,而 AB、$ABCA$、$A+B+C$ 等则不是最小项。

最小项通常用 m_i 表示,下标 i 即最小项编号,用十进制数表示。将最小项中的原变量取为 1,反变量取为 0,可得到最小项的编号。按照这一约定,就得到了三变量最小项的编号,如表 2.3.7 所示。表 2.3.8 列出了三变量最小项真值表。

表 2.3.7　三变量最小项编号

十进制数	A	B	C	m_i	十进制数	A	B	C	m_i
0	0	0	0	$\overline{A}\,\overline{B}\,\overline{C}(m_0)$	4	1	0	0	$A\overline{B}\,\overline{C}(m_4)$
1	0	0	1	$\overline{A}\,\overline{B}C(m_1)$	5	1	0	1	$A\overline{B}C(m_5)$
2	0	1	0	$\overline{A}B\overline{C}(m_2)$	6	1	1	0	$AB\overline{C}(m_6)$
3	0	1	1	$\overline{A}BC(m_3)$	7	1	1	1	$ABC(m_7)$

表 2.3.8　三变量最小项真值表

A	B	C	$\overline{A}\,\overline{B}\,\overline{C}$	$\overline{A}\,\overline{B}C$	$\overline{A}B\overline{C}$	$\overline{A}BC$	$A\overline{B}\,\overline{C}$	$A\overline{B}C$	$AB\overline{C}$	ABC
0	0	0	1	0	0	0	0	0	0	0
0	0	1	0	1	0	0	0	0	0	0
0	1	0	0	0	1	0	0	0	0	0
0	1	1	0	0	0	1	0	0	0	0
1	0	0	0	0	0	0	1	0	0	0
1	0	1	0	0	0	0	0	1	0	0
1	1	0	0	0	0	0	0	0	1	0
1	1	1	0	0	0	0	0	0	0	1

观察表 2.3.8 可以看出,最小项具有下列性质。

① 对任一个最小项,有且仅有一组变量取值使它的值为 1。例如,当 $ABC=110$ 时,最小项 $m_6(AB\overline{C})$ 的取值为"1",而其他项相均为"0"。

② 任意两个最小项的乘积恒为 0。即 $m_im_j=0,i\ne j$。例如,$\overline{A}BC\cdot ABC=0$。性质②可以由性质①直接推导得出。

③ 全部最小项之逻辑和恒为 1。即

$$\sum_{i=0}^{2^n-1}m_i=1 \tag{2.3.2}$$

根据性质①,变量的任意组取值可以使一个最小项的值为 1,因此对变量的任意一组取值来说,上述和式运算结果恒为 1。

④ 具有相邻性的两个最小项之和可以合并成一项并消去一对因子。

若两个最小项只有一个因子不同,则称这两个最小项具有相邻性。例如,$\overline{A}BC$ 和 ABC 两个最小项仅第一个因子不同,所以它们具有相邻性。这两个最小项相加时定能合并成一项并将一对不同的因子消去。例如

$$\overline{A}BC+ABC=(\overline{A}+A)BC=BC$$

（2）最大项及其性质

在 n 变量的逻辑函数中,设有 n 个变量 $A_1\sim A_n$,而 M 是由所有这 n 个变量组成的和项（或项）。若 M 中包含的每一个变量都以原变量或反变量的形式出现一次且仅一次,则 M 是 n 变量的最大项。

例如,三变量 A,B,C 的最大项有 $(A+B+C)$、$(A+B+\overline{C})$、$(A+\overline{B}+C)$、$(A+\overline{B}+\overline{C})$、$(\overline{A}+B+C)$、$(\overline{A}+B+\overline{C})$、$(\overline{A}+\overline{B}+C)$ 和 $(\overline{A}+\overline{B}+\overline{C})$。对于 n 个变量则有 2^n 个最大项。可见,n 变量的最大项数目和最小项数目是相等的。

最大项通常用 M_i 表示,下标 i 即最大项编号,用十进制数表示。将最大项中的原变量取为 0,反变量取为 1,可得到最大项的编号。如表 2.3.9 所示为三变量的最大项的编号。

最大项具有下列性质。

① 对于任一个最大项,有且仅有一组变量取值使它的值为 0。例如注意当 $ABC=001$ 时,最大项 $M_i(A+B+\overline{C})$ 的取值为 0,而其他项均为 1。

② 任意两个最大项的和恒为 1。即 $M_i+M_j=0,i\neq j$。例如,$A+B+\overline{C}+A+\overline{B}+\overline{C}=1$。性质②可以由性质①直接推导得出。

③ 全部最大项之逻辑积恒为 0。即

$$\prod_{i=0}^{2^n-1} M_i = 0 \tag{2.3.3}$$

根据性质①,变量的任意组取值可以使一个最大项的值为 0,因此对变量的任意一组取值来说,上述乘积式运算结果恒为 0。

表 2.3.9 三变量最大项编号

十进制数	A B C	M_i	十进制数	A B C	M_i
0	0 0 0	$A+B+C\ (M_0)$	4	1 0 0	$\overline{A}+B+C\ (M_4)$
1	0 0 1	$A+B+\overline{C}\ (M_1)$	5	1 0 1	$\overline{A}+B+\overline{C}\ (M_5)$
2	0 1 0	$A+\overline{B}+C\ (M_2)$	6	1 1 0	$\overline{A}+\overline{B}+C\ (M_6)$
3	0 1 1	$A+\overline{B}+\overline{C}\ (M_3)$	7	1 1 1	$\overline{A}+\overline{B}+\overline{C}\ (M_7)$

(3) 最小项与最大项的关系

设有三变量 A、B、C 的最小项,如 $m_5=A\overline{B}C$,对其求反得

$$\overline{m_5}=\overline{A\overline{B}C}=\overline{A}+B+\overline{C}=M_5$$

由此可知对于 n 变量中任意一对最小项 m_i 和最大项 M_i,都是互补的,即

$$\overline{m_i}=M_i \quad 或 \quad \overline{M_i}=m_i$$

2. 逻辑函数的标准与-或表达式和标准或-与表达式

(1) 标准与-或表达式

利用逻辑代数的基本公式,可以把任一个逻辑函数化成若干个最小项之和的形式,称为标准与-或表达式,也称最小项表达式。标准与-或表达式可以有多种书写形式。

例如,$L(A,B,C) = \overline{A}\,\overline{B}\,\overline{C}+\overline{A}\,\overline{B}C+\overline{A}BC+A\overline{B}C+AB\overline{C}$

$$= m_0 + m_1 + m_3 + m_5 + m_6$$

$$= \sum m(0,1,3,5,6)$$

任何一个逻辑函数表达式都可以化成唯一的标准与-或表达式。一个逻辑函数表达式如果不是以标准的与-或表达式形式给出,一般可采用如下方法进行转换。

① 若有公共非号,首先用摩根定律去掉非号,变成与-或表达式;

② 利用互补律 $A+\overline{A}=1$ 补全缺少的变量因子。

例 2.3.7 将逻辑函数 $L=\overline{A}+B\overline{C}$ 变成标准与-或表达式。

解：

$$L=\overline{A}+B\overline{C}=\overline{A}(\overline{B}+B)(\overline{C}+C)+(\overline{A}+A)B\overline{C}$$

$$=\overline{A}\,\overline{B}\,\overline{C}+\overline{A}\,\overline{B}C+\overline{A}B\overline{C}+\overline{A}BC+\overline{A}B\overline{C}+AB\overline{C}$$

$$=m_0+m_1+m_2+m_3+m_6$$

$$=\sum m(0,1,2,3,6)$$

(2) 标准或-与表达式

利用逻辑代数的基本公式,可以把任一个逻辑函数化成若干个最大项之积的形式,称为标准或-与表达式,也称最大项表达式。

例如， $L(A,B,C)=(A+B+C)(A+B+\overline{C})(A+\overline{B}+C)(\overline{A}+B+\overline{C})(\overline{A}+\overline{B}+\overline{C})$

$$=M_0\cdot M_1\cdot M_2\cdot M_5\cdot M_7$$

$$=\prod(0,1,2,5,7)$$

(3) 两种标准表达式之间的关系

根据最小项性质③,所有最小项之和为 1,即

$$L=\sum_{i=0}^{2^n-1}m_i=1$$

(根据最小项性质)反函数 $\overline{L}$ 之间有关系 $L+\overline{L}=1$。于是可得到如下关系

$$L+\overline{L}=\sum_{i=0}^{2^n-1}m_i \qquad\qquad (2.3.4)$$

式(2.3.4)表明,全部最小项中去掉原函数包含的那些最小项,余下的最小项应该出现在反函数中,则此函数的反函数必为

$$\overline{L}=\sum m_k(k\neq i)$$

利用反演定理可得

$$L=\overline{\sum m_k(k\neq i)}=\prod_{k\neq i}\overline{m}_k=\prod_{k\neq i}M_k \qquad\qquad (2.3.5)$$

式(2.3.5)表明,逻辑函数的最大项表达式可写成编号为 k 的最大项的乘积形式,其中 k 为所有编号中去掉编号 i 的那部分。

例 2.3.8 将逻辑函数 $L=\overline{A}BC+AB\overline{C}+\overline{A}\,\overline{B}\,\overline{C}$ 化为标准或-与表达式。

$$L=\overline{A}BC+AB\overline{C}+\overline{A}\,\overline{B}\,\overline{C}=m_3+m_6+m_0=\sum m_i(0,3,6)$$

解：上式或-与表达式写成

$$L=\prod M(1,2,4,5,7)$$

$$=(A+B+\overline{C})(A+\overline{B}+C)(\overline{A}+B+C)(\overline{A}+B+\overline{C})(\overline{A}+\overline{B}+\overline{C})$$

例 2.3.9 试将下列函数利用真值表转化成两种标准形式。

$$L(A,B,C)=AB+\overline{A}C+\overline{B}\,\overline{C}$$

解：其真值表如表 2.3.10 所示

表 2.3.10 例 2.3.9 的逻辑函数真值表

A	B	C	L	A	B	C	L
0	0	0	1	1	0	0	1
0	0	1	1	1	0	1	0
0	1	0	0	1	1	0	1
0	1	1	1	1	1	1	1

则逻辑函数的标准与-或表达式为

$$L(A,B,C) = \sum m(0,1,3,4,6,7)$$
$$= \overline{A}\,\overline{B}\,\overline{C} + \overline{A}\,\overline{B}C + \overline{A}BC + A\overline{B}\,\overline{C} + AB\overline{C} + ABC$$

逻辑函数的标准或-与表达式为

$$L(A,B,C) = \prod M(2,5)$$
$$= (A + \overline{B} + C)(\overline{A} + B + \overline{C})$$

例 2.3.10 将下面逻辑函数转化成两种标准式,并求其反函数。

$$L(A,B,C) = \overline{A}B\overline{C} + AB + B\overline{C}$$

解:标准与-或表达式为

$$L(A,B,C) = \overline{A}B\overline{C} + AB + B\overline{C}$$
$$= \overline{A}B\overline{C} + AB(C + \overline{C}) + (A + \overline{A})B\overline{C}$$
$$= \overline{A}B\overline{C} + ABC + AB\overline{C} + AB\overline{C} + \overline{A}B\overline{C} = m_2 + m_6 + m_7$$
$$= \sum m(2,6,7)$$

标准或-与表达式为

$$L(A,B,C) = \prod M(0,1,3,4,5)$$
$$= (A + B + C)(A + B + \overline{C})(A + \overline{B} + \overline{C})(\overline{A} + B + C)(\overline{A} + B + \overline{C})$$

反函数为

$$\overline{L(A,B,C)} = \sum m(0,1,3,4,5)$$

2.3.4 逻辑函数形式的变换

除了上述标准与-或式和标准或-与式的外,还需要将逻辑函数变换成其他形式。在用电子器件组成实际的逻辑电路时,由于选用不同逻辑功能类型的器件,还必须将逻辑函数式变换成相应的形式。

1. 与-或式化为与非-与非式

例 2.3.11 将下式 $L = AB + \overline{A}C$ 用与非门实现,并画出逻辑图。

解:用二次求反,将第一级非号用摩根定理拆开,第二级保持不变。

$$L = \overline{\overline{AB + \overline{A}C}} = \overline{\overline{AB} \cdot \overline{\overline{A}C}}$$

其逻辑电路如图 2.3.8 所示。

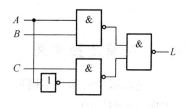

图 2.3.8 例 2.3.11 的逻辑电路图

2. 与-非式化为与-或-非式

例 2.3.12 将 $L=AB+\overline{A}C$ 用与-或-非门实现，画出逻辑图。

解：先用反演定理求函数 L 的反函数 $\overline{L}$，并整理成与-或式，再将左边的反号移到等式右边，即两边同时求反。

$$\begin{aligned}\overline{L}&=\overline{AB+\overline{A}C}=(\overline{A}+\overline{B})(A+\overline{C})\\&=\overline{A}\,\overline{C}+A\overline{B}+\overline{B}\,\overline{C}\\&=\overline{A}\,\overline{C}+A\overline{B}\\L&=\overline{\overline{A}\,\overline{C}+A\overline{B}}\end{aligned}$$

图 2.3.9 例 2.3.12 的逻辑电路图

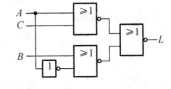

这就可用与-或-非门实现。其电路如图 2.3.9 所示。

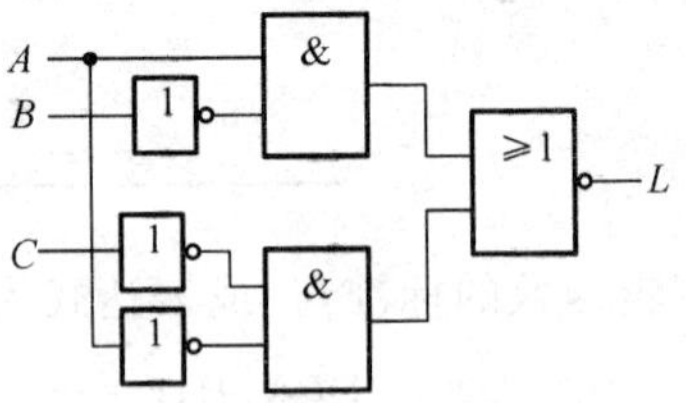

3. 与-或式化为或非-或非式

例 2.3.13 将下式 $L=AB+\overline{A}C$ 用或-非门实现。

解：先将函数 L 化为与-或-非形式，再用反演定理求 $\overline{L}$，并用摩根定理展开，再求 L，就可得到或非一或非式。

$$\begin{aligned}L&=AB+\overline{A}C\\&=\overline{\overline{A}\,\overline{C}+A\overline{B}}\\\overline{L}&=\overline{(A+C)(\overline{A}+B)}\\&=\overline{A+C}+\overline{\overline{A}+B}\\L&=\overline{\overline{A+C}+\overline{\overline{A}+B}}\end{aligned}$$

图 2.3.10 例 2.3.13 的逻辑电路图

其实现电路如图 2.3.10 所示。

复习思考题

2.3.1 逻辑函数的表示方法有哪几种？你能把由任何一种表示方法给出的逻辑函数转换为由其他任何一种表示方法表示的逻辑函数吗？

2.3.2 在逻辑函数的真值表和波形图中，任意改变各组输入和输出取值的排列顺序对函数有无影响？

2.4 逻辑函数的化简

2.4.1 化简法的意义

一个逻辑函数有多种不同形式的逻辑表达式，虽然描述的逻辑功能相同，但电路实现的复杂性和成本是不同的。

例如，逻辑函数

$$L=ABC+AB\overline{C}+\overline{A}\,\overline{B}C+\overline{A}BC$$

利用逻辑代数基本公式化简,得到最简与-或表达式为

$$L = ABC + AB\overline{C} + \overline{A}\,\overline{B}C + \overline{A}BC$$
$$= AB(C + \overline{C}) + \overline{A}C(\overline{B} + B)$$
$$= AB + \overline{A}C$$

比较两逻辑函数表达式,表达式越简单,实现的电路所用门电路数量越少,可靠性越高,成本越低。因此在设计电路时必须将逻辑函数进行简化。但实现该电路需要 3 种门电路:与门、或门和非门。如果用中小规模集成电路来实现,需要用 3 片不同型号的集成电路,因此,实际的电路成本较高。若变换为另一种形式,利用摩根定律变换为与非－与非式 $L = \overline{\overline{AB + \overline{A}C}} = \overline{\overline{AB} \cdot \overline{\overline{A}C}}$,就可以只用与非门实现了。电路需要 4 个与非门,用一片集成电路 74LS00 就可以了。逻辑函数的简化方法很多,本节内容主要介绍逻辑代数化简法(公式法)和卡诺图法。

2.4.2　公式化简法

公式化简法就是使用逻辑代数的基本公式和常用公式消去函数表达式中多余的乘积项和多余的因子,以求得函数表达式的最简形式。最常用的是最简与-或表达式。所谓最简与-或表达式,一是乘积项数最少,二是每个乘积项中变量数最少。

公式化简法没有固定的步骤。下面讨论公式法常用的化简方法。

(1) 合并项法

利用 $A + \overline{A} = 1$ 公式,将两项合并成一项,并消去一个变量。例如,

$$AB + \overline{A}B = (A + \overline{A})B = B$$

(2) 消去法

利用 $A + \overline{A}B = A + B$ 消去多余因子。例如,

$$A + \overline{A}BC = A + BC$$

(3) 吸收法

利用 $A + AB = A$ 可将 AB 项消去。A 和 B 同样也可以是任何一个复杂的逻辑式。例如,

$$AB + AB\overline{C} = AB(1 + \overline{C}) = AB$$

(4) 配项法

先利用 $A = A(B + \overline{B})$,增加必要的乘积项,再用并项或吸收的办法使项数减少。

例 2.4.1　试将下面的逻辑函数简化为最简与-或表达式。

$$L = A\overline{B}C + AB\overline{C} + ABC$$

解: $L = A\overline{B}C + AB\overline{C} + ABC$

$\qquad = A\overline{B}C + AB(\overline{C} + C) \qquad\qquad$ (利用 $A + \overline{A} = 1$)

$\qquad = A\overline{B}C + AB$

$\qquad = A(\overline{B}C + B) \qquad\qquad\qquad$ (利用 $A + \overline{A}B = A + B$)

$\qquad = A(C + B)$

$\qquad = AC + AB$

例 2.4.2　试将下面的逻辑函数简化为最简与-或表达式。

$$L = \overline{AB + \overline{A}\,\overline{B}} \cdot BC + \overline{B}\,\overline{C}$$

解: $L = \overline{AB + \overline{A}\,\overline{B}} \cdot BC + \overline{B}\,\overline{C} \qquad\qquad$ (利用 $\overline{AB} = \overline{A} + \overline{B}$)

$\qquad = (AB + \overline{A}\,\overline{B}) + (\overline{B}\,\overline{C} + BC)$

$\qquad = AB + \overline{A}\,\overline{B}(C + \overline{C}) + \overline{B}\,\overline{C} + BC(A + \overline{A}) \qquad$ (利用 $A + \overline{A} = 1$)

$$=AB+\overline{A}\ \overline{B}C+\overline{A}\ \overline{B}\ \overline{C}+ABC+\overline{A}BC+\overline{B}\ \overline{C}$$

$$=(AB+ABC)+\overline{A}\ \overline{B}C+\overline{A}BC+(\overline{A}\ \overline{B}\ \overline{C}+\overline{B}\ \overline{C}) \qquad (利用\ A+AB=A)$$

$$=AB+\overline{A}C(\overline{B}+B)+\overline{B}\ \overline{C} \qquad (利用\ A+\overline{A}=1)$$

$$=AB+\overline{A}C+\overline{B}\ \overline{C}$$

例 2.4.3 试将下面的逻辑函数简化为最简与-或表达式。

$$L=AC+(\overline{A}+\overline{B})D+B\overline{C}$$

解: $L=AC+(\overline{A}+\overline{B})D+B\overline{C}$ （利用 $\overline{A}+\overline{B}=\overline{AB}$）

$\qquad =AC+\overline{AB}D+B\overline{C}$ （利用 $AB+\overline{A}C=AB+A\overline{C}+BC$,增加 AB）

$\qquad =AC+B\overline{C}+AB+\overline{AB}D$ （利用 $A+\overline{A}B=A+B$,消去 $\overline{AB}$）

$\qquad =AC+B\overline{C}+AB+D$ （利用 $AB+\overline{A}C=AB+A\overline{C}+BC$,消去 AB）

$\qquad =AC+B\overline{C}+D$

从上述例子可以看出,公式法化简需要熟练掌握逻辑代数的公式,需要技巧和经验,需多练习。另外最后的结果是否为最简,难以判断。

2.4.3 卡诺图化简法

卡诺图是由卡诺(Karnaugh)和范奇(Veich)提出的。它与真值表、逻辑函数表达式、逻辑图一样,也可以用来表示逻辑函数,但更多地用来化简逻辑函数。卡诺图化简法简便、直观,可以直接写出逻辑函数的最简与-或表达式。

1. 卡诺图

将逻辑函数的真值表图形化,把真值表中的变量分成两组分别排列在行和列的方格中,就构成二维图表,即为卡诺图。每一个方格代表一最小项,各小方格按特定顺序排列。

图 2.4.1~图 2.4.3 中画出了 2~4 变量最小项的卡诺图。图形两侧标注的 0 和 1 表示使对应小方格内的最小项为 1 的变量取值。同时,这些 0 和 1 组成的二进制数所对应的十进制数大小也就是对应的最小项的编号。

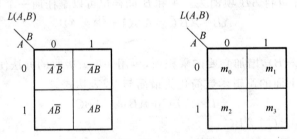

图 2.4.1 二变量的卡诺图

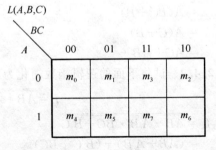

图 2.4.2 三变量的卡诺图

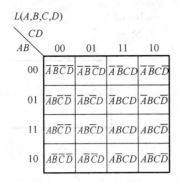

图 2.4.3 四变量的卡诺图

上面所得各种变量的卡诺图,其共同特点是可以直接地观察相邻项。也就是说,各小方格对应于各变量不同的组合,而且上下左右在几何上相邻的方格内只有一个因子有差别,这个重要特点成为卡诺图化简逻辑函数的主要依据。现以四变量卡诺图为例来说明,为清楚起见,把各最小项填入对应方格内,如图 2.4.3 所示。可见图中各行或各列上下左右相邻的方格内只有一个因子不同,例如,m_4 对应于 $\overline{A}B\,\overline{C}\,\overline{D}$,$m_5$ 对应于 $\overline{A}B\,\overline{C}D$,它们的差别仅在 D 和 $\overline{D}$,m_5 对应于 $\overline{A}B\,\overline{C}D$ 和 m_{13} 对应于 $AB\overline{C}D$ 的差别在于 A 和 $\overline{A}$,以此类推。要特别指出的是,卡诺图水平方向同一行里,最左端和最右端的方格也是符合上述相邻规律的,例如,m_4 对应于 $\overline{A}B\,\overline{C}\,\overline{D}$ 和 m_6 对应于 $\overline{A}BC\,\overline{D}$ 的差别仅在 C 和 $\overline{C}$。同样,垂直方向同一列里最上端和最下端两个方格也是相邻的,这是因为都只有一个因子有差别。4 个对角 $m_0(\overline{A}\,\overline{B}\,\overline{C}\,\overline{D})$、$m_2(\overline{A}\,\overline{B}C\,\overline{D})$、$m_8(A\,\overline{B}\,\overline{C}\,\overline{D})$、$m_{10}(A\,\overline{B}C\,\overline{D})$ 也符合上述相邻规律,这个特点说明卡诺图呈现循环邻接的特性。

以上各卡诺图变量的排列形式(即卡诺图方格外 A、B、C、D 等所表示的变量)是为了获得循环邻接的特性。实际上,在满足循环邻接的前提下,卡诺图还有其他形式的画法,上面所列的只是其中的一种。当逻辑函数变量超过 4 个以后,卡诺图就变得复杂,因此,卡诺图通常用于 5 个变量以下的逻辑函数。

2. 逻辑函数的卡诺图表示

如果将逻辑函数的真值表和卡诺图作一比较,就会发现真值表中的每一种输入组合与卡诺图的小方格一一对应。真值表可以看成是一维表格,而卡诺图可以看成是二维表格。如果已知逻辑函数的真值表,只要将表中对应"1"项的最小项填到卡诺图中,其余位置上填入 0 或不填,就得到函数 L 的卡诺图。

如果逻辑函数是最小项表达式,在表达式中出现最小项对应的位置上填入 1,在其余的位置上填入 0 或不填,就得到了表示该逻辑函数的卡诺图。也就是说,任何一个逻辑函数都等于它的卡诺图中填入 1 的那些最小项之和。当逻辑函数的表达式为其他形式时,可将其变换为最小项表达式后,再作出卡诺图。

采用观察法不需要前两种方法需要将逻辑函数转换成最小项,而是采用观察逻辑函数,遵循"或"的迭加性,"与"的公共性,"非"的矛盾性。将应为"1"的项填到卡诺图中。

例 2.4.4 已知三变量函数 L 的真值表如表 2.4.1 所示,试画出其卡诺图。

解:由真值表可知,当 ABC 输入组合为 000、001、100 和 110 时,函数输出值为 1,这 4 种组合对应的最小项为 m_0、m_1、m_4、m_6,只要在三变量卡诺图中与这 4 个最小项对应的方格中填 1,其余方格填 0 即可。函数 L 的卡诺图如图 2.4.4 所示。

表 2.4.1 真值表

输　入			输出	输　入			输出
A	B	C	L	A	B	C	L
0	0	0	1	1	0	0	1
0	0	1	1	1	0	1	0
0	1	0	0	1	1	0	1
0	1	1	0	1	1	1	0

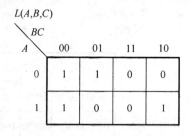

图 2.4.4　例 2.4.4 的 $L(A,B,C)$ 的卡诺图

例 2.4.5　函数 $L=\overline{A}BC\overline{D}+\overline{A}\,\overline{B}\,\overline{C}D+A\overline{B}CD+\overline{A}B\overline{C}\,\overline{D}+\overline{A}\,\overline{B}\,\overline{C}\,\overline{D}$,画出其卡诺图。

解: $L=\overline{A}BC\overline{D}+\overline{A}\,\overline{B}\,\overline{C}D+A\overline{B}CD+\overline{A}B\overline{C}\,\overline{D}+\overline{A}\,\overline{B}\,\overline{C}\,\overline{D}=\sum m(6,1,11,8,0)$,根据逻辑函数最小项表达式,在函数包含的那些最小项相应的方格中填 1,其余填 0 即可。$L(A,B,C,D)$ 的卡诺图如图 2.4.5 所示。

例 2.4.6　函数 $L=\overline{A}\,\overline{B}D+\overline{B}\,\overline{D}+\overline{A}\,\overline{B}C$,画出其卡诺图。

解:先将逻辑函数的表达式变换为最小项表达式,然后作出 $L(A,B,C,D)$ 的卡诺图,如图 2.4.6 所示。

$$L=\overline{A}\,\overline{B}D+\overline{B}\,\overline{D}+\overline{A}\,\overline{B}C$$
$$=\overline{A}\,\overline{B}(C+\overline{C})D+(A+\overline{A})\,\overline{B}(C+\overline{C})\,\overline{D}+\overline{A}\,\overline{B}C(D+\overline{D})$$
$$=\overline{A}\,\overline{B}CD+\overline{A}\,\overline{B}\,\overline{C}D+A\overline{B}C\overline{D}+A\overline{B}\,\overline{C}\,\overline{D}+\overline{A}\,\overline{B}C\overline{D}+\overline{A}\,\overline{B}\,\overline{C}\,\overline{D}+\overline{A}\,\overline{B}CD+\overline{A}\,\overline{B}C\overline{D}$$
$$=\sum m(0,1,2,3,8,10)$$

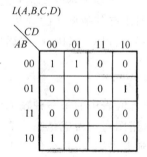

图 2.4.5　例 2.4.5 的 $L(A,B,C,D)$ 卡诺图

$L(A,B,C,D)$

CD / AB	00	01	11	10
00	1	1	1	1
01	0	0	0	0
11	0	0	0	0
10	1	0	0	1

图 2.4.6　例 2.4.6 的 $L(A,B,C,D)$ 卡诺图

例 2.4.7　用卡诺图表示下面的逻辑函数。
$$L=\overline{A}\,\overline{B}\,\overline{C}D+\overline{A}B\,\overline{D}+ACD+A\overline{B}$$

解:遵循"或"的迭加性,"与"的公共性,"非"的矛盾性。与项 $\overline{A}\,\overline{B}\,\overline{C}D$ 在 m_1 方格中填 1,与项 $\overline{A}B\overline{D}$ 在 m_4、m_6 方格中填 1,与项 ACD 在 m_{11}、m_{15} 方格中填 1,与项 $A\overline{B}$ 在 m_8、m_9、m_{10}、m_{11} 方格中填 1。即可得图 2.4.7 所示的 $L(A,B,C,D)$ 的卡诺图。

3. 利用卡诺图简化逻辑函数

利用卡诺图化简逻辑函数的方法称为卡诺图化简法。这里先介绍逻辑相邻的概念。

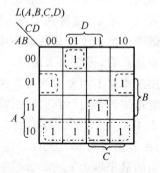

图 2.4.7　例 2.4.7 的 $L(A,B,C,D)$ 卡诺图

逻辑相邻是若两个最小项之间只有一个因子不同,则称这两个最小项具有逻辑相邻的特性。例如,对于三变量函数,$\overline{A}\,\overline{B}\,\overline{C}$和$\overline{A}B\,\overline{C}$逻辑相邻。

化简时依据的基本原理就是具有相邻性的最小项可以合并,并消去不同的因子。因此,卡诺图上任何 2 个相邻最小项,可利用$\overline{A}B+AB=B$消去一个变量,得到化简的目的。

例如,图 2.4.7 中,有

$$m_{11}+m_{15}=A\,\overline{B}CD+ABCD=A(\overline{B}+B)CD=ACD$$

消去不相同的变量因子 B。

利用卡诺图简化的步骤如下。

① 将逻辑函数写成最小项表达式。

② 按最小项表达式填卡诺图,凡式中包含了的最小项,其对应方格填 1,其余方格填 0。

③ 找出可以合并的最小项,即 1 的项,进行圈“1”。

圈“1”的规则如下。

a. 圈内的“1”必须是 2^n 个,$n=0,1,2,\cdots$。

b. 相邻项包括上下底相邻、左右边相邻和四角相邻。

c. “1”可以重复圈,但新增包围圈中一定要有新的“1”,否则该包围圈为多余。

d. 包围圈内的“1”要尽可能得多,圈数尽可能得少,要圈完卡诺图上所有的“1”。

④ 将所有包围圈对应的乘积项相加,即为简化后的逻辑函数。

卡诺图化简不是唯一,不同的圈法得到的简化结果不同,但实现的逻辑功能是相同的。

例 2.4.8 用卡诺图简化逻辑函数。

$$L(A,B,C)=A\,\overline{C}+\overline{A}C+B\,\overline{C}+\overline{B}C$$

解:将逻辑函数 L 写成最小项表达式,画出卡诺图,如图 2.4.8 所示。

$$
\begin{aligned}
L(A,B,C) &= A\,\overline{C}+\overline{A}C+B\,\overline{C}+\overline{B}C \\
&= A(B+\overline{B})\,\overline{C}+\overline{A}(B+\overline{B})C+(A+\overline{A})B\,\overline{C}+(A+\overline{A})\,\overline{B}C \\
&= AB\,\overline{C}+A\,\overline{B}\,\overline{C}+\overline{A}BC+\overline{A}\,\overline{B}C+AB\,\overline{C}+\overline{A}B\,\overline{C}+A\,\overline{B}C+\overline{A}\,\overline{B}C \\
&= \sum m(1,2,3,4,5,6)
\end{aligned}
$$

画包围圈合并最小项,得到函数最简式:$L=\overline{B}C+\overline{A}B+A\,\overline{C}$

或者圈法如图 2.4.9 所示,得到函数最简式:$L=A\,\overline{B}+\overline{A}C+B\,\overline{C}$,与第一种圈法相比,卡诺图简化不是唯一的。

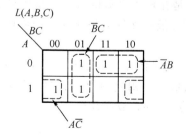

图 2.4.8　例 2.4.8 的 $L(A,B,C,D)$卡诺图

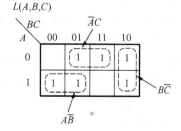

图 2.4.9　例 2.4.8 的 $L(A,B,C,D)$卡诺图

例 2.4.9 用卡诺图简化逻辑函数。

$$L=\overline{A}\,\overline{B}\,\overline{C}\,\overline{D}+B\,\overline{C}D+\overline{A}\,\overline{C}+A$$

解:在熟练的基础上,利用观察法可以直接填写卡诺图。如图 2.4.10 所示。

画包围圈合并最小项,得到函数最简式 $L = A + \overline{C}$。以上是通过合并卡诺图中的"1"项来简化逻辑函数的,有时也通过合并"0"项先求 L 的反函数 $\overline{L}$,再求反。圈"0"情况如图 2.4.11 所示,可得到函数最简式 $\overline{L} = \overline{A}C$,求反 $L = \overline{\overline{A}C} = A + \overline{C}$。

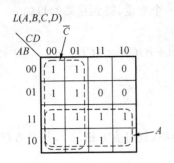
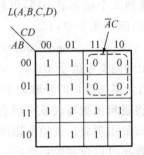

图 2.4.10　例 2.4.9 的卡诺图　　　　图 2.4.11　例 2.4.9 的卡诺图

用卡诺图化简逻辑函数简单、直观,特别适合于 4 个变量以下的逻辑函数的化简。卡诺图化简方法不存在难以判断结果是否已经最简的问题,只要遵循画包围圈的原则,所得的化简结果肯定是最简的。

复习思考题

2.4.1　卡诺图化简法所依据的基本原理是什么?

2.4.2　什么是最小项?什么是逻辑相邻?

2.5　具有无关项的逻辑函数的化简

2.5.1　无关项

在分析某些实际的逻辑问题时,输入变量的某些组合不可能或不允许出现,则这些输入组合对应最小项叫做约束项。还有一些实际逻辑问题,就是在输入变量的某些取值下函数值是 1 还是 0 皆可,并不影响电路的功能,则这些输入组合对应最小项称为任意项。约束项和任意项统称为逻辑函数式中的无关项。

例如,有 3 个逻辑变量 A, B, C,它们分别表示一台电机的正转、反转和停止的命令,若 $A = 1$ 表示电机正转,$B = 1$ 表示电机反转,$C = 1$ 表示电机停止,则其 ABC 的取值只能是 100、010、001,而其他的取值 000、011、101、110、111 是不可能出现的,故 $\overline{A}\,\overline{B}\,\overline{C}$、$\overline{A}BC$、$A\,\overline{B}C$、$AB\,\overline{C}$ 和 ABC 是约束项。

根据最小项的性质,任何一个最小项只有一组取值使它对于 1。对应约束项来说,使它等于 1 的这组取值不可能出现,因此约束项恒等于 0。本例的约束项可以表示如下:

$$\overline{A}\,\overline{B}\,\overline{C} + \overline{A}BC + A\,\overline{B}C + AB\,\overline{C} + ABC = 0$$

又例如,8421BCD 码取值为 0000～1001 这 10 个组合,而 1010～1111 这 6 个组合不可能出现,故对应的函数取 0 或取 1 对函数没有影响,这 6 项就是任意项。

最小项的表达式为

$$L = \sum m + \sum d$$

其中 $\sum d$ 为无关项,也可以写成

$$\begin{cases} L = \sum m + \sum d \\ \sum d = 0 \end{cases}$$

2.5.2　具有无关项的逻辑函数化简

化简具有无关项的逻辑函数时,应充分利用无关项可以当 1 也可以当 0 的特点,尽量扩大包围圈,减少包围圈的个数。

化简具有无关项的逻辑函数的步骤如下。

① 将逻辑函数包含最小项(用 1 表示)和无关项(用×表示)填入在卡诺图相应方格中;

② 化简时,根据需要无关项可以当 1 也可以当 0,以得到相邻最小项包围圈最大,而且包围圈的个数最少。

例 2.5.1　用卡诺图简化下列逻辑函数。

$$L(A,B,C,D) = \sum m(1,3,5,7,9) + \sum d(10,11,12,13,14,15)$$

解:根据题意画出 L 的卡诺图如图 2.5.1 所示。将函数包含最小项(用 1 表示)和无关项(用×表示)填入方格。利用无关项的特点,画出包含 8 个方格的包围圈,得到函数的最简式为 $L = D$。

例 2.5.2　试简化下列逻辑函数。

$$\begin{cases} L(A,B,C,D) = \overline{A}B\,\overline{C} + \overline{A}BC\,\overline{D} + A\,\overline{B}C\,\overline{D} + A\,\overline{B}CD \\ \text{约束条件}:\overline{A \oplus B} = 0 \end{cases}$$

解:根据逻辑函数

$$L(A,B,C,D) = \overline{A}B\,\overline{C} + \overline{A}BC\,\overline{D} + A\,\overline{B}C\,\overline{D} + A\,\overline{B}CD = \sum m(4,5,6,10,11)$$

可知,m_4、m_5、m_6、m_{10} 和 m_{11} 方格填 1;

约束条件为:$\overline{A \oplus B} = \overline{A}\,\overline{B} + AB = 0$,即 AB 取值不能相同,$m_0 \sim m_3$,$m_{12} \sim m_{15}$ 方格填×;
其余方格填 0,得到 L 的卡诺图如图 2.5.2 所示。

画包围圈,得到函数最简式:

$$L = AC + \overline{A}\,\overline{C} + C\,\overline{D}$$

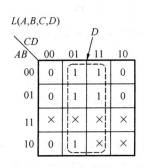

图 2.5.1　例 2.5.1 的卡诺图

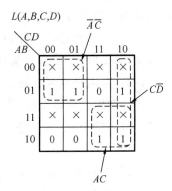

图 2.5.2　$L(A,B,C,D)$ 卡诺图

复习思考题

2.5.1 什么是逻辑函数的约束项、任意项和无关项？

2.5.2 怎样利用无关项才能得到更简单的逻辑函数化简结果？

2.6 用 Multisim 11.0 进行逻辑函数的化简与变换

由于电子电路的复杂程度日益提高，更新速度越来越快，这就对设计工作的自动化提出了迫切的要求。许多软件开发商、研究机构和集成电路制造商都投入了大量的人力和经费，先后研制出了不少优秀的软件开发工具。其中包括用于电路性能和参数分析的、用于运行状态仿真的、用于集成电路芯片设计的、用于可编程器件设计的以及用于印制电路板设计的等等。综合运用这些软件，就可以在设计的全过程实现电子设计自动化（Electronic Design Automation，EDA）。

Multisim11.0 就是其中比较受欢迎的一种，它是由加拿大 IIT（Interactive Image Technologies）公司推出的大型设计工具软件。它不仅提供了电路原理图输入和硬件描述语言模型输入的接口和比较全面的仿真分析功能，同时还提供了一个庞大的元器件模型库和一整套虚拟仪表（其中包括示波器、信号发生器、万用表、逻辑分析仪、逻辑转换器、字符发生器、波特图绘图仪、瓦特表等），可以满足对一般的数字逻辑电路、模拟电路以及数字—模拟混合电路进行分析和设计的需要。如果与该公司的 Ultirouter 软件配合使用，还可以自动完成从电路原理图输入直到印制电路板设计的全部设计过程。

Multisim11.0 另一个突出优点是用户界面友好、直观，使用非常方便。尤其对于已经熟悉了 Windows 用法的读者，很容易掌握它的用法。

下面通过一个例子简单介绍一下如何使用 Multisim 11.0 中的"逻辑转换器"完成逻辑函数的化简与变换。

例 2.6.1 已知逻辑函数 L 的真值表如表 2.6.1 所示，试用 Multisim 11.0 求出 L 的逻辑函数式，并将其化简为最简与-或形式。

$$L = ABC + ABD + A\overline{C}D + \overline{C}\,\overline{D} + A\,\overline{B}C + \overline{A}C\,\overline{D}$$

解：启动 Multisim 11.0 以后，计算机屏幕上将出现如图 2.6.1 所示的用户界面。这时界面的窗口是空白的。在用户界面右侧的仪表工具栏中可以找到一个"Logic Converter"（逻辑转换器）按钮。单击逻辑转换器按钮，屏幕上便出现如图 2.6.1 所示窗口中左上方的逻辑转换器图标"XLC1"。双击这个图标，屏幕上便弹出图中所示的逻辑转换器操作窗口"Logic converter-XLCI"。

将表 2.6.1 所示的真值表键入到逻辑转换器操作窗口左半部分的表格中，然后单击逻辑转换器操作窗口右半部分的上边第 2 个按钮，即可完成从真值表到逻辑式的转换。转换结果显示在逻辑转换器操作窗口底部一栏中，得到

$$L = \overline{A}\,\overline{B}\,\overline{C}\,\overline{D} + \overline{A}\,\overline{B}C\overline{D} + \overline{A}B\,\overline{C}\,\overline{D} + \overline{A}BC\overline{D} + A\,\overline{B}\,\overline{C}\,\overline{D} + A\,\overline{B}\,\overline{C}D +$$
$$A\,\overline{B}C\overline{D} + A\,\overline{B}CD + AB\,\overline{C}\,\overline{D} + AB\,\overline{C}D + ABC\overline{D} + ABCD$$

(2.6.1)

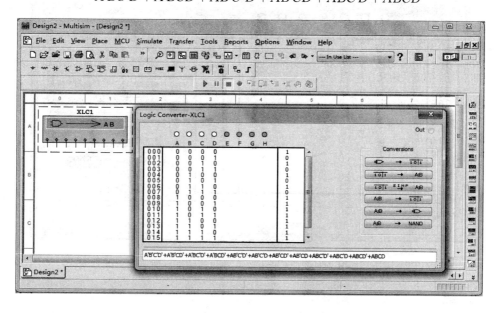

图 2.6.1　Multisim 11.0 的用户界面

表 2.6.1　逻辑函数 L 的真值表

输入				输出	输入				输出
A	B	C	D	L	A	B	C	D	L
0	0	0	0	1	1	0	0	0	1
0	0	0	1	0	1	0	0	1	1
0	0	1	0	1	1	0	1	0	1
0	0	1	1	0	1	0	1	1	1
0	1	0	0	1	1	1	0	0	1
0	1	0	1	0	1	1	0	1	1
0	1	1	0	1	1	1	1	0	1
0	1	1	1	0	1	1	1	1	1

由本例可知,从真值表转换来的逻辑式是以最小项之和形式给出的。

为了将式(2.6.1)化为最简与-或形式,只需再单击逻辑转换器操作窗口右半部分上边的第 3 个按钮,化简结果便立刻出现在操作窗口底部一栏中,如图 2.6.2 所示。得到的化简结果为 $L(A,B,C) = \overline{D} + A$。

从图 2.6.2 中还可以看到,利用逻辑转换器操作窗口中右半部分设置的 6 个按钮,可以在逻辑函数的真值表、最小项之和形式的函数式、最简与-或式以及逻辑图之间任意进行转换。

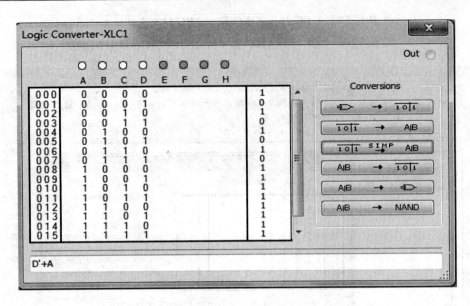

图 2.6.2　逻辑函数 L 的化简结果界面

本 章 小 结

　　分析数字逻辑电路的工具是逻辑代数。逻辑代数有 3 种基本逻辑运算,分别是与、或、非。由 3 种基本逻辑运算复合而成的 4 种常用复合逻辑运算,分别是与非、或非、与或非、异或。书中还给出了表示这些运算的逻辑符号,要注意理解和记忆。

　　逻辑代数的基本公式和常用公式是推演、变换和化简逻辑函数的依据,有些与普通代数相同,有些则完全不一样,例如摩根定理、重叠律、还原律等,要特别注意记住这些特殊的公式、定理。

　　逻辑代数有 3 个基本规则,分别是代入规则、反演规则和对偶规则。使用反演规则可以求逻辑函数的反函数;使用对偶规则,可以进行对偶变换,实现从一个逻辑等式得到另一个新的逻辑等式。

　　逻辑函数常用到的表示方法有 5 种:真值表、函数式、逻辑图、波形图和卡诺图。它们各有特点,但本质相通,可以互相转换。尤其是由真值表到逻辑图和由逻辑图到真值表的转换,直接涉及到数字电路的分析与综合问题,更加重要,一定要学会。

　　逻辑函数的公式法化简法和卡诺图化简法是应该掌握的内容。公式法化简法没有什么局限性,但也无一定步骤可以遵循,要想迅速得到函数的最简与-或表达式,不仅和对公式、定理的熟悉程度有关,而且还和运算技巧有联系。卡诺图化简法则不同,它简单、直观,有可以遵循的明确步骤,不易出错,初学者也易于掌握。但是,当函数变量超过 5 个时,就失去了优点,没有实用价值了。

　　目前一些比较流行的 EDA 软件都具有自动化简和变换逻辑函数式的功能。本章提到的 Multisim 11.0 就是其中的一种。利用这些软件,可以很容易地在计算机上完成逻辑函数的化简或变换。

习　　题

2.1　证明下列各等式。

(1) $A+\overline{A}C+CD=A+C$

(2) $\overline{A\oplus B}=\overline{A}\,\overline{B}+AB$

(3) $AB+\overline{B}C+AC=\overline{B}C+AB$

(4) $A\overline{B}+\overline{A}C+B\overline{C}=A\overline{C}+\overline{A}B+\overline{B}C$

2.2　已知逻辑函数的真值表如表题 2.2(a)和表题 2.2(b)所示,试写出对应的逻辑函数表达式。

表题 2.2(a)

输 入			输出	输 入			输出
A	B	C	L_1	A	B	C	L_1
0	0	0	0	1	0	0	0
0	0	1	1	1	0	1	0
0	1	0	1	1	1	0	0
0	1	1	1	1	1	1	1

表题 2.2(b)

输 入				输出	输 入				输出
A	B	C	D	L_2	A	B	C	D	L_2
0	0	0	0	0	1	0	0	0	1
0	0	0	1	1	1	0	0	1	0
0	0	1	0	1	1	0	1	0	0
0	0	1	1	0	1	0	1	1	1
0	1	0	0	1	1	1	0	0	0
0	1	0	1	0	1	1	0	1	1
0	1	1	0	0	1	1	1	0	1
0	1	1	1	1	1	1	1	1	0

2.3　列出下列逻辑函数的真值表。

(1) $L=\overline{A}B+BD+AC\overline{D}$

(2) $L=\overline{\overline{A}\,\overline{\overline{B}}+AC}$

(3) $L=\overline{A}\,\overline{B}C\overline{D}+\overline{(B\oplus C)}D+CD$

2.4　写出如图题 2.4 所示逻辑电路的逻辑表达式,列出真值表。

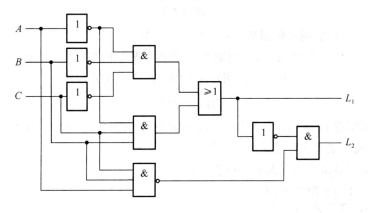

图题 2.4

2.5　写出如图题 2.5 所示逻辑电路的逻辑表达式,列出真值表。

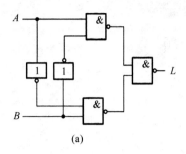

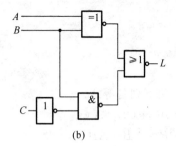

(a)　　　　　　　　　　(b)

图题 2.5

2.6　写出如图题 2.6 所示逻辑电路的与-或表达式,列出真值表。

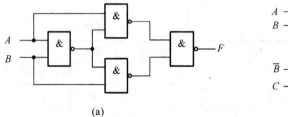

(a)　　　　　　　　　　(b)

图题 2.6

2.7　已知逻辑函数 L 的波形图如图题 2.7 所示,试求 L 的真值表和逻辑表达式。

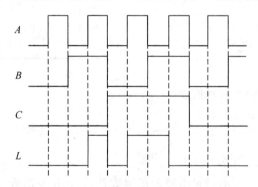

图题 2.7

2.8　试用与非门实现逻辑函数 $L=AB+BC+AC$ 。

2.9　已知 A、B、C、D 的波形,如图题 2.9 所示。请画出逻辑函数 F 的波形。已知:

$$F=(A+\overline{B})(A+B)(\overline{A}+B)(\overline{A}D+C)+$$
$$\overline{C+\overline{A}+\overline{B}}\cdot(\overline{BC}\,\overline{D}+C\,\overline{D})$$

2.10　根据图题 2.10 所示波形图,写出逻辑关系表达式 $L=L(A,B,C)$,并将表达式简化成最简或非-或非表达式和最简与-或-非表达式。

2.11　将下列各函数式化为最小项表达式。

(1) $L=A\,\overline{B}\,\overline{C}D+BCD+\overline{B}D$

(2) $L=AB+\overline{\overline{BC}(\overline{C}+\overline{D})}$

(3) $L=\overline{(A\oplus B)(C\cdot D)}$

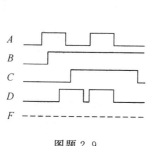

图题 2.9

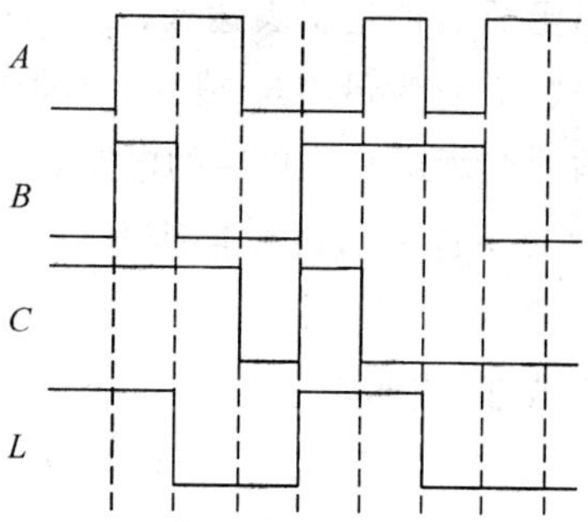

图题 2.10

2.12 将下列各式化为最大项表达式。

(1) $L = \overline{A}B\overline{C} + \overline{B}C + A\overline{B}C$

(2) $L = BC\overline{D} + A + \overline{A}D$

(3) $L = AB + AC$

(4) $L(A,B,C) = \sum m(1,2,5,6,7)$

2.13 将下列逻辑函数化为或非-或非形式,并画出全部用或非门组成的逻辑电路图。

(1) $L = A\overline{BC} + \overline{\overline{A}\ \overline{B}} + \overline{A}\ \overline{B} + BC$

(2) $L = (A+B)(\overline{A}+B+\overline{C})(\overline{A}+\overline{B}+C)$

2.14 将逻辑函数转换成要求的形式。

(1) 将 $L_1 = \overline{\overline{AC}\ \overline{BD}\ \overline{AB}\ \overline{BC}}$ 转换成与-或式;

(2) 将 $L_2 = AB + \overline{C}D + \overline{A}D$ 转换成与非-与非式;

(3) 将 $L_3 = \overline{(A+B)(C+D)}$ 转换成或-与式;

(4) 将 $L_4 = \overline{AB} + C\overline{D}$ 转换成与-或-非式。

2.15 某组合逻辑电路如图题 2.15 所示。

(1) 写出函数 L 的逻辑表达式;

(2) 将函数 L 化为最简与-或表达式;

(3) 用与非门画出其简化后的电路。

2.16 与非门组成的电路如图题 2.16 所示。

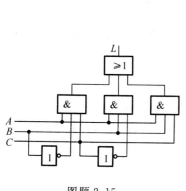

图题 2.15

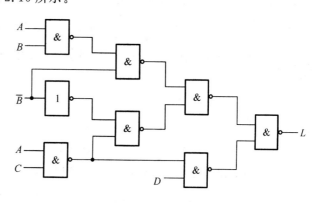

图题 2.16

（1）写出函数 L 的逻辑表达式；

（2）将函数 L 化为最简与-或式；

（3）用与非门画出其简化后的电路。

2.17　将以下逻辑函数 L 化简为：

（1）最简或-与表达式；

（2）最简或非-或非表达式。

$$L(A,B,C,D)=(\overline{A}+\overline{B}+D)(A+\overline{B}+D)(A+B+D)(\overline{A}+\overline{C}+D)$$

2.18　用公式法化简逻辑函数。

（1）$L=AB+\overline{A}C+\overline{B}C+AB\overline{C}D$

（2）$L=\overline{AB+\overline{A}\,\overline{B}+\overline{A}B+A\overline{B}}$

（3）$L=\overline{\overline{A}BC}(B+\overline{C})$

（4）$L=A\overline{C}+ABC+AC\overline{D}+CD$

（5）$L=\overline{\overline{(\overline{A}+B)}+\overline{(A+B)}+(\overline{A}B)(A\,\overline{B})}$

（6）$L=AB+\overline{A}C+\overline{A}B$

（7）$L=A\overline{B}\,\overline{C}+\overline{A}\,\overline{B}C+A\overline{B}C+\overline{A}BC$

（8）$L=A+\overline{(B+\overline{C})(A+\overline{B}+C)(A+B+C)}$

2.19　用卡诺图法化简下列逻辑函数。

（1）$L=\overline{A}\,\overline{B}+\overline{B}C+AC$

（2）$L=(AB+\overline{A}C+\overline{B}D)(A\overline{B}\,\overline{C}D+\overline{A}CD+BCD+\overline{B}C)$

（3）$L=\overline{A}\,\overline{B}+B\overline{C}+\overline{A}+\overline{B}+ABC$

（4）$L=(\overline{A}+B+C+D)(A+\overline{B})(A+B+D)(\overline{B}+C)(\overline{B}+\overline{C}+\overline{D})$

（5）$L(A,B,C)=\sum m(1,2,3,5,6)$

（6）$L(A,B,C,D)=\sum m(0,1,2,5,6,8,9,10,13,14)$

2.20　用卡诺图法化简下列逻辑函数。

（1）$L=\sum m(0,1,2,4,5,7)$

（2）$L=\sum m(0,2,4,5,6,7,12)+\sum d(8,10)$

（3）$L=\sum m(5,7,13,14)+\sum d(3,9,10,11,15)$

2.21　将下列函数化简为最简与-或表达式，并用与非门画出逻辑图（输入端允许有反变量存在）。

$$L_1=\overline{A}BC+A\overline{B}C+AB\overline{C}+ABC$$

$$L_2=(A+\overline{B})(\overline{A}+B)$$

$$L_3(A,B,C,D)=\sum m(0,1,4,5,6,8,9,10,11,12,13,14,15)$$

2.22　用卡诺图法简化逻辑函数 F，写出与-或式表达及或-与表达式。

$$F(A,B,C,D)=\sum m(0,13,14,15)+\sum d(1,2,3,9,10,11)$$

2.23　将下列具有约束项的逻辑函数化为最简与-或表达式。

(1) $L(A,B,C) = A\overline{B}\,\overline{C} + ABC + \overline{A}\,\overline{B}C + \overline{A}B\overline{C}$，给定的约束条件为：$\overline{A}\,\overline{B}\,\overline{C} + \overline{A}BC = 0$。

(2) $L(A,B,C,D) = C\overline{D}(A \oplus B) + \overline{A}B\overline{C} + \overline{A}\,\overline{C}D$，给定的约束条件为：$AB + CD = 0$。

2.24 用 Multisim11.0 将下列逻辑函数式化为最简与-或表达式。

(1) $L(A,B,C,D) = \overline{(AB + \overline{B}D)\,\overline{\overline{A}\,\overline{\overline{C}}}(C\overline{D} + AD)}$

(2) $L(A,B,C,D,E) = \sum m(0,4,9,15,16,19,24,25,27,31)$

(3) $L(A,B,C,D,E) = \sum m(2,6,8,23,24,25,27,28) + d(5,7,16,20)$

第3章 逻辑门电路

3.1 概　述

在二值逻辑中,逻辑变量的取值不是 0 就是 1,是一种二值量。在数字电路中,与之对应的是电子开关的两种状态。二值量与数字电路的结合点,就是这种两状态的电子开关。而半导体二极管、三极管和 MOS 管,则是构成这种电子开关的基本开关元件。

高电平和低电平是两种状态,是两个不同的可以截然区别开来的电压范围。例如,在图 3.1.1 中,2.4～5 V 范围内的电压,都称为高电平,用 U_H 表示;而 0～0.8 V 范围内的电压,都称为低电平用 U_L 表示。

在数字电路中,用"1"表示高电平,用"0"表示低电平,称为正逻辑体制,简称正逻辑。如果用"1"表示低电平,用"0"表示高电平,则称为负逻辑体制,简称负逻辑。由表 3.1.1 中可以看出,正负逻辑式互为对偶式,即若给出一个正逻辑的逻辑式,则对偶式即为负逻辑的逻辑式,如正逻辑为或门,即 $L=A+B$,对偶式为 $L^D=AB$。今后除非特殊说明,本书中一律采用正逻辑。

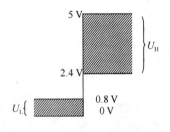

图 3.1.1　高、低电平示意图

表 3.1.1　正负逻辑对应的门电路

正逻辑	负逻辑	正逻辑	负逻辑
与门	或门	或非门	与非门
或门	与门	异或门	同或门
与非门	或非门	同或门	异或门

因为在实际工作时只要能区分出来高、低电平就可以知道它所表示的逻辑状态了,所以高、低电平都有一个允许的范围,见图 3.1.1。正因为如此,在数字电路中无论是对元器件参数精度的要求还是对供电电源稳定度的要求,都比模拟电路要低一些。而提高数字电路的运算精度可以通过增加数字信号的位数达到。

实现基本和常用逻辑运算的单元电路,称为逻辑门电路,简称门电路。第 2 章介绍了与、或、非 3 种基本逻辑运算和与非、或非、与或非、异或、同或 5 种复合逻辑运算,并引出了逻辑变量与逻辑函数的关系。在那里,逻辑符号是以黑匣子的方式来表示相应的逻辑门。为了正确而有效地使用集成逻辑门电路,用户必须对器件的内部电路,特别是对它的外部特性有所了解。

用分立的元器件和导线连接起来构成的门电路,称为分立元件门电路。目前虽不使用,但可作为入门、认识台阶处理。把构成门电路的元器件和连线都制作在一块半导体芯片上,再封装起来,便构成了集成门电路。一般把在一块芯片中含有等效逻辑门的个数或元器件的个数,定义为集成度。数字集成电路按照集成度不同,常分成五类,如表 3.1.2 所示。分立元件门电路由于体积大、功耗大、可靠性低,难以组成大规模集成电路。因此应用范围受到很大的限制。1961 年美国德克萨斯仪器公司率先将数字电路的元器件制作在同一硅片上,制成了数字集成电路(Integrated Circuits,IC)。由于集成电路体积小、重量轻、可靠性好,因而在大多数领域里迅速取代了分立器件组成的数字电路。

表 3.1.2　数字集成电路的分类

分类	门的个数	典型集成电路
小规模集成电路　SSI	<10	逻辑门、触发器
中规模集成电路　MLS	10～99	译码器、计数器、加法器
大规模集成电路　LSI	100～9 999	小容量存储器、门阵列
超大规模集成电路 VLSI	10 000～99 999	大容量存储器、微处理器
甚大规模集成电路 ULSI	10^6 以上	可编程逻辑器件、多功能专用集成电路

注:SSI--Small Scale Integration;

　　MLS--Medium Scale Integration;

　　LSI--Large Scale Integration;

　　VLSI--Very Large Scab Integration;

　　ULSI--Ultra-Large Scab Integration;

从制造工艺上可以将目前使用的数字集成电路分为双极型、单极型和混合型 3 种。双极型集成门采用双极性晶体管构成,目前得到应用的主要有 TTL(Transistor-Transistor Logic)和 ECL(Emitter-Coupled Logic)两种系列。单极型集成门采用 MOS 场效应管构成,可以分为 NMOS、PMOS 和 CMOS(Complementary MOS)3 种系列。混合型集成门电路采用双极型晶体管和 MOS 场效应管两种类型的管子构成,典型的有 BiCMOS 系列集成门电路。

TTL 系列集成门电路和 CMOS 系列集成门电路是目前最常用的两大系列门电路。TTL 集成门电路具有速度快、驱动能力强的优点,在 20 世纪 80 年代以前,TTL 集成门电路一直是数字集成电路的主流产品。然而,TTL 集成门电路也存在着一个严重的缺点,这就是它的功耗比较大。由于这个原因,用 TTL 集成门电路只能作成小规模集成电路和中规模集成电路,而无法制作成大规模集成电路和超大规模集成电路。CMOS 集成电路出现于 20 世纪 60 年代后期,它最突出的优点在于功耗极低,所以非常适合于制作大规模集成电路。随着 CMOS 制作工艺的不断进步,无论在工作速度还是在驱动能力上,CMOS 电路都已经不比 TTL 电路逊色。因此,CMOS 电路便逐渐取代 TTL 电路而成为当前数字集成电路的主流产品。

ECL 系列门电路也属于双极型数字集成电路。ECL 门电路和 TTL 门电路的主要区别是,ECL 门电路中的晶体三极管不工作在饱和区,而 TTL 门电路的晶体三极管通常工作在饱和区,因此,ECL 门电路的工作速度极高。ECL 门电路主要用于高速或超高速数字系统。

BiCMOS 系列门电路结合了双极型晶体管的高速、高驱动性能与 CMOS 的高集成度、低功耗的优点,主要应用于高性能集成电路。

不过在现有的一些设备中仍旧在使用 TTL 集成门电路,所以掌握 TTL 电路的基本工作原理和使用知识仍然是必要的。本章将重点介绍 CMOS 和 TTL 这两种目前使用最多的数字集成门电路。

3.2 CMOS 逻辑门电路

CMOS 逻辑门电路是在 TTL 器件之后，出现的应用比较广泛的数字逻辑器件，在功耗、抗干扰、带负载能力上优于 TTL 逻辑门，所以超大规模器件几乎都采用 CMOS 门电路，如存储器 ROM、可编程逻辑器件 PLD 等。国产的 CMOS 器件有 CC4000（国际 CD4000/MC4000)、高速 54HC/74HC 系列（国际 MC54HC/74HC)、与 TTL 兼容的 74HCT 系列、低电压的 74LVC 和超低压的 74AUC 系列等。

3.2.1 逻辑电路的电气特性

生产商通常都要为用户提供各种逻辑器件的数据手册，手册中一般都要给出门电路的电压传输特性，输入和输出的高/低电压、噪声容限、传输延迟时间、功耗等。除传输特性外，其他各项技术参数分别介绍如下。

1. 输入和输出的高、低电平

门电路的输入电压和输出电压常用高、低电平来描述，并规定在正逻辑体制中，用逻辑 1 和 0 分别表示高、低电平。需要指出，门电路的高电平和低电平不是指某个电压值，而是指一个特定的电压范围。见图 3.1.1。为了方便起见，高低电平的电压范围通常采用极限值来表示，如高电平的电压范围用高电平的最小电压值来表示，低电平的电压范围用低电平的最大电压值来表示。相关极限参数的含义说明如下。

$V_{IL(max)}$：输入低电平的最大值；

$V_{IH(min)}$：输入高电平的最小值；

$V_{OL(max)}$：输出低电平的最大值；

$V_{OH(min)}$：输出高电平的最小值。

表 3.2.1 所示为几种 CMOS 集成电路在典型工作电压时的高、低输入和输出电压值。4000B,74HC 和 74HCT 系列工作电压为 5 V，低电压 74LVC 系列典型工作电压为 3.3 V，超低电压 74AUC 系列典型工作电压为 1.8 V。

表 3.2.1　几种 CMOS 下列电路的输入和输出电压值及输入噪声容限

类型 参数/单位	4000B ($V_{DD}=5$ V)	74HC ($V_{DD}=5$ V)	74HCT ($V_{DD}=5$ V)	74LVC ($V_{DD}=3.3$ V)	74AUC ($V_{DD}=1.8$ V)
$V_{IL}(max)$/V	1.67	1.5	0.8	0.8	0.63
$V_{IH}(min)$/V	3.33	3.5	2.0	2.0	1.2
$V_{OL}(max)$/V	0.05	0.1	0.1	0.2	0.2
$V_{OH}(min)$/V	4.95	4.9	4.9	3.1	1.7
高电平噪声容限(V_{NH}/V)	1.62	1.4	2.9	1.1	0.5
低电平噪声容限(V_{NL}/V)	1.62	1.4	0.7	0.6	0.43

2. 噪声容限

从图 3.2.1 所示为噪声容限的示意图可以看到，前一级驱动门电路输出的高电平和低电平的电压范围比较窄，而后一级负载门电路输入高电平和和低电平的电压范围比较宽。也就是说，$V_{OH(min)}$ 总是大于 $V_{IH(min)}$，$V_{OL(max)}$ 总是小于 $V_{IL(max)}$。正是由于这一特点，使得门电路具有一定的抗干扰能力。下面以图 3.2.1 所示的简单电路来说明噪声容限的概念。

图中 G_1 和 G_2 均为 CMOS 反相器，G_1 门的输出电压就是 G_2 的输入电压，G_1 是驱动门，G_2 是负载门。当 G_1 输出低电平时，如果在信号上叠加一个正向噪声干扰（负向干扰没影响），只要幅度不是太大，就不会影响 G_2 的输出状态；同理，当 G_1 输出高电平时，如果在信号上叠加一个负向噪声干扰（正向干扰没影响），只要幅度不是太大，也不会影响 G_2 的输出状态。因此，数字电路信号受到噪声干扰只要不超出一定的范围就是允许的。所谓噪声容限（Noise Margins），是指数字信号中允许叠加噪声最大幅度。电路的噪声容限愈大，其抗干扰能力愈强。

高电平的噪声容限：
$$V_{NH} = V_{OH(min)} - V_{IH(min)} \qquad (3.2.1)$$

低电平的噪声容限：
$$V_{NL} = V_{IH(max)} - V_{OH(max)} \qquad (3.2.2)$$

例如，根据表 3.2.1 中的 74HC 系列 CMOS 集成电路的参数，求得其输入高、低电平的噪声容限分别如下：

高电平的噪声容限：$V_{NH} = V_{OH(min)} - V_{IH(min)} = 4.9\ \text{V} - 3.5\ \text{V} = 1.4\ \text{V}$

低电平的噪声容限：$V_{NL} = V_{IH(max)} - V_{OH(max)} = 1.5\ \text{V} - 0.1\ \text{V} = 1.4\ \text{V}$

3. 传输延迟时间

由于 MOS 管中栅极与衬底电容 C_{gb}（即数据手册中的输入电容 C_i）、漏极与衬底间电容 C_{db}、栅极与漏极电容 C_{gd} 以及导通电阻等存在，尤其是输出端与其他 CMOS 门电路相连时，不可避免地存在负载电容。当门电路的输入端加入一脉冲波形，其输出波形变化相滞后于输入波形变化。

传输延迟时间是表征门电路开关速度的参数，它说明门电路在输入脉冲波形的作用下，其输出波形相对于输入波形延迟了多长的时间。当门电路的输入端加入一脉冲波形，其相应的输出波形如图 3.2.2 所示。通常输出波形由高电平跳变为低电平和由低电平跳变为高电平时的传输延迟时间，分别用 t_{pHL} 和 t_{pLH} 表示，平均传输延迟时间是两者的平均值，即 $t_{pd} = (t_{pLH} + t_{pHL})/2$，例如，CMOS 与非门 74HC00 在在 5 V 典型工作电压时的 $t_{pLH} = 7\ \text{ns}$，$t_{pHL} = 7\ \text{ns}$，$t_{pd} = (7+7)\ \text{ns}/2 = 7\ \text{ns}$。表 3.2.2 所示为 CMOS 集成电路在典型工作电压时的传输延迟时间，由表可见，低电压和超低电压电路的工作速度要快得多。

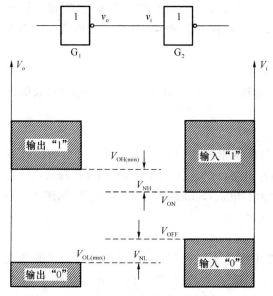

图 3.2.1　噪声容限示意图

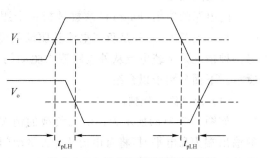

图 3.2.2　门电路传输延迟波形图

表 3.2.2　几种 CMOS 电路传输延迟时间

参数/单位　　　类型	74HC ($V_{DD}=5$ V)	74HCT ($V_{DD}=5$ V)	74LVC ($V_{DD}=3.3$ V)	74AUC ($V_{DD}=1.8$ V)
T_{pLH} 或 t_{pHL}/ns	7	8	2.1	0.9

4. 功耗

功耗是门电路的重要参数之一。静态时,CMOS 电路的电流非常小,使得静态功耗非常低。所以 CMOS 电路广泛应用于要求功耗较低或电池供电的设备,例如便携计算机、手机和掌上计算机等。这些设备在没有输入信号时,功耗非常低。

当门电路输入端加以一定频率变化的输入信号后,就会产生动态功耗。动态功耗由两部分组成。一部分是由于电路输出状态转换的瞬间,其等效电阻比较小,从而导致有较大的电流从电源 V_{DD} 经 CMOS 电路流入地。用 P_T 表示。另一部分是因为 CMOS 管的负载通常是电容性的,对电容进行充、放电将增加电路的损耗。用 P_C 表示。其中

$$P_T = C_{PD} V_{DD}^2 f \tag{3.2.3}$$

式(3.2.3)中 f 为输出信号的转换频率。V_{DD} 为供电电源。C_{PD} 称为功耗电容,它并不是一个实际的电容,而是一个等效参数电容,具体数值可以查数据手册。

$$P_C = C_L V_{DD}^2 f \tag{3.2.4}$$

式(3.2.4)中 C_L 为负载电容。

门电路总的动态功耗为

$$P_D = P_T + P_C = (C_{PD} + C_L) V_{DD}^2 f \tag{3.4.5}$$

从式中可见,门电路动态功耗 P_D 与输入信号的频率成正比。说明了数字集成电路随着工作速度的增加,功耗也在增加。从式中还可以看到,动态功耗 P_D 与电源电压 V_{DD} 的平方成正比。所以,在设计 CMOS 电路时,选用低电源电压器件,例如 3.3 V 供电电源 74LVC 系列或 1.8 V 供电电源 74AUC 系列,以降低功耗。

5. 延时-功耗积

理想的数字电路或系统,要求它既速度高,同时功耗又低。在工程实践中,要实现这种理想情况是较难的。高速数字电路往往需要付出较大的功耗为代价。一种综合性的指标称为延时-功耗积,用符号 DP 表示,单位为 J(焦[耳]),即

$$DP = t_{pd} P_D \tag{3.2.6}$$

式(3.2.6)中 $t_{pd} = (t_{pLH} + t_{pHL})/2$,$P_D$ 为门电路的功耗,一个逻辑门器件的 DP 值愈小,表明它的特性愈接于理想情况。

6. 扇出系数

门电路的扇出(Fanout)系数是指一个逻辑门所能带同类门电路的数目。扇出数的计算分两种情况考虑,一种是负载电流从驱动门流向外电路,称为拉电流(Sourcing Current)负载;另一种情况是负载电流从外电路流入驱动门,称为灌电流(Sinking Current)负载,如图 3.2.3 所示。下面分别予以介绍。

(1) 拉电流工作情况

如图 3.2.3(a)所示为拉电流负载的情况,图中左边为驱动门,右边为负载门。当驱动门的输出端为高电平时,将有电流 I_{OH} 从驱动门拉出而流入负载门,负载门的输入电流为 I_{IH} 当负载门的个数增加时,总的拉电流将增加,会引起输出高电压的降低。但不得低于输出高电平

的下限值,这就限制了负载门的个数。这样,输出为高电平时的扇出系数可表示如下

$$N_{\mathrm{H}} = \frac{|I_{\mathrm{OH(max)}}|}{I_{\mathrm{IH(max)}}} \tag{3.2.7}$$

（2）灌电流工作情况

图 3.2.3(b)所示为灌电流负载的情况,当驱动门的输出端为低电平时,负载电流 I_{OL} 流入驱动门,它是负载门输入端电流 I_{IL} 之和。当负载门的个数增加时,低电平总的灌电流 I_{OL} 将增加,同时也将引起输出低电压 V_{OL} 的升高。当输出为低电平,并且保证不超过输出低电平的上限值时,驱动门所能驱动同类门的个数由下式决定

$$N_{\mathrm{L}} = \frac{I_{\mathrm{OL(max)}}}{|I_{\mathrm{IL(max)}}|} \tag{3.2.8}$$

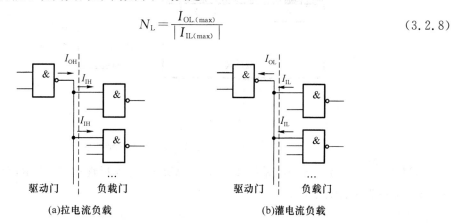

(a)拉电流负载   (b)灌电流负载

图 3.2.3 扇出系数的计算

上述式(3.2.7)和式(3.2.8)中,$I_{\mathrm{IL(max)}}$、$I_{\mathrm{OL(max)}}$、$I_{\mathrm{OH(max)}}$ 和 $I_{\mathrm{IH(max)}}$ 由芯片数据手册提供。使用上述两个公式时要注意两点:一是 N_{L} 和 N_{H} 不一定相等,这时以较小者作为扇出数;二是上述两式中只考虑了每个负载门仅有一个输入端与驱动门连接,如果每个负载门有两个以上的输入端与驱动门连接,则扇出系数实际指可以驱动输入端的数目。

例如,CMOS 的 74HC/74HCT 的输出电流 $I_{\mathrm{OH(max)}} = -20\ \mu\mathrm{A}$,$I_{\mathrm{OL(max)}} = 20\ \mu\mathrm{A}$,输入电流 $I_{\mathrm{IH(max)}} = 1\ \mu\mathrm{A}$,$I_{\mathrm{IL(max)}} = -1\ \mu\mathrm{A}$。数据前的负号表示电流从器件流出,反之表示电流流入器件。根据式(3.2.7) 和式(3.2.8)计算得

$$N_{\mathrm{H}} = \frac{|I_{\mathrm{OH(max)}}|}{I_{\mathrm{IH(max)}}} = \frac{|-20\ \mu\mathrm{A}|}{1\ \mu\mathrm{A}} = 20$$

$$N_{\mathrm{L}} = \frac{I_{\mathrm{OL(max)}}}{|I_{\mathrm{IL(max)}}|} = \frac{20\ \mu\mathrm{A}}{|-1\ \mu\mathrm{A}|} = 20$$

$N_{\mathrm{OH}} = N_{\mathrm{OL}} = 20\ \mu\mathrm{A}/1\ \mu\mathrm{A} = 20$,即最多可接同类电路的输入端数为 20 个。

3.2.2 MOS 管的开关特性

MOS 管又称绝缘栅型场效应三极管(Metal-Oxide-Semiconductor Field Effect Transistor,MOSFET)。MOS 管分为 N 沟道和 P 沟道两类,每一类又分为增强型和耗尽型两种,因此,总共分为以下 4 种类型:增强型 NMOS、耗尽型 NMOS、增强型 PMOS 和耗尽型 PMOS。

增强型 NMOS 管的结构和符号如图 3.2.4 所示。NMOS 管在结构上以一块低浓度掺杂

的 P 型半导体硅片为衬底,在上面用氧化工艺生成一层 SiO₂薄膜绝缘层,用光刻工艺在薄膜上腐蚀出两个孔,然后在孔的位置利用扩散工艺制作两个高浓度掺杂的 N 型区。从两个 N 型区分别引出金属电极,一个是漏极 D,一个是源极 S。在源极和漏极之间的绝缘层上镀一层金属铝作为栅极 G。在 P 型衬底上引出衬底电极 B。在实际应用大多数场合,NMOS 管的衬底电极 B 和源极 S 是连在一起的。

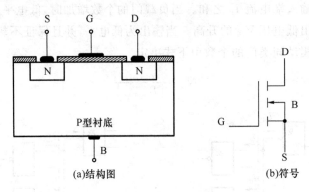

(a)结构图　　　　　　　　　(b)符号

图 3.2.4　N 沟道增强型 NMOS 管的结构和符号

NMOS 共源极接法开关电路如图 3.2.5(a)所示,输出特性如(b)所示,转移特性如(c)所示。$V_{GS(th)}$ 称为其开启电压。

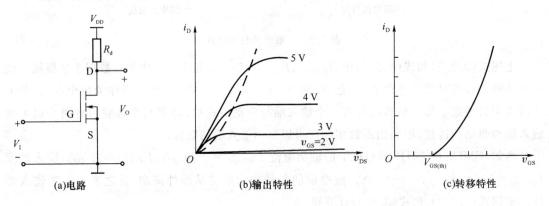

(a)电路　　　　　(b)输出特性　　　　　(c)转移特性

图 3.2.5　NMOS 管共源极接法开关电路

当 $V_I < V_{GS(th)}$ 时,NMOS 管处于截止状态,$i_D = 0$,R_{OFF} 为 NMOS 管截止时的等效电阻,大于 10^9 Ω,输出电压 $V_O = V_{DD}$,此时器件不损耗功率。

当 $V_I > V_{GS(th)}$ 时,并且比较大,NMOS 管工作在饱和区。随着 V_I 的增加,i_D 增加,V_{DS} 随之下降,MOS 管最后工作在可变电阻区。从特性曲线的可变电阻区可以看到,当 V_{GS} 一定时,d,s 之间可近似等效为线性电阻。V_{GS} 越大,输出特性曲线越倾斜,等效电阻越小。此时 NMOS 管可以看成一个受 V_{GS} 控制的可变电阻。V_{GS} 的取值足够大时,使得 R_d 远远大于 d,s 之间的等效电阻时,电路输出为低电平。

由此可见,NMOS 管相当于一个由 V_{GS} 控制的无触点开关,当输入为低电平时,NMOS 管截止,相当于开关"断开",输出为高电平;当输入为高电平时,NMOS 管工作在可变电阻区,相当于开关"闭合",输出为低电平。R_{ON} 为 MOS 管导通时的等效电阻,约在 1 kΩ 以内。

3.2.3 CMOS 反相器的电路结构和工作原理

1. CMOS 反相器的电路结构及工作原理

CMOS 反相器的电路结构是 CMOS 电路的基本结构形式。同时，CMOS 反相器和下面将会介绍到的 CMOS 传输门又是构成复杂 CMOS 逻辑电路的两种基本模块。因此，我们需要对 CMOS 反相器做比较全面和深入的分析。

（1）结构

由 N 沟道和 P 沟道两种 MOSFET 组成的电路称为互补 MOS 或 CMOS 电路，由两只增强型 MOSFET 组成，其中，其中 T_P 为 PMOS 管，T_N 为 NMOS 管，它们构成互补对称电路。两只 MOS 管的栅极连在一起作为输入端，它们的漏极连在一起作为输出端。为了使衬底和漏源之间的 PN 结始终处于反偏状态，将 NMOS 管的衬底接到电路的最低电位（接地），将 PMOS 管的衬底接到电路的最高电位（接电源 V_{DD}）。图 3.2.6 为 CMOS 反相器的电路。

（2）工作原理

T_1 和 T_2 它们的开启电压分别为 $V_{GS(th)P}$、$V_{GS(th)N}$，且 $V_{GS(th)N} = |V_{GS(th)P}|$，为了电路能正常工作，要求电源电压 V_{DD} 大于两只 MOS 管的开启电压的绝对值之和，即 $V_{DD} > |V_{GS(th)P}| + V_{GS(th)N}$。

当 $V_I = V_{IL} = 0$ 为低电平时，T_N 的栅源电压 $V_{GSN} = 0\text{ V} < V_{GS(th)N}$，所以 T_N 截止，而 T_P 的栅源电压 $|V_{GSP}| = V_{DD} > |V_{GS(th)P}|$，故 T_P 导通。此时，T_N 相当于很大的电阻，T_P 相当于很小的电阻。因此，输出电压为高电平 V_{OH}，且 $V_{OH} \approx V_{DD}$。

当 $V_I = V_{IH} = V_{DD}$ 为高电平时，T_N 的栅源电压 $V_{GSN} = V_{DD} > V_{GS(th)N}$，所以 T_N 导通，而 T_P 的栅源电压 $|V_{GSP}| = 0\text{ V} < |V_{GS(th)P}|$，故 T_P 截止。此时，T_N 相当于很小的电阻，T_P 相当于很大的电阻。因此，输出电压为低电平 V_{OL}，且 $V_{OL} \approx 0$。

可见，当 COMS 反相器输入电压为低电平时，输出电压为高电平；当输入电压为高电平时，输出电压为低电平，实现了反相器的逻辑功能。

无论 V_I 是高电平还是低电平，T_P 和 T_N 管总是一个导通一个截止的工作状态，称为互补，其截止电阻很高，故流过 T_P 和 T_N 的静态电流很小。由此可知，基本 CMOS 反相器近似于一个理想的逻辑单元，其输出电压接近于零或 $+V_{DD}$，而静态功耗几乎为零，这也是 CMOS 集成电路的重要特点之一。由 COMS 反相器的输出可知，T_P 和 T_N 管在工作时轮流导通，这种结构称为推拉式（push-pull）输出结构，是逻辑门电路中常见的一种输出结构，具有工作速度快、带负载能力力强的特点。

2. 电压传输特性和电流传输特性

（1）电压传输特性

CMOS 反相器的电压传输特性是指其输出电压 V_O 随输入电压 V_I 变化所得到的曲线，如图 3.2.7 所示。图中 $V_{GS(th)N} = |V_{GS(th)P}| = 1\text{ V}$，且 $V_{DD} = 5\text{ V} > |V_{GS(th)P}| + V_{GS(th)N}$。$T_P$ 和 T_N 具有同样的导通内阻 R_{ON} 和截止内阻 R_{OFF}。根据 T_P 和 T_N 两管工作情况的不同，可将传输特性曲线分为 3 段。

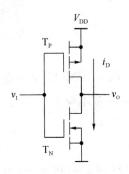

图 3.2.6　CMOS 反相器电路

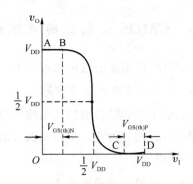

图 3.2.7　CMOS 反相器的电压传输特性

在 AB 段，V_I 输入低电平，$V_{GSN} < V_{GS(th)N}$，而 $|V_{GSP}| > |V_{GS(th)P}|$，故 T_P 管导通并工作在低电阻的电阻区，T_N 截止，输出电压为高电平，即 $V_O = V_{OH} \approx V_{DD}$。

在 CD 段，输入高电平 $V_I > V_{DD} - |V_{GS(th)P}|$，使 $|V_{GSP}| < |V_{GS(th)P}|$，$T_P$ 管截止，$V_{GSN} > V_{GS(th)N}$，T_N 导通，输出电压为低电平，即 $V_O = V_{OL} \approx 0$。

在 BC 段，$V_{GS(th)N} < V_I < V_{DD} - |V_{GS(th)P}|$，$T_P$、$T_N$ 同时导通，但导通程度不一样，当 V_I 较小时，T_P 导通程度大，$R_{DSP} < R_{DSN}$，输出电压较高；当 V_I 较大时，T_N 导通程度大，$R_{DSP} > R_{DSN}$，输出电压较低。当 $V_I = V_{DD}/2$ 时，两管的导通内阻相等，$V_O = V_{DD}/2$。即工作在电压传输特性转折区的中点。我们将电压传输特性转折区中点所对应的输入电压称为反相器的阈值电压（转折电压），用 V_{TH} 表示。因此，CMOS 反相器阈值电压 $V_{TH} = V_{DD}/2$。

（2）电流传输特性

由电压传输特性可知，当 CMOS 反相器的输入电压由低电平向高电平或由高电平向低电平变化时，T_P 和 T_N 会有一瞬间同时导通的状态，此时，电源到地之间会产生一个较大的电流。电流传输特性是反相器的漏极电流随输入电压变化曲线，如图 3.2.8 所示。也分成 3 段。

在 AB 段，输入低电平，T_P 管导通，T_N 截止，输出漏极电流 $i_D \approx 0$。

在 CD 段，输入高电平，T_P 管截止，T_N 导通，输出漏极电流 $i_D \approx 0$。

在 BC 段，T_P、T_N 同时导通，有电流 i_D 同时通过，且在 $V_I = V_{DD}/2$ 附近处，漏极电流 i_D 最大，该电流称为动态尖峰电流。

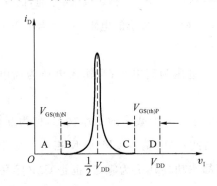

图 3.2.8　CMOS 反相器的电流传输特性

3. 工作速度

CMOS 反相器或 CMOS 电路用于驱动其他 MOS 器件时，其负载的输入阻抗是电容性的。由于电路具有互补对称的性质，其参数 t_{pLH} 和 t_{pHL} 是相等的。图 3.2.9 所示为当 $V_I = 0$ 时，T_N 截止，T_P 导通，由 V_{DD} 通过 T_P 向负载电容 C_L 充电；当 $V_I = V_{DD}$，T_N 导通，T_P 截止，由负载电容 C_L 通过 T_N 到地放电。由于 CMOS 反相器中，两管的 g_m 值均设计得较大，其导通电阻较小，充放电回路的时间常数较小。CMOS 反相器的平均传输延迟时间约为 10 ns。

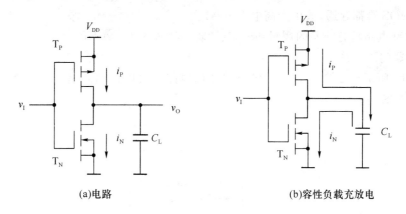

(a)电路　　　　　　　　　　　　(b)容性负载充放电

图 3.2.9　CMOS 反相器在容性负载下的工作情况

3.2.4　CMOS 逻辑门电路

在 CMOS 门电路的系列产品中,除上述介绍的非门(反相器)外,还有与非门、或非门、异或门等电路。并且实际的 CMOS 逻辑电路,多数都带有输入保护电路和缓冲电路。

1. CMOS 与非门

图 3.2.10 是 CMOS 与非门的基本结构形式,它由两个并联的 PMOS 管 T_{P1} 和 T_{P2},和两个串联的 NMOS 管 T_{N1} 和 T_{N2} 组成。每个输入端连到一个 NMOS 管和一个 P MOS 管的栅极。

当输入端 A、B 只要有一个为低电平时,就会使与它相连的 NMOS 管截止,与它相连的 PMOS 管导通,故输出为高电平 $L=1$。仅当 A,B 全为高电平时,才会使两个串联的 NMOS 管都导通,使两个并联的 PMOS 管都截止,故输出为低电平 $L=0$。

因此,这种电路具有与非的逻辑功能,即 $L=\overline{AB}$。

2. 或非门

图 3.2.11 所示是 2 输入端 CMOS 或非门电路,其中包括两个并联的 NMOS 管和两个串联的 PMOS 管。

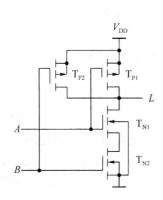

图 3.2.10　CMOS 与非门电路

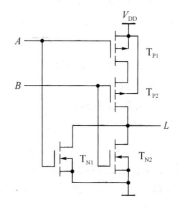

图 3.2.11　CMOS 或非门电路

当输入端 A、B 中只要有一个为高电平时,就会使与它相连的 NMOS 管导通,与它相连的 PMOS 管截止,输出为低电平 $L=0$;仅当 A,B 全为低电平时,两个并联 NMOS 管都截止,两个串联的 PMOS 管都导通,输出为高电平 $L=1$。

因此,这种电路具有或非的逻辑功能,其逻辑表达式为 $L=\overline{A+B}$。

3. 与或非门

图 3.2.12 所示是 2 输入端 CMOS 与或非门电路。其中包括两组并联的 NMOS 管和两组串联的 PMOS 管。

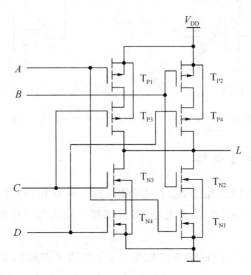

图 3.2.12 CMOS 与或非门电路

当输入端 A、B 同时为高电平时,T_{N1}、T_{N2} 同时导通,T_{P1}、T_{P2} 同时截止,输出为低电平 $L=0$;当输入端 C、D 同时为高电平时,T_{N3}、T_{N4} 同时导通,T_{P3}、T_{P4} 同时截止,输出也为低电平 $L=0$;只有当 A,B 不同时为高电平,C,D 也不同时为高电平时,输出才为高电平 $L=1$。

因此,这种电路具有与或非的逻辑功能,其逻辑表达式为 $L=\overline{AB+CD}$。

通过对 CMOS 反相器、与非门、或非门和与或非门电路结构和工作原理的分析,可以归纳出 CMOS 门电路的一般构成规律如下。

① CMOS 门电路中 NMOS 管和 PMOS 管成对出现。门电路的输入端同时加到一个 NMOS 管和一个 PMOS 的栅极上;

② NMOS 管串联时,其相应的 PMOS 管一定并联;NMOS 管并联时,其相应的 PMOS 管一定串联;

③ 要实现逻辑函数的与操作,可将相应的 NMOS 管串联;要实现逻辑函数的或操作,可将相应的 NMOS 管并联。

4. 保护电路和缓冲电路

由于 MOS 管的 SiO_2 层很薄,极易被击穿,因此实际的 CMOS 集成电路输入级都加了保护电路。CMOS 逻辑门通常接入输入、输出保护电路和缓冲电路,其电路结构图如图 3.2.13 所示,图中的基本逻辑功能电路可以是前面介绍的反相器、与非门、或非门或者它们的组合等任意一种电路。由于这些缓冲电路具有统一的参数,使得集成逻辑门电路的输入和输出特性,不再因内部逻辑不同而发生变化,从而使电路的性能得到改善。

如图 3.2.14 所示为带缓冲电路的 CMOS 与非门电路。由于输入、输出加了反相器作为缓冲电路,所以电路的逻辑功能也发生了变化。图中的基本逻辑功能是或非门,增加了缓冲器后的逻辑功能为与非门,即 $L=\overline{\overline{A}+\overline{B}}=\overline{AB}$。

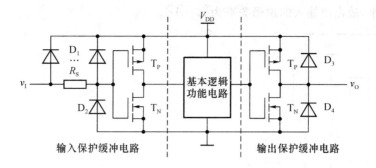

图 3.2.13　实际集成的 CMOS 门电路结构图

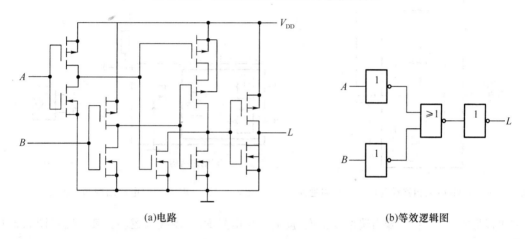

(a)电路　　　　　　　　　　　　(b)等效逻辑图

图 3.2.14　带缓冲的 CMOS 与非门电路

3.2.5　CMOS 漏极开路门和三态门电路

1. 漏极开路输出的门电路

（1）线与的概念

在工程实践中，为了满足输出电平的变换，输出大负载电流，以及实现"线与"功能，将门电路的输出端直接连接以实现与的逻辑功能，称为线与。普通 CMOS 门电路由于采用推拉式输出门电路，不能线与。例如，将两个 CMOS 反相器输出端线与，如 3.2.15 所示。并设 G_1 的输出端处于高电平，T_P 导通；G_2 的输出端处于低电平 T_N 导通，这样，自 G_1 的 T_P 到 G_2 的 T_N 将形成低阻通路，产生很大电流，有可能导致器件损坏，并且使线与输出电平既非高电平也非低电平，引起逻辑错误。

（2）电路结构和工作原理

为了实现线与，可将 CMOS 门电路的输出级做成漏极开路的形式，称为漏极开路门电路（Open-Drain，OD 门）。图 3.2.16 为 OD 与非门的电路结构图和逻辑符号，用门电路符号内的菱形记号表示 OD 输出结构。OD 与非门在图 3.2.4 所示的 CMOS 与非门的基础上，将其输出级反相器中的 T_P 去掉，T_N 就处于漏极开路的状态。为了在 T_N 截止时输出高电平，OD 门输出端必须接上拉电阻 R。

设 T_N 的截止内阻和导通内阻分别为 R_{OFF} 和 R_{ON}，满足 $R_{OFF} \gg R \gg R_{ON}$。当 A、B 有一个为低电平，则 T_N 截止，输出电平 $V_o \approx V_{DD}$，为高电平；当 A、B 同时为高电平，则 T_N 导通，输出

$V_o \approx 0$，为低电平，故输出输入的逻辑关系为 $L = \overline{AB}$。

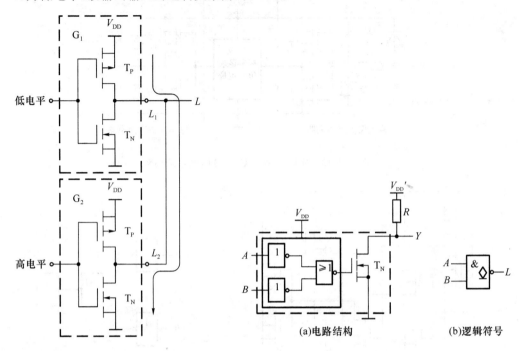

图 3.2.15　CMOS 反相器线与后产生低阻通路　　图 3.2.16　OD 与非门电路结构和逻辑符号

可以将两个 OD 门的输出端直接相连，接上上拉电阻 R，实现线与逻辑。其电路如图 3.2.17 所示。

当两个与非门的输出有一个为低电平时，则 L 为低电平；只有两个与非门的输出同时为高电平，输出 L 为高电平，所以该电路的输出端可以实现线与功能 $L = \overline{AB} \cdot \overline{CD}$。

（3）上拉电阻的计算

在使用 OD 门做线与时，一定外接上拉电阻 R。下面我们来讨论一下外接电阻 R 阻值的计算方法。R 的大小会影响驱动门输出电平的大小。R 上的压降不能太大，否则高电平会低于标准值；R 上的压降不能太小，否则低电平会高于标准值。故 R 的取值要合适。

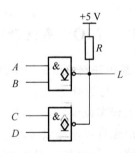

图 3.2.17　OD 门实现线与逻辑电路

设有 n 个 OD 门的输出端并联使用，m 个负载为 CMOS 与非门的输入端，电路如图 3.2.18 所示。

① OD 门输出为高电平。

当所有的 OD 门同时截止、输出为高电平时，其电流的方向如图 3.2.18（a）所示。由于 OD 门输出端 MOS 管截止时的漏电流 I_{OH} 和负载门的高电平输入电流 I_{IH} 同时流过 R，并在 R 上产生压降，所以为保证输出高电平不低于规定的数值，R 不能取得过大，要求输出高电平不低于 $V_{OH(min)}$。由此可计算出 R 的最大允许值 R_{max}，则可得到

$$V_{DD} - R(nI_{OH} + mI_{IH}) \geq V_{OH(min)}$$

$$R_{max} = \frac{V_{DD} - V_{OH}}{nI_{OH} + mI_{IH}} \tag{3.2.9}$$

② OD 门输出为低电平。

当输出为低电平,而且并联的 OD 门当中,只有一个门的输出 MOS 管导通时,负载电流将全部流入这个导通管,其电流的方向如图 3.2.18(b)所示。为了保证负载电流不超过输出 MOS 管允许的最大电流,R 的阻值不能太小。据此,又可以计算出 R 的最小允许值 R_{min}。若 OD 门允许的最大负载电流为 $I_{OL(max)}$,负载门每个输入端的低电平输入电流为 I_{IL},此时的输出低电平为 V_{OL},则应满足

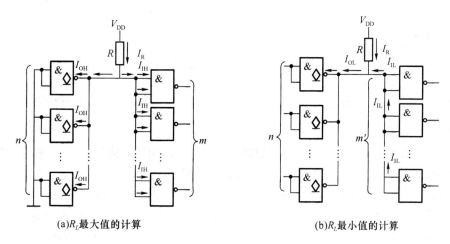

(a)R_l 最大值的计算　　　　　　　　　(b)R_l 最小值的计算

图 3.2.18　OD 门外接上拉电阻的计算

$$\frac{(V_{DD}-V_{OL})}{R}+m'\,|\,I_{IL}\,|\leqslant I_{OL(max)}$$

$$R_{min}=\frac{V_{DD}-V_{OL}}{I_{OL(max)}-m'\,|\,I_{IL}\,|} \tag{3.2.10}$$

这里的 m' 是负载门电路低电平输入电流的数目。在负载为 CMOS 门电路的情况下,m 和 m' 相等。

为了保证线与连接后电路能够正常工作,应取

$$R_{max}\geqslant R\geqslant R_{min}$$

R 的值选在 R_{min} 和 R_{max} 之间,若要求电路速度快,选用 R 的值接近 R_{min} 的标准值。若要求电路功耗低,选用 R 的值接近 R_{max} 的标准值。

(4) OD 门的应用

① 实现线与。

OD 门具有线与的功能,在许多场合可简化硬件电路设计。比如有一种数字式光电探测传感器,当有物体靠近时,传感器输出低电平。该传感器采用 OD 开路输出,如果用多只组成监控系统,只需将所有传感器连接在一起,再加一个上拉电阻即可,如图 3.2.19 所示。只要有一只传感器检测到物体靠近,单片机就能检测到低电平信号,发出报警信号。

② 电平转换。

由于 OD 门的高电平可以通过外加电源改变,故它可作为电平转换电路。一般 CMOS 与非门的电平 0～12 V,而 TTL 门为 0～3.6 V。若需要将逻辑电平为的逻辑电平,只要将负载电阻接到 5 V 电源即可,其电路如图 3.2.20 所示。

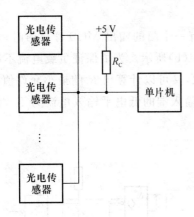

图 3.2.19　监控系统示意图

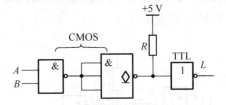

图 3.2.20　OD 门在电平转换的应用

③ 实现数据采集。

如图 3.2.21 所示,可实现总线数据的接收和传送,可利用选通信号 $S_A \sim S_C$ 来实现对不同通道数据的采集,并输送到总线上。接收时,利用选通信号 $S_D \sim S_G$ 来实现数据从不同通道输出。

例 3.2.1　设 2 个漏极开路 COMS 与非门 74HC03 作线与连接,驱动 2 两个 CMOS 系列 74HC00 与非门,电路如图 3.2.22 所示。其中漏电流为 $I_{OH(max)} = 5\ \mu A$,灌电流为 $I_{OL(max)} = 5.2\ mA$。负载门的低电平输入电流 I_{IL} 和高电平输入电流 I_{IH} 为 $1\ \mu A$。若要求 L 点的高电平 $V_{OH} \geqslant 4.4\ V$,低电平 $V_{OL} \leqslant 0.33\ V$。试确定一合适上拉电阻 R。

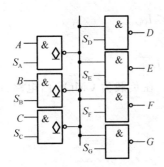

图 3.2.21　OD 门在数据采集的应用

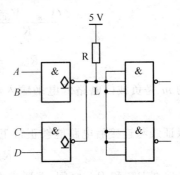

图 3.2.22　例 3.2.1 题的电路

解:当 OD 输出为高电平时,

$$R_{max} = \frac{V_{DD} - V_{OH(min)}}{n I_{OH} + m I_{IH}}$$

$$= \frac{5 - 4.4}{2 \times 5 \times 10^{-6} + 6 \times 1 \times 10^{-6}}$$

$$= 37.5\ k\Omega$$

当 OD 输出为低电平时,

$$R_{min} = \frac{V_{DD} - V_{OL}}{I_{OL(max)} - m' \mid I_{IL(max)} \mid}$$

$$= \frac{5 - 0.33}{5.2 \times 10^{-3} - 6 \times 10^{-6}}$$

$$\approx 0.9\ k\Omega$$

根据上述计算，R 的值可在 $0.9 \sim 37.5$ kΩ 之间选择。为了使电路有较快的开关速度，可选用一标准值为 10 kΩ 的电阻。

2. 三态输出门电路

利用 OD 门虽然可以实现线与的功能，但外接电阻 R 的选择要受到一定的限制而不能取得太小，因此影响了工作速度。同时它省去了有源负载，使得带负载能力下降。为保持推拉式输出级的优点，又能作线与连接，人们又开发了一种三态输出门电路（Three-State Logic，TSL），它的输出除了具有一般门的两种状态，即输出高、低电平外，还具有高输出阻抗的第三状态，称为高阻态，又称为禁止态。

（1）电路结构和工作原理

图 3.2.23(a) 所示为高电平使能的三态反相器，也称为输出缓冲器，其中 A 为输入端，L 为输出端，EN 为三态门使能控制信号，图 3.2.23(b) 是它的逻辑符号。

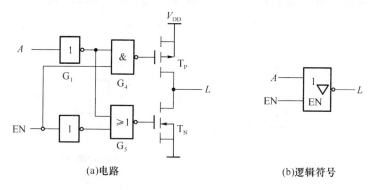

| (a)电路 | (b)逻辑符号 |

图 3.2.23　CMOS 三态门的电路及逻辑符号

当 EN$=1$ 时，若 $A=1$，则 G_4、G_5 的输出同为高电平，T_P 截止、T_N 导通，$L=0$；若 $A=0$，则 G_4，G_5 的输出同为低电平，T_P 导通、T_N 截止，$L=1$。因此，$L=\overline{A}$，反相器处于正常逻辑工作状态。而当 EN$=0$ 时，不管 A 的状态如何，G_4 输出高电平而 G_5 输出低电平，T_1 和 T_2 同时截止，输出呈现高阻态。

由以上分析可知，当 EN 为有效的高电平时，电路处于正常逻辑工作状态，$L=\overline{A}$。而当 EN 为低电平时，电路处于高阻状态。三态输出门电路的真值表如表 3.2.3 所示。

三态门的使能端除了上述的高电平有效的使能端，还有低电平有效使能端。

（2）三态门的应用

在计算机或微处理器系统中，为了减少连线，微处理器与各外部设备之间采用总线连接，其连接形式如图 3.2.24 所示。总线上的三态门由使能信号 $\overline{E}_0$、$\overline{E}_1$、$\cdots$、$\overline{E}_{n-1}$ 控制。在任何时刻，最多只能允许一个三态门处于工作状态，而其他三态输出电路处于高阻状态。这样就可以按一定顺序将信号分时送到总线上传输。

表 3.2.3　三态输出门电路的真值表

输入		输出
EN	A	L
1	0	1
1	1	0
0	$\times$	高阻

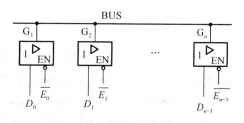

图 3.2.24　三态门构成的总线结构示意图

实际的三态门应满足一定时序要求,即工作状态到高阻态的延迟时间应小于从从高阻态到工作状态的延迟时间。例如,图 3.2.23 所示电路,当 $E_0=0$ 时,G_1 使能,处于工作状态,其他三态门处于高阻状态。当 $E_0=1$,$E_1=0$ 时,应保证 G_1 先进入高阻状态,然后 G_2 进入工作状态,其他三态门还是处于高阻状态。

3.2.6 CMOS 传输门

传输门可用于传输模拟信号或数字信号,是构成数字电路的基本单元电路。

1. 电路结构及逻辑符号

CMOS 传输门由一个 PMOS 和一个 NMOS 并联而成,其电路和符号如图 3.2.25 所示。T_N 和 T_P 是结构对称的器件,它们的漏极和源极是可互换的,因而传输门的输入和输出端可以互换使用,即为双向器件。设它们的开启电压 $V_{GS(th)P}=V_{GS(th)N}$,C 和 $\bar{C}$ 是一对互补的控制信号。

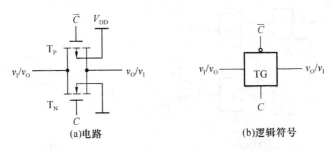

图 3.2.25 CMOS 传输门

2. 工作原理

如果传输门的一端接输入电压 V_I,另一端接负载电阻 R_L,则 T_N 和 T_P 的工作状态将如图 3.2.26 所示。设控制信号 C 和 $\bar{C}$ 的高、低电平分别为 V_{DD} 和 0 V,那么当 $C=0$,$\bar{C}=1$ 时,只要输入信号的变化范围不超出 $0 \sim V_{DD}$,则 T_N 和 T_P 同时截止,输入与输出之间呈高阻态(大于 10^9 Ω),传输门截止。

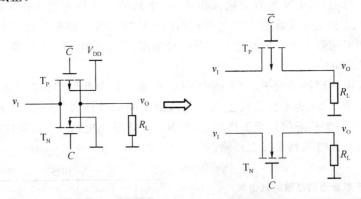

图 3.2.26 CMOS 传输门中两个管子的工作状态

反之,若 $C=1$,$\bar{C}=0$,而且在 R_L 远大于 T_1,T_2 的导通电阻的情况下,则当 $0<v_I<V_{DD}-V_{GS(th)N}$ 时 T_N 将导通。而当 $|V_{GS(th)P}|<v_I<V_{DD}$ 时 T_P 导通。因此,v_I 在 $0 \sim V_{DD}$ 之间变化时,T_N 和 T_P 至少有一个是导通的,使 V_I 与 V_O 两端之间呈低阻态(小于 1 kΩ),传输门导通。

在正常工作时,模拟开关的导通电阻值小于 1 kΩ,当它的输出端接高输入阻抗的 MOS 电路或电压跟随器运放时,可以忽略不计。

3. CMOS 传输门的应用

与 CMOS 反相器一样,CMOS 传输门也是构成逻辑电路的基本单元。利用 CMOS 传输门和 CMOS 反相器可以构成一些复杂的逻辑电路,如数据选择器、计数器、寄存器等。用 CMOS 传输门构成的 2 选 1 数据选择器如图 3.2.27 所示。其逻辑功能如下:当控制端 $C=0$ 时,TG_1 导通,TG_2 截止,输出端 $L=A$;当 $C=1$ 时,TG_2 导通,TG_1 截止,输出端 $L=B$。

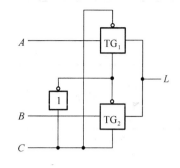

图 3.2.27　传输门构成的数据选择器

3.2.7　CMOS 逻辑门电路的技术参数

CMOS 逻辑集成器件从 20 世纪 60 年代末发展至今,由于制造工艺的不断完善,它的技术参数从总体上来说已经达到或者超过 TTL 器件的水平。例如 CMOS 器件的功耗低、扇出数大、噪声容限亦大,这些均是由于 CMOS 器件的固有特性所决定的。但也应注意到,这里讲的功耗低是指静态功耗(微瓦量级)而言。实际上,因为它的输入电容约为 10 pF,当工作频率较高时,其动态功耗随频率的增加而增加。CMOS 门电路的动态功耗差别较大,一个典型的 CMOS 门电路的静态功耗为 0.01 mW 左右。当工作频率达到 1 MHz 时,功耗增加到 0.5 mW 左右。当频率为 10 MHz 时,功耗为 5 mW 左右。

CMOS 器件通常为单电源供电,而且电路对电源电压范围要求比较宽。早期的 CMOS 器件 4000B 系列的电源电压可以是 3～18 V,功耗低、抗干扰能力强,但速度慢,无法与 TTL 电路兼容。20 世纪 80 年代初推出的高速 CMOS 器件 74HC 系列电源电压为 2～6 V,开关速度比 4000 系列大幅度提高。到了 20 世纪 80 年代中期,推出了与 TTL 兼容的 74HCT 系列电源电压为 4.5～5.5 V,开关速度比 HC 系列又提高 1 倍,驱动能力提高了约 6 倍。20 世纪 90 年代又推出了低压、高速 CMOS 电路 LVC 系列。此外,尚有与 TTL 兼容的新系列 74BCT (BiCMOS)。当电源电压增加时,可减小传输延迟时间,增大噪声容限,但功耗也随之增加,当电源电压为 5 V 时,各 CMOS 系列的传输延迟时间不同,约为 5～20 ns。74HC/74HCT 系列噪声容限通常为电源电压的 40% 左右。扇出数则随工作频率的增加而减少。CMOS 器件发展至今,涌现出许多不同系列产品,表 3.2.4 所示为 CMOS 系列器件的主要参数。各系列产品的参数也有很多,对于设计者,比较重要的参数是速度和功耗。

表 3.2.4　CMOS 门电路的主要参数

参数 (符号/单位)	系列					
	74HC04	74HCT04	74AHC04	74AHCT04	74LVC04	74ALVC04
电源电压范围(V_{DD}/V)	2～6	4.5～5.5	2～5.5	4.5～5.5	1.65～3.6	1.65～3.6
输入低电平最大值($V_{IL(max)}/V$)	1.35	0.8	1.35	0.8	0.8	0.8
输出低电平最大值($V_{OL(max)}/V$)	0.33	0.33	0.44	0.44	0.55	0.55
输入高电平最小值($V_{IH(min)}/V$)	3.15	2	3.15	2	2	2
输出高电平最小值($V_{OH(min)}/V$)	4.4	4.4	4.4	4.4	2.2	2.0
低电平输入电流最大值($I_{IL(max)}/\mu A$)	−0.1	−0.1	−0.1	−0.1	−5	−5
低电平输出电流最大值($I_{OL(max)}/mA$)	4	4	8	8	24	24
高电平输入电流最大值($I_{IH(max)}/\mu A$)	0.1	0.1	0.1	0.1	5	5

续 表

参数 (符号/单位)	系列					
	74HC04	74HCT04	74AHC04	74AHCT04	74LVC04	74ALVC04
高电平输出电流最大值($I_{OH(max)}$)/mA)	−4	−4	−8	−8	−24	−24
平均传输延迟时间(t_{pd}/ns)	9	14	5.3	5.5	3.8	2
输入电容最大值(C_I/pF)	10	10	10	10	5	3.5
功耗电容(C_{pd}/pF)	20	20	12	14	8	27.5

注:1. 表中给出的参数(除电源电压范围以外)中,74HC/HCT 和 74AHC/AHCT4 的参数是 $V_{DD}=4.5$ V 下的参数,74LVC04 和 74ALVC04 是 $V_{DD}=3$ V 下的参数。

2. V_{OH}(min)和 V_{OL}(max)是最大负载电流下的输出电压。

复习思考题

3.2.1　CMOS 门电路结构上有什么特点?

3.2.2　影响 CMOS 电路开关速度的主要因素是什么?

3.2.3　漏极开路门和三态门的特点是什么,它们各用于什么场合?

3.2.4　漏极开路门的上拉电阻如何确定? 它对开关速度有无影响?

3.3　TTL 逻辑门电路

3.3.1　双极性三极管 BJT 的开关特性

1. 三极管的开关特性

三极管的开关电路如图 3.3.1 所示。当输入信号 V_I 小于三极管发射结死区电压时,三极管工作在截止状态:发射结反偏或小于死区电压。$I_B = I_{CBO} \approx 0$, $I_C = I_{CEO} \approx 0$, $V_{CE} \approx V_{CC}$,对应图中的 A 点。

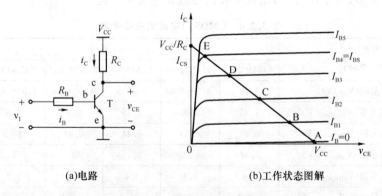

(a)电路　　　　　(b)工作状态图解

图 3.3.1　三极管开关工作状态

当 V_I 为正值且大于死区电压时,三极管工作在放大状态:发射结正偏,集电结反偏。三极管导通,其特点为 $I_C = \beta I_B$。

$$I_B = \frac{v_I - V_{BE}}{R_b} \approx \frac{v_I}{R_b} \tag{3.3.1}$$

此时,若调节 R_B 减小,则 I_B 增大,I_C 也增大,v_{CE} 减小,工作点沿着负载线由 A 点到 B 点、C 点、D 点向上移动。

v_I 不变,继续减小 R_B,当 $v_{CE} = 0.7$ V 时,集电结变为零偏,称饱为临界饱和状态,对应 E 点。此时的集电极电流用 I_{CS} 表示,基极电流用 I_{BS} 表示,有

$$I_{CS} = \frac{V_{CC} - 0.7 \text{ V}}{R_C} \approx \frac{V_{CC}}{R_C} \tag{3.3.2}$$

$$I_{BS} = \frac{I_{CS}}{\beta} = \frac{V_{CC}}{\beta R_C} \tag{3.3.3}$$

三极管在电路中有三种工作状态:截止、放大和饱和。在模拟电路中,三极管工作在放大状态,在数字电路中,三极管主要工作在截止状态(相对于开关断开)和饱和状态(相对于开关闭合)。

2. 三极管的开关时间

三极管的开关过程是管子在饱和和截止两种状态的互相转换,需要一定的时间才能完成。当图 3.3.2(a)所示开关电路的输入端加入一个数字脉冲信号,则输出电流 i_C 和输出电压 v_O 的变化均滞后于输入电压 v_I 的变化,其波形分别如图 3.3.2(b)和 3.3.2(c)所示。为了对三极管开关的瞬态过程进行定量描述,通常引入延迟时间 t_d、上升时间 t_r、存储时间 t_s 和下降时间 t_f 参数来表征。通常把 $t_{on} = t_d + t_r$ 称为开通时间,它反映了三极管从截止到饱和所需的时间,在这个过程中,需要建立基区电荷以形成饱和电流。将 $t_{off} = t_s + t_f$ 称为关闭时间,它反映了三极管从饱和到截止所需的时间,即是基区存储电荷消散所需要的时间。三极管这种滞后现象也可以利用发射结和集电结的结电容储能效应进行分析。开通时间和关闭时间总称为 BJT 的开关时间,它随管子类型不同而有很大差别,一般在几十至几百纳秒之间,可以从手册中查到。

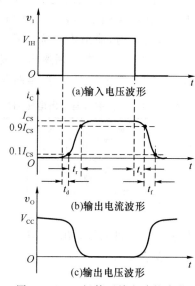

图 3.3.2 三极管开关电路的波形

复习思考题

3.3.1 在数字电路中,三极管作为开关使用时,工作在其输出特性曲线的什么区?

3.3.2 影响三极管开关速度的主要因素是什么?

3.3.2 分立元件门电路

由分立的半导体二极管、三极管和 MOS 管以及电阻等元件组成的门电路,称为分立元件门电路。虽然现在已广泛使用集成门电路,但分立元件门电路还在一些场合使用,而且是理解

集成门电路的基础。这里介绍三种典型的分立元件门电路:二极管与门、或门和三极管反相器—非门。

1. 二极管与门

图3.3.3所示表示半导体二极管和电阻组成的与门电路。设$V_{CC}=5$ V,输入端A、B的高、低电平分别为$V_{IH}=3$ V,$V_{IL}=0$ V,二极管的正向导通压降为$V_D=0.7$ V。此电路按输入信号的不同可有下列两种情况。

① 当A、B中有任意一个如V_A为低电平0 V时,在这种情况下,D_1导通,使得输出L的电压V_L被钳位在0.7 V。此时,D_2受反向电压作用而截止,所以$V_L=0.7$ V,为低电平。

由此可见,与门几个输入端中,只有加低电压输入的二极管才导通,并把输出L钳位在低电压(接近0 V),而加高电压输入的二极管都截止。

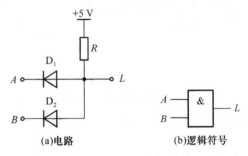

图3.3.3 二极管与门电路

② 只有A、B中都加高电平3 V时,D_1和D_2同时导通,使得输出$V_L=3.7$ V,为高电平。

上述分析结果归纳如表3.3.1所示,可见图3.3.1的电路满足与逻辑的要求:只有所有输入都是高电压时,输出才是高电压,否则输出就是低电压,所有它是一种与门。按第3.1节的规定,3 V以上为高电平用逻辑1表示;0.7 V以下为低电平用逻辑0表示,于是表3.3.1可以表示为表3.3.2的形式,这是两变量的真值表。

表3.3.1 与门输入与输出电压的关系

输入		输出	输入		输出
A	B	L	A	B	L
0	0	0.7 V	3 V	0 V	0.7 V
0	3 V	0.7 V	3 V	3 V	3.7 V

表3.3.2 与逻辑真值表

输入		输出	输入		输出
A	B	L	A	B	L
0	0	0	1	0	0
0	1	0	1	1	1

从表3.3.2可明显看出,L与A、B之间的关系是:只有A、B都是1时,才为1,否则L为0,其逻辑表达式为

$$L=A \cdot B \qquad\qquad (3.3.1)$$

2. 二极管或门

二极管和电阻组成的或门电路如图3.3.4所示。设输入端A、B的高、低电平为$V_{IH}=3$ V,$V_{IL}=0$ V,二极管的正向导通压降为$V_D=0.7$ V。此电路按输入信号的不同可有下列两种情况。

① 当A、B中都加低电平0 V时,D_1和D_2同时截止,使得输出$V_L=0$ V,为低电平;

② 只有A、B中有一个是高电平3 V时,至少有一个二极管导通,使得输出$V_L=2.3$ V,为高电平。其输入输出电压关系及或逻辑真值表如表3.3.3和表3.3.4所示,规定2.3 V以上为"1",

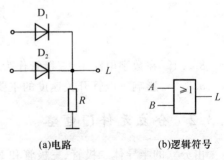

(a)电路   (b)逻辑符号

图3.3.4 二极管或门电路

0 V 以下为"0"。

从表 3.3.4 可明显看出，L 与 A、B 之间的关系是，只有 A、B 中只要有一个是 1 时，L 就是 1，否则 L 为 0，其逻辑表达式为

$$L=A+B \qquad (3.3.2)$$

表 3.3.3　或门输入与输出电压的关系

输入		输出	输入		输出
A	B	L	A	B	L
0	0	0 V	3 V	0 V	2.3 V
0	3 V	2.3 V	3 V	3 V	2.3 V

表 3.3.4　或逻辑真值表

输入		输出	输入		输出
A	B	L	A	B	L
0	0	0	1	0	1
0	1	1	1	1	1

3. 非门电路——分立元件反相器

分立元件反相器就是三极管的开关电路，如图 3.3.5 所示。

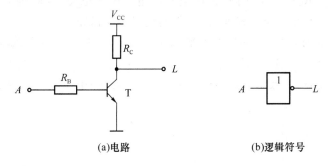

(a)电路　　　　　　　　　(b)逻辑符号

图 3.3.5　三极管反相器

当 A 是低电平 0 V 时，T 将截止，输出电压将接近 V_{CC}，为高电平；A 加高电平 3 V 时，T 饱和导通，输出电压约为 0.2～0.3 V，为低电平。其输入输出电压关系及非门真值表如表 3.3.5 和表 3.3.6 所示，规定 2.3 V 以上为"1"，0 V 以下为"0"。

从表 3.3.6 可明显看出，L 与 A 之间的关系是，只要 A 是 1 时，L 就是 0，否则 L 为 0，其逻辑表达式为

$$L=\overline{A} \qquad (3.3.3)$$

表 3.3.5　非门输入与输出电压的关系

输入	输出
A	L
0	5 V
3	0.3 V

表 3.3.6　非逻辑真值表

输入	输出
A	L
0	1
1	0

分立元件逻辑门存在的问题如下。

① 门电路级联时，电平有偏移。

将与门 G_1、G_2 串接使用，如图 3.3.6 所示。从逻辑功能上分析，与门 G_1 有一低电平输入，则输出为低电平；其输出作为与门 G_2 的输入，则与门 G_2 输出也应为低电平。但是，二极管与门的输入与输出之间有 0.7 V 的偏移，从而使输出低电平偏离标准数值。由此可见，分立元件串联使用可能无法实现预定的逻辑功能。

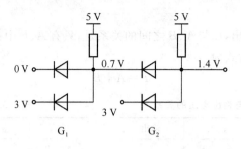

图 3.3.6　两个与门级串联电路

② 带负载能力差。

门电路理想的负载特性是,当负载电流变化时,输出电压变化很小。以如图 3.3.7 所示的反相器负载特性电路为例,简述其负载特性。

当三极管 T 截止时,门电路输出高电平,如图 3.3.7(a)所示。

负载电流 i_L 流过 R_C 将产生压降,使门电路高电平输出电压下降,因此,在同样负载电流下,R_C 越小,高电平输出电压下降越小,高电平的负载特性越好。

当三极管 T 饱和时,门电路输出低电平,如图 3.3.7(b)所示。和负载电流 i_L 和 R_C 电流 i_C 同时流入三极管 T 形成集电极电路 i_T,i_T 增大将使门电路低电平输出电压上升。因此,要求 R_C 越大,流过 R_C 电流越小,低电平输出电压上升越小,低电平的负载特性越好。

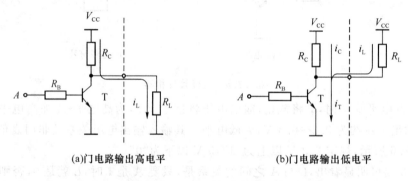

(a)门电路输出高电平　　　　　　　(b)门电路输出低电平

图 3.3.7　反相器负载特性电路

根据上述分析可知。由于反相器中的 R_C 是一固定电阻,反相器输出高、低电平时很难同时获得理想的负载特性。

复习思考题

3.3.1　利用二极管和三极管可以构成数字逻辑运算中所需的与、或、非三种门电路,它们有什么缺点?

3.3.2　为什么不宜将多个二极管门电路串联起来使用?

3.3.3　基本的三极管反相器的动态性能

图 3.3.5(a)所示电路的输出电压与输入电压相位相反而可以作为基本的反相器。由于三极管基区内电荷的存入和消散需要一定的时间,因此开关速度受到限制。影响开关速度的

另一个原因是,当反相器接电容性负载 C_L(电路如图 3.3.8 所示),当反相器输出电压 v_O 由低向高过渡时,电路由 V_{CC} 通过 R_C 对 C_L 充电。反之,当 v_O 由高向低过渡时,C_L 又将通过三极管放电。这样,C_L 的充、放电过程均需经历一定的时间,这必然会增加输出电压 v_O 波形的上升时间和下降时间,导致基本的三极管反相器的开关速度不高。寻求更为实用的反相器电路结构,是下面所要讨论的问题。

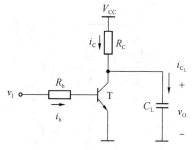

图 3.3.8　带电容性负载的基本的三极管反相器

3.3.4　TTL 反相器的电路结构和工作原理

1. 电路结构和工作原理

反相器是 TTL 集成门电路中电路结构最简单的一种。图 3.3.9 中给出了 74 系列 TTL 反相器的典型电路。因为这种类型电路的输入端和输出端均为三极管结构,所以称为三极管—三极管逻辑电路(Transistor-Transistor Logic,TTL)电路。

图 3.3.9 所示电路由三部分组成:T_1、R_1 和 D_1 组成电路的输入级,T_2、R_2 和 R_3 组成的中间级,T_4、T_5、D_2 和 R_4 组成的输出级。

设电源电压 $V_{CC}=5$ V,输入信号的高、低电平分别为 $V_{IH}=3.4$ V,$V_{IL}=0.2$ V。PN 结的伏安特性可以用折线化的等效电路代替,并认为开启电压 V_{ON} 为 0.7 V。

由图 3.3.9 可见,当 $v_I=V_{IL}=0.2$ V 时,T_1 的发射结必然导通,导通后 T_1 的基极电位被钳在 $v_{B1}=V_{IL}+V_{ON}=0.9$ V,该电压作用于 T_1 的集电结和 T_2、T_5 的发射结上,T_2 和 T_5 都截止。由于 T_1 的集电极回路电阻是 R_2 和 T_2 的 b−c 结反向电阻之和,阻值非常大,因而 T_1 工作在深度饱和状态,使 $V_{CE(sat)1}=0$。T_2 和 T_5 都截止后,从而使 T_4 和 D_2 导通,输出为高电平,$v_O=V_{OH}\approx V_{CC}-2V_{ON}=3.6$ V。

当 $v_I=V_{IH}=3.4$ V 时,V_{CC} 通过 R_1 和 T_1 的集电结向 T_2 和 T_5 提供基极电流,使 T_2 和 T_5 饱和导通。此时,v_{B1} 便被钳在了 2.1 V($=3V_{ON}=3\times0.7$ V),使 T_1 的发射结反偏,而集电结正偏,所以 T_1 处于发射结和集电结倒置的放大状态。由于 T_2 和 T_5 饱和导通,使 $v_{C2}=V_{CE(sat)2}+V_{ON}=0.2$ V$+0.7$ V$=0.9$ V,该电压作用于 T_4 的发射结和 D_2 上,导致 T_4 和 D_2 都截止,且 T_5 饱和导通,输出变为低电平,$v_O=V_{OL}=0.2$ V。

可见,输出和输入之间是反相关系,即 $L=\overline{A}$。

输出级的两个管子 T_4 和 T_5 轮流导通,这种结构称为推拉式(Push-Pull)输出或图腾柱(Totem-Pole)输出。当反相器输出高电平时,T_4 管导通,构成电压跟随器,输出电阻低;当反相器输出低电平时,T_5 管也饱和导通,输出电阻也低,因此,该输出结构可以提高了驱动负载的能力。

D_1 为保护二极管,它既可以抑制输入端可能出现的负干扰脉冲,又可以防止输入电压为负时 T_1 的发射极电流过大,起到保护作用。

2. 电压传输特性

TTL 反相器输出电压随输入电压变化的曲线,称为电压传输特性,如图 3.3.10 所示。

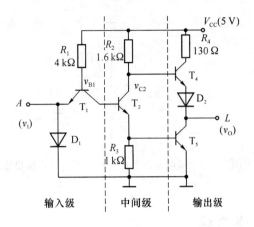

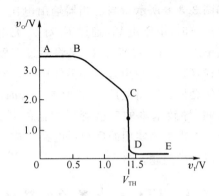

图 3.3.9 TTL 反相器的电路   图 3.3.10 TTL 反相器的电压传输特性

由上述分析可知,在电压传输特性曲线的 AB 段,$v_1 < 0.6$ V,T_1 导通,T_2、T_5 截止,T_4 导通,输出高电平 $v_O = 3.6$ V。当 v_1 增加至 BC 段,0.7 V $< v_1 < 1.3$ V,T_2 导通且工作在线性放大区,T_5 截止,T_4 导通,v_O 随着 v_1 增加而下降。当 v_1 继续增加至 CD 段,$v_1 = V_{TH} \approx 1.4$ V,$v_{B1} \geqslant 2.1$ V,T_2、T_5 同时导通,T_4 截止,所以 v_O 迅速减少,当 v_1 增加至 D 点时,$v_O = 0.2$。当 v_1 继续增加至 DE 段,而 v_O 不变。

3.3.5 TTL 与非逻辑门电路

将基本 TTL 反相器的输入级 T_1 改成为多发射极的 BJT,就构成了与非门,如图 3.3.11 所示。在 P 型的基区上扩散两个高浓度的 N 型区,形成彼此独立的两个发射极,而基区和集电区是公用的。

图 3.3.12 所示为采用多发射极 BJT 构成的 74 系列 2 输入端 TTL 与非门。其工作原理分析如下。

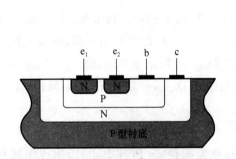

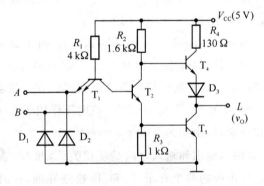

图 3.3.11 NPN 型多发射极 BJT 的结构示意图   图 3.3.12 TTL 与非门电路

与非门当任一输入端为低电平时,T_1 的发射结将正向偏置而导通,其基极电压为 $v_{B1} = 0.9$ V。所以 T_2、T_5 都截止,输出为高电平。只有当全部输入端为高电平时,T_1 将转入倒置放大状态,T_2 和 T_5 均饱和,输出为低电平。

3.3.6 TTL 集电极开路门和三态门电路

与 CMOS 门电路类似,TTL 门电路除了推拉式输出结构之外,也有另外两种不同输出结构形式的电路：集电极开路输出和三态门输出两种输出结构。

1. 集电极开路门电路

将输出级改为集电极开路的三极管结构，做成集电极开路输出的门电路，称为集电极开路门（Open Collector，OC 门）电路。

图 3.3.13 给出了 OC 门的电路结构和逻辑符号。与 OD 门相比，OC 门可以承受较高电压和较大电流，OC 门在工作时同样需要外接负载电阻和电源。外接电阻的计算与 OD 门类似，在此不再赘述。

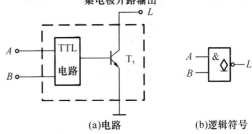

(a)电路　　　　(b)逻辑符号

图 3.3.13　CMOS 传输门

2. 三态输出门电路

与 CMOS 三态门一样，TTL 三态门也是在普通与非门电路的基础上附加控制电路构成的。其特点是除了输出高、低电平两个状态外，还有第三种状态，即高阻状态。它与普通与非门电路的主要差别是输入级多了一个使能端 EN 和一个二极管 D。其电路结构和逻辑符号如图 3.3.14 所示，控制端为高电平有效。

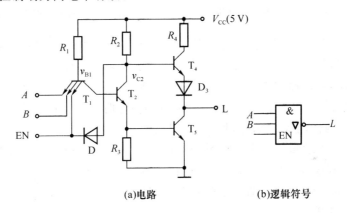

(a)电路　　　　　　(b)逻辑符号

图 3.3.14　TTL 三态门的电路和逻辑符号

当 EN＝1 时，D 截止，多发射极三极管 T_1 中与 EN 相连的发射极反向截止，此时，TTL 三态门等同于图 3.3.12 所示的标准与非门，与非门为正常工作状态，即 $L=\overline{AB}$。

当 EN＝0 时，D 导通，T_4 截止；同时，使得 T_1 导通，T_2、T_5 截止，与非门输出为高阻状态。

3.3.7　LSTTL 门电路

为了提高工作速度和降低功耗，在前面基本与非门电路的基础上，采取了多项改进措施，开发了 74LS（Low-power Schottky TTL）系列（也称为低功耗肖特基系列）。

图 3.3.15 所示为 LSTTL 与非门的电路结构图，与图 3.3.12 所示的基本的 TTL 与非门电路相比，该电路做了若干改进。在基本的 TTL 电路中，T_1、T_2 和 T_5 工作在深度饱和区，管内电荷存储效应对电路的开关速度影响很大。肖特基 TTL 门对基本 TTL 电路结构的改进如下。

① 将所有可能饱和的三极管用肖特基三极管代替。在 74LS 系列的门电路中采用抗饱和三极管（或称为肖特基三极管）。是由普通的双极型三极管和势垒二极管（SBD-Schottky Barrier Diode)组合而成,如图 3.3.16 所示。由于势垒二极管-SBD 的开启电压很低,只有 0.3～0.4 V,故三极管的集电结(b－c 结)正向偏置后,SBD 先导通,并把 b－c 结电压钳位在 0.3～0.4 V,而且从基极流过来的过驱动电流也从 SBD 分流,从而有效地制止三极管进入过饱和状态。从而提高管子的开关速度,降低传输延迟时间。

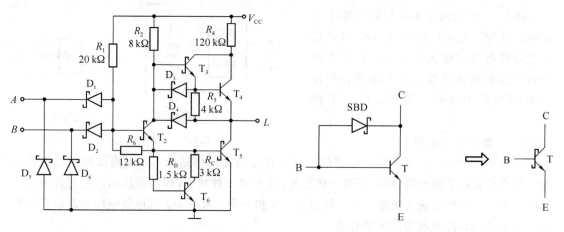

图 3.3.15　74LS 系列与非门的电路结构

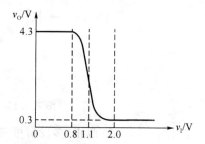

图 3.3.16　带有肖特基二极管钳位的 BJT

②　用 R_B、R_C、T_6 组成有源泄放电路代替 74 系列中的 R_3,为 T_5 管基极提供有源泄放回路。当 T_2 由截止变为导通瞬间,由于 T_6 的基极回路串接了电阻 R_B,所以 T_6 的导通滞后 T_5,使 T_2 以较大的电流驱动 T_5,从而加快了 T_5 的饱和过程。随后,T_6 开始导通,将对 T_5 的基极电流通过 T_6 泄放到地,防止了 T_5 过饱和,当 T_2 由导通变为截止时,T_5 先 T_6 截止,这样 T_6 为 T_5 的基极提供了一个瞬间的低阻泄放回路,使 T_5 能很快地截止。因而,有源电阻缩短了门电路的转换时间,使其电压传输特性得到改善。与 TTL 反相器的传输特性相比,C 点不再存在了,由 B 点直接下降到 D 点,即传输特性变化非常陡峭。

③　加电阻 R_5,给 T_4 的基极电荷提供泄放回路;加电阻 R_6,给 T_2 的基极电荷提供泄放回路。引进有源泄放电路可以改善门电路的电压传输特性,没有线性区,如图 3.3.17 所示。

图 3.3.17　电压传输特性

④　减小电阻值,功耗增加;由于 T_5 为浅饱和,故低电平升高。

表 3.3.7 所示为 TTL 系列器件的主要参数。

表 3.3.7　TTL 门电路的主要参数

参数	系列		
(符号/单位)	74LS	74AS	74ALS
输入低电平最大值($V_{\mathrm{IL(max)}}$/V)	0.8	0.8	0.8
输出低电平最大值($V_{\mathrm{OL(max)}}$/V)	0.5	0.5	0.5
输入高电平最小值($V_{\mathrm{IH(min)}}$/V)	2.0	2.0	2.0
输出高电平最小值($V_{\mathrm{OH(min)}}$/V)	2.7	2.7	2.7

续 表

参数	系列		
（符号/单位）	74LS	74AS	74ALS
低电平输入电流最大值（$I_{IL(max)}$/mA）	−0.4	−0.5	−0.2
低电平输出电流最大值（$I_{OL(max)}$/mA）	8	20	8
高电平输入电流最大 $I_{IH(max)}$/μA	20	20	20
高电平输出电流最大（$I_{OH(max)}$/mA）	−0.4	−2.0	−0.4
传输延迟时间（t_{pd}/ns）	9.5	1.7	4
每个门的功耗（/mw）	2	8	1.2
延迟-功耗积（pd/pJ）	19	13.6	4.8

复习思考题

3.3.1　在数字电路中，双极性型三极管作为开关使用时，工作在其输出特性曲线的什么区？

3.3.2　基本的三极管反相器的动态性能存在什么问题？而 TTL 反相器的推拉式输出级有什么特点？

3.3.3　TTL 与非门和 TTL 反相器在电路结构上和功能上有何不同？

3.3.4　LSTTL 电路为什么可以提高开关速度？

3.4　双极型 CMOS 门电路

双极型 CMOS（Bipolar CMOS，BiCMOS）门电路的逻辑功能采用 CMOS 的功能，而输出级则是双极性型三极管 BJT。因此这种电路结合了 CMOS 电路的功耗低和双极性三极管的速度快，带负载能力强的优势。

BiCMOS 反相器如图 3.4.1 所示。当 v_I 输入高电平时，T_{N1}、T_{N2} 和 T_2 导通，T_{N3} 和 T_1 截止，v_O 输出低电平；当 v_I 输入低电平时，T_P、T_{N3} 和 T_1 导通，T_{N1}、T_{N2} 和 T_2 截止，v_O 输出高电平。输入和输出实现非逻辑。

BiCMOS 与非门和 BiCMOS 或非门的逻辑图如图 3.4.2(a)和图 3.4.2(b)所示。BiCMOS 与非门的逻辑功能分析如下。

图 3.4.2(a)中 T_{N1}、T_{N2}、T_{P1}、T_{P2} 构成基本 CMOS 与非门电路，其输出 $\overline{AB}$ 经 T_1 射极跟随输出 $L=\overline{AB}$。T_{N3}、T_{N4}、T_{N5} 构成的电路确保 T_2 管与 T_1

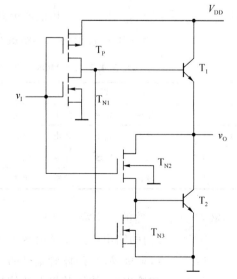

图 3.4.1　BiCMOS 反相器

管不同时导通。当 A、B 加入不同的输入组合时,电路中各管子的工作情况如表 3.4.1 所示。

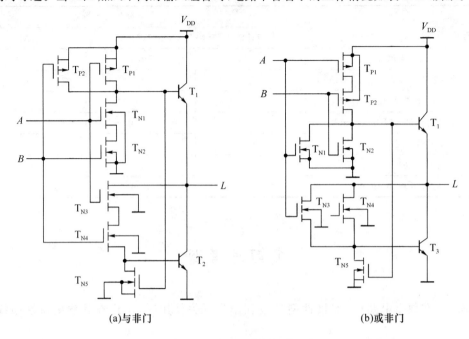

(a)与非门　　　　　　　　　　　　　(b)或非门

图 3.4.2　BiCMOS 反相器

表 3.4.1　BiCMOS 与非门电路不同组合下各管子工作情况

A	B	T_{P1}	T_{P2}	T_{N1}	T_{N2}	T_{N3}	T_{N4}	T_{N5}	T_1	T_2	L
0	0	导通	导通	截止	截止	截止	截止	导通	导通	截止	1
0	1	导通	截止	截止	导通	截止	导通	导通	导通	截止	1
1	0	截止	导通	导通	截止	导通	截止	导通	导通	截止	1
1	1	截止	截止	导通	导通	导通	导通	截止	截止	导通	0

图 3.4.2(b)中 T_{N1}、T_{N2}、T_{P1}、T_{P2} 构成基本 CMOS 或非门电路,其输出 $\overline{A+B}$ 经 T_1 射极跟随输出 $L=\overline{A+B}$。T_{N3}、T_{N4}、T_{N5} 构成的电路确保 T_2 管与 T_1 管不同时导通。当 A、B 加入不同的输入组合时,电路中各管子的工作情况如表 3.4.2 所示。

表 3.4.2　BiCMOS 或非门电路不同组合下各管子工作情况

A	B	T_{P1}	T_{P2}	T_{N1}	T_{N2}	T_{N3}	T_{N4}	T_{N5}	T_1	T_2	L
0	0	导通	导通	截止	截止	截止	导通	导通	导通	截止	1
0	1	导通	截止	截止	导通	截止	导通	截止	截止	导通	0
1	0	截止	导通	导通	截止	导通	截止	截止	截止	导通	0
1	1	截止	截止	导通	导通	导通	导通	截止	截止	导通	0

BiCMOS 门电路的结构特点如下。

① BiCMOS 门的输出电路总是由两个 NPN 晶体管组成推拉式结构;

② 连接上方(射极输出)晶体管基极的内部电路总是该门电路的基本功能电路部分;

③ 下方(反相输出)晶体管基极上的信号与上方晶体管基极上的信号总是处于相反状态。

复习思考题

3.4.1 为什么 BiCMOS 电路的开关速度比较快？

3.5 逻辑门电路的接口

由于现在大规模集成电路中，存在着 TTL 和 CMOS 两种逻辑电路。在具体的应用中，可以根据传输延迟时间、功耗、噪声容限、带负载能力等要求来选择器件。故经常会遇到两种电路连接问题，即 TTL 和 CMOS 电路的接口问题。

对于图 3.5.1 所示电路，无论何种门作为驱动门，都必须为负载门提供合乎标准的高、低电平和足够的驱动电流。即要满足下列各式。

第一是逻辑电平兼容性问题，驱动器件的输出电压必需满足负载器件所要求的高电平或者低电平输入电压的范围。即

$$V_{OH(min)} \geqslant V_{IH(min)} \tag{3.5.1}$$

$$V_{OL(max)} \leqslant V_{IL(max)} \tag{3.5.2}$$

第二是逻辑门电路的扇出问题，即驱动器件必须能对负载器件提供足够的灌电流或者拉电流。

灌电流情况下应满足 $\qquad I_{OH(max)} \geqslant n I_{IH(max)} \tag{3.5.3}$

拉电流情况下应满足 $\qquad I_{OL(max)} \geqslant m I_{IL(max)} \tag{3.5.4}$

其中 n 和 m 分别为负载电流中 I_{IH} 和 I_{IL} 的个数。通常将可以驱动负载门的数目称为扇出数。

其余如噪声容限、输入和输出电容以及开关速度等参数在某些设计中也必须予以考虑。下面分别就 5 V 供电电压的 CMOS 电路与 TTL 电路之间的接口问题进行讨论。

1. 用 TTL 电路驱动 CMOS 电路

(1) 用 TTL 电路驱动 74HC 系列和 74AHC 系列 CMOS 电路

根据表 3.2.4CMOS 电路系列的参数和表 3.3.7 部分 TTL 电路系列给出的数据可知，所有 TTL 电路的高电平最大输出电流都在 0.4 mA 以上，低电平最大输出电流都在 8 mA 以上，而 74HC 和 74AHC 系列 CMOS 电路的高、低电平输入电流都在 1 μA 以下。因此，用任何一种系列的 TTL 电路驱动 74HC 和 74AHC 系列 CMOS 电路，都能在 n、m 大于 1 的情况下满足式(3.5.3)和式(3.5.4)的要求，并可以由式(3.5.3)和式(3.5.4)求出 n 和 m 的最大允许值。同时，由表中还可以看到，所有 TTL 系列的 $V_{OL(max)}$ 均低于 74HC 和 74AHC 系列的 $V_{IL(max)} = 1.35$ V，所以也满足式(3.5.2)的要求。然而所有 TTL 系列的 $V_{OH(min)}$ 值都低于 74HC 和 74AHC 系列的 $V_{IH(min)} = 3.15$ V，达不到式(3.5.1)的要求。为此，必须设法将 TTL 电路输出高电平的下限值提高到 3.15 V 以上。

解决的方法是在 TTL 电路的输出端与电源之间接入上拉电阻 R_P，如图 3.5.2 所示。在 CMOS 电路电源电压较低时，其电路可采取图 3.5.2 所示电路，则

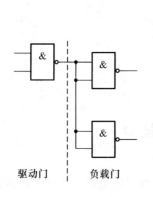

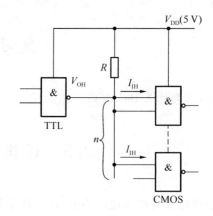

图 3.5.1　驱动门和负载门的连接　　　　图 3.5.2　用上拉电阻提高 TTL 电路输出的高电平

$$V_{OH} = V_{DD} - R(I_o + nI_{IH}) \tag{3.5.5}$$

其中 I_o 为 TTL 电路输出级 T_5 管截止时的漏电流，由于 I_o 和 I_{IH} 都很小，只要 R 不是足够大，可以做到 $V_{OH} \approx V_{DD}$。在 CMOS 电路的电源电压较高时，此时 CMOS 电路要求的 $V_{IH(min)}$ 比较高，超过 TTL 电路输出端能承受的电压，故应采取 TTL 的集电极开路（OC 门），其上拉电阻 R 的计算与 OC 门的相同。

（2）用 TTL 电路驱动 74HCT 和 74AHCT 系列的 CMOS 门电路

74HCT 系列为高速 CMOS 电路，通过工艺和设计的改进，使得输入高电平的值 $V_{IH(max)}$ 降至 2 V，将 TTL 电路的输出直接接到 74HCT 和 74AHCT 系列电路的输入端时，式（3.5.1）～式（3.5.4）全部都能满足。因此，无需外加任何元器件。

由上述可知，TTL 驱动 74HCT 系列 CMOS 时，不需另加接口电路。因此，在数字电路设计中，也常用 74HCT 系列器件当作接口电路，以省去上拉电阻。

2. 用 CMOS 电路驱动 TTL 电路

由表 3.2.4 可知，74HC/74HCT 系列的 $I_{OH(max)}$ 和 $I_{OL(max)}$ 均为 4 mA，74AHC/74AHCT 的 $I_{OH(max)}$ 和 $I_{OL(max)}$ 均为 8 mA。而由表 3.3.7 可知，所有 TTL 电路的 $I_{IH(max)}$ 和 $I_{IL(max)}$ 都在 2 mA 以下，所以无论用 74HC/74HCT 系列还是用 74AHC/74AHCT 系列 CMOS 电路驱动任何系列的 TTL 电路，都能在一定数目的 n、m 范围内满足式（3.5.3）和式（3.5.4）的要求。同时，用 74HC/74HCT 系列或 74AHC/74AHCT 系列 CMOS 电路驱动任何系列的 TTL 电路时，都能满足式（3.5.1）和式（3.5.2）的要求。

因此，无论用 74HC/74HCT 系列还是用 74AHC/74AHCT 系列的 CMOS 电路，都可以直接驱动任何系列的 TTL 电路。可以驱动负载门的个数可以由式（3.5.3）和式（3.5.4）求出。

复习思考题

3.5.1　当 CMOS 和 TTL 两种电路相互连接时，两者间的电平和电流应满足什么条件？

3.5.2　如何解决 TTL 驱动 CMOS 电路时，高电平参数不兼容问题？

3.5.3　当 CMOS 门电路驱动 TTL 门电路时，是否需要加接口电路？为什么？

本 章 小 结

门电路是构成各种复杂数字电路的基本逻辑单元,掌握各种门电路的逻辑功能和电气特性,对于正确使用数字集成电路是十分必要的。逻辑门电路的主要技术参数有输入和输出高、低电平的最大值或最小值,噪声容限,传输延迟时间,功耗,延迟－功耗积和扇出系数等。

门电路有多种输出结构:推拉式输出、OD(OC)输出、三态门输出等,推拉式输出是门电路的常用输出结构,具有驱动能力强、工作速度高等优点;OD(OC)输出可以实现"线与";三态门输出除了 0 态、1 态,还有高阻态,可实现总线连接。

常见的集成电路系列有 CMOS 和 TTL 两大类。CMOS 逻辑门电路是目前应用最广泛的逻辑门电路。其优点是集成度高,功耗低,扇出系数大(指带同类门负载),噪声容限亦大,开关速度较高。随着 CMOS 制作工艺的不断进步,无论在工作速度还是在驱动能力上,CMOS 电路都已经不比 TTL 电路逊色。因此,CMOS 电路便逐渐取代 TTL 电路而成为当前数字集成电路的主流产品。

在逻辑门电路的实际应用中,有可能遇到不同类型门电路之间的接口技术问题。正确分析与解决这些问题,是数字电路设计工作者应当掌握的。

习 题

3.1　根据表题 3.1 所列的 3 种逻辑门电路的技术参数,试选择一种最适合工作在高噪声环境下的门电路。

表题 3.1　逻辑门电路的技术参数表

	$V_{OH(min)}/V$	$V_{OL(max)}/V$	$V_{IH(min)}/V$	$V_{IL(max)}/V$
逻辑门 A	2.4	0.4	2	0.8
逻辑门 B	3.5	0.2	2.5	0.6
逻辑门 C	4.2	0.2	3.2	0.8

3.2　根据表题 3.2 所列的 3 种逻辑门电路的技术参数,计算出它们的延时-功耗积,并确定哪一种逻辑门的性能最好。

表题 3.2　逻辑门电路的技术参数表

	t_{pLH}/ns	t_{pHL}/ns	P_D/mW
逻辑门 A	1	1.2	16
逻辑门 B	5	6	8
逻辑门 C	10	10	1

3.3 说明图题 3.3 中各门电路的输出是高电平还是低电平。已知它们都是 74HC 系列的 CMOS 电路。

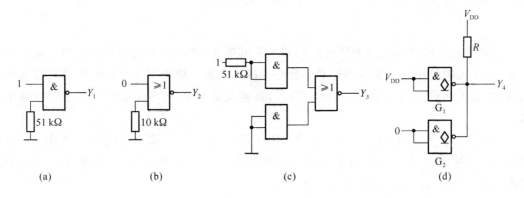

图题 3.3

3.4 试画出图题 3.4(a)、(b)两个电路的输出电压波形。输入电压波形如图题 3.4（c）所示。

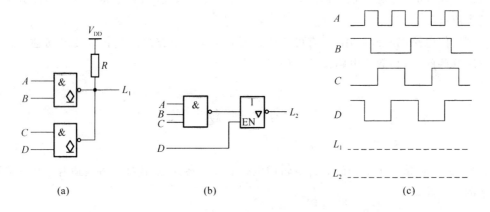

图题 3.4

3.5 双互补对与反相器引出端如图题 3.5 所示,试将其分别连接成:(1)三个反相器;(2)3输入端与非门;(3)3 输入端或非门;(4)实现逻辑函数 $L = \overline{C(A+B)}$。

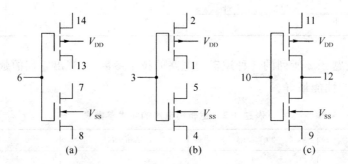

图题 3.5

3.6 试分析图题 3.6 所示的 CMOS 门电路的逻辑表达式。

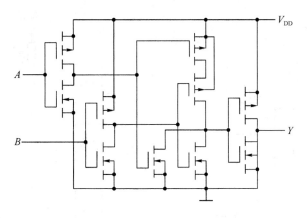

图题 3.6

3.7　有一门电路内部电路如图题 3.7 所示,写出 Y 的真值表,画出相应的逻辑符号。

3.8　分析如图题 3.8 所示电路的逻辑功能,画出其逻辑符号。

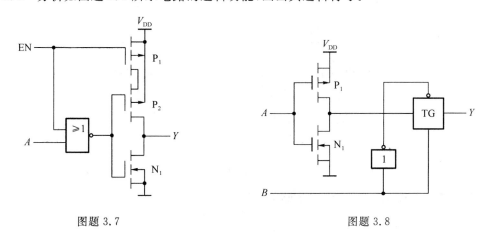

图题 3.7　　　　　　　　　　　　　　　　　图题 3.8

3.9　在图题 3.9 所示电路中,G_1 和 G_2 是两个 OD 输出结构的与非门 74HC03。74HC03 输出端 MOS 管截止时的漏电流为 $I_{OH(max)} = 5\ \mu A$;导通时允许的最大负载电流为 $I_{OL(max)} = 5.2\ mA$,这时对应的输出电压 $V_{OL(max)} = 0.33\ V$。负载门 $G_3 \sim G_5$ 是 3 输入端或非门 74HC27,每个输入端的高电平输入电流最大值为 $I_{IH(max)} = 1\ \mu A$,低电平输入电流最大值为 $I_{IL(max)} = -1\ \mu A$。试求在 $V_{DD} = 5\ V$,并且满足 $V_{OH} \geqslant 4.4\ V$,$V_{OL} \leqslant 0.33\ V$ 的情况下,R 取值的允许范围。

3.10　用三个漏极开路与非门 74HC03 和一个 TTL 与非门 74LS00 实现图题 3.10 所示的电路,已知 CMOS 管截止时的漏电流 $I_{OZ} = 5\ A$,试计算 $R_{(min)}$ 和 $R_{(max)}$。

3.11　求图题 3.10 所示电路的输出逻辑表达式。

3.12　由三态门构成的总线传输电路如图题 3.12 所示,图中 n 个三态门的输出接到数据传输总线,D_0、D_1、$\cdots$、D_{n-1} 为数据输入端,$\overline{CS}_0$、$\overline{CS}_1$、$\cdots$、$\overline{CS}_{n-1}$ 为片选信号输入端。试问:(1)片选信号应满足怎样的时序关系,以便数据 D_0、D_1、$\cdots$、D_{n-1} 通过总线进行正常传输?(2)如果片选信号出现两个或两个以上有效,可能发生什么情况?(3)如果所有的信号均无效,总线处在什么状态?

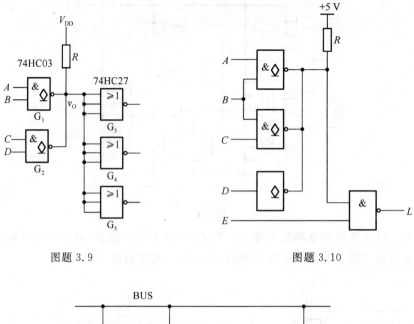

图题 3.9　　　　　　　　　　　　　　图题 3.10

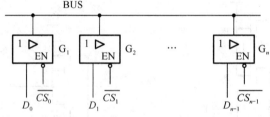

图题 3.12

3.13　试分析图 3.13 所示逻辑电路的逻辑功能。

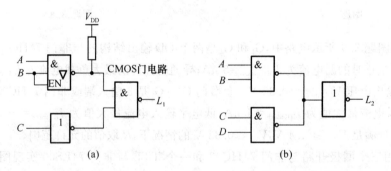

图题 3.13

3.14　试分析图题 3.14 所示传输门构成的电路,写出其逻辑表达式,说明它是什么逻辑电路。

3.15　由 CMOS 传输门构成的电路如图题 3.15 所示,写出其逻辑表达式,说明它是什么逻辑电路。

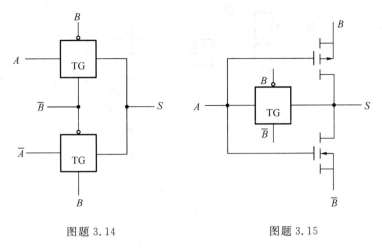

图题 3.14　　　　　　　　　　图题 3.15

3.16　写出如图题 3.16 所示各逻辑电路的逻辑表达式,并对应给定的 A、B、C 的波形,画出它们的输出波形。

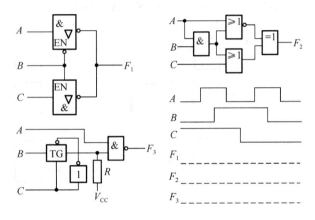

图题 3.16

3.17　指出图题 3.17 中各门电路的输出是什么状态(高电平、低电平或高阻态)。已知图中(a)、(b)、(c)为 TTL 门电路,(d)、(e)、(f)为 CMOS 门电路。

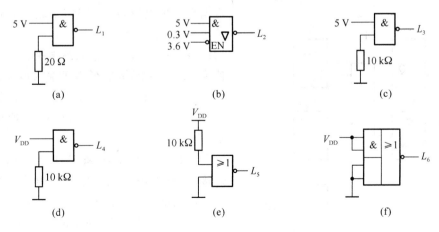

图题 3.17

3.18　由门电路组成的电路如图题 3.18 所示。试写出其逻辑表达式。

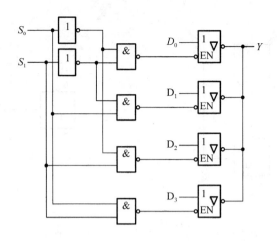

图题 3.18

3.19 （1）写出如图题 3.19(a)、(b)、(c)所示各电路的逻辑表达式,并说明它们之间的关系;（2）试利用 OC 与非门实现图 C 所示电路的逻辑关系,画出逻辑图。

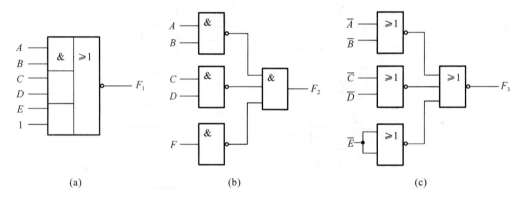

(a)   (b)   (c)

图题 3.19

3.20 在图题 3.20 所示电路中,已知 G_1 和 G_2 为 74L 系列 OC 输出结构的与非门,输出管截止时的漏电流最大值为 $I_{OH(max)} = 100\ \mu A$,低电平输出电流最大值为 $I_{OL(max)} = 8\ mA$,这时输出的低电平为 $V_{OL(max)} = 0.4\ V$,$G_3 \sim G_5$ 是 74LS 系列的或非门,它们高电平输入电流最大值为 $I_{IH(max)} = 20\ \mu A$,低电平输入电流最大值为 $I_{IL(max)} = -0.4\ mA$。给定 $V_{CC} = 5\ V$,要求满足 $V_{OH} \geqslant 3.4\ V$,$V_{OL} \leqslant 0.4V$,试求 R 取值的允许范围。

3.21 当 CMOS 和 TTL 两种门电路相互连接时,要考虑哪几个电压和电流参数? 这些参数应满足怎样的关系?

3.22 在图 3.22 所示的由 74 系列 TTL 与非门组成的电路中,计算门 G_M 能驱动多少同样的与非门。要求 G_M 输出的高、低电平满足 $V_{OH} \geqslant$

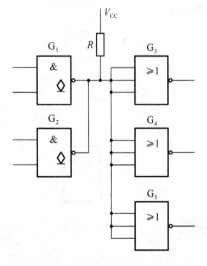

图题 3.20

3.2 V,$V_{OL} \leqslant 0.4$ V。与非门的输入电流为 $I_{IL} \leqslant -1.6$ mA,$I_{IH} \leqslant 40$ μA。$V_{OL} \leqslant 0.4$ V 时输出电流最大值为 $I_{OL(max)} = 16$ mA,$V_{OH} \geqslant 3.2$ V 时输出电流最大值为 $I_{OH(max)} = -0.4$ mA。G_M 的输出电阻可忽略不计。

3.23 在图 3.23 所示的由 74 系列 TTL 或非门组成的电路中,计算门 G_M 能驱动多少同样的或非门。要求 G_M 输出的高、低电平满足 $V_{OH} \geqslant 3.2$ V,$V_{OL} \leqslant 0.4$ V。或非门的输入电流为 $I_{IL} \leqslant -1.6$ mA,$I_{IH} \leqslant 40$ μA。$V_{OL} \leqslant 0.4$ V 时输出电流最大值为 $I_{OL(max)} = 16$ mA,$V_{OH} \geqslant 3.2$ V 时输出电流最大值为 $I_{OH(max)} = -0.4$ mA。G_M 的输出电阻可忽略不计。

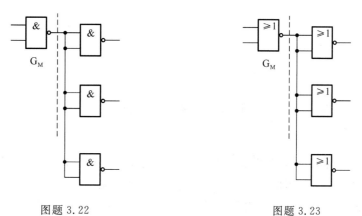

图题 3.22   图题 3.23

第4章　　组合逻辑电路

4.1　概　　述

在电路分析中,电阻、电容和电感等基本元器件的特性可分为两类:电阻的端电压和电流之间是线性比例的关系,电压增大电流也增大,电压消失电流也消失,所以电阻属于无记忆器件;而电容和电感的端电压和电流之间不是简单的线性关系,而是经过积分或微分运算来获得的,所以电容和电感属于记忆器件,即当前时刻的响应不仅与当前的激励有关,而且和加在器件上的激励历史有关。

类似地,数字逻辑电路可分为两大类,即组合逻辑电路和时序逻辑电路。组合逻辑电路中不包括记忆单元(触发器、锁存器等),主要由逻辑门电路构成,电路的输出状态在任何时刻只取决于同一时刻的输入状态,而与电路原来的状态无关。时序逻辑电路则是指包括了记忆单元的逻辑电路,电路的输出状态在任何时刻不仅取决于同一时刻的输入状态,而与电路原来的状态有关。本章首先介绍组合逻辑电路,时序逻辑电路则在第 6 章中详细介绍。

图 4.1.1 所示的就是一个组合逻辑电路的例子。该电路是由 3 个两输入的与门、两个非门和 1 个两输入的或门组成的。它有两个输入变量 A、B 和两个输出变量 L_1、L_2。由图可知,无论任何时刻,只要 A 和 B 的取值确定了,则 L_1 和 L_2 的取值也随之确定,与电路过去的工作状态无关。

从理论上讲,逻辑图本身就是逻辑功能的一种表达方式。然而在许多情况下,用逻辑图所表示的逻辑功能不够直观,往往还需要把它转换为逻辑函数表达式或真值表的形式,以使电路的逻辑功能更加直观、明显。

例如,将图 4.1.1 的逻辑功能写成逻辑函数表达式的形式,即

$$\begin{cases} L_1 = \overline{A}B + A\overline{B} \\ L_2 = AB \end{cases} \tag{4.1.1}$$

通常,组合逻辑电路可以用 4.1.2 所示框图来表示。其中,X_1、X_2、$\cdots$、X_n 表示输入变量,L_1、L_2、$\cdots$、L_m 表示输出变量,其输出输入的逻辑关系可用下式表示。

$$\begin{cases} L_1 = f_1(X_1, X_2, \cdots, X_n) \\ L_2 = f_2(X_1, X_2, \cdots, X_n) \\ \quad\quad\quad \vdots \\ L_m = f_m(X_1, X_2, \cdots, X_n) \end{cases} \tag{4.1.2}$$

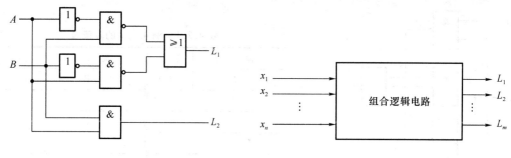

图 4.1.1　组合逻辑电路　　　　　图 4.1.2　组合逻辑电路的框图

从电路结构上看,组合逻辑电路的具有以下两个特点。

① 输出、输入之间没有反馈延迟通路;

② 电路由逻辑门电路构成,不包含具有记忆功能的元件。

组合逻辑电路可以独立完成各种逻辑功能,在数字系统中应用十分广泛。对组合逻辑电路的研究分两个方面:组合电路的分析是利用逻辑代数知识对给定的组合电路进行分析,确定其逻辑功能;组合电路的设计是根据给定的逻辑问题,设计出符合要求的组合电路。

4.2　组合逻辑电路的分析

分析组合逻辑电路的目的是,对于一个给定的逻辑电路,确定其逻辑功能。分析组合逻辑电路的步骤大致如下。

① 根据逻辑电路,从输入到输出逐级写出逻辑函数表达式,最后得到表示输出端与输入信号的逻辑函数表达式。

② 利用公式法或卡诺图将得到的逻辑函数表达式化简和变换,以得到最简单的表达式。

③ 列出简化后的逻辑表达式、输出输入的真值表。

④ 根据真值表和简化后的逻辑表达式对逻辑电路进行分析,最后确定其功能。

下面举例来说明组合逻辑电路的分析方法。

例 4.2.1　分析图 4.2.1 所示逻辑电路的逻辑功能。

解:(1) 根据逻辑电路图,写出输出端的逻辑函数表达式。为方便起见,电路中标出了中间变量 P_1、P_2 和 P_3。

$$P_1=\overline{AB}, P_2=\overline{AC}, P_3=\overline{BC}$$
$$L=\overline{P_1\cdot P_2\cdot P_3}$$
$$=\overline{\overline{AB}\cdot\overline{AC}\cdot\overline{BC}}$$
$$=AB+AC+BC$$

一般来说,逻辑函数表达式应转化成与-或表达式的。

(2) 由上述逻辑表达式,列输出输入的真值表。将 3 个输入变量的 8 种可能的组合一一列出,分别将每一组变量的取值代入逻辑函数表达式,然后算出输出 L 值,填入表中,如表 4.2.1所示。

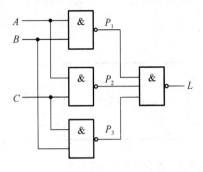

图 4.2.1 例 4.2.1 的电路

表 4.2.1 例 4.2.1 的真值表

输　入			输　出	输　入			输　出
A	B	C	L	A	B	C	L
0	0	0	0	1	0	0	0
0	0	1	0	1	0	1	1
0	1	0	0	1	1	0	1
0	1	1	1	1	1	1	1

（3）确定逻辑功能。分析真值表后可知,当输入变量 A、B、C 中多数(两个或两个以上)为 1,输出为 1;否则,输出为 0。因此,该电路的逻辑功能称为"电路为少数服从多数"电路,或称表决电路。

例 4.2.2　分析图 4.2.2 所示电路的逻辑功能。

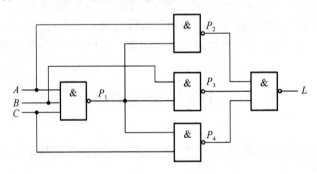

图 4.2.2　例 4.2.2 的逻辑电路

解:（1）根据逻辑电路,写出各输出端的逻辑表达式,并进行化简和变换。

$$P_1 = \overline{ABC}, P_2 = \overline{AP_1} = \overline{A\,\overline{ABC}}, P_3 = \overline{BP_1} = \overline{B\,\overline{ABC}}, P_4 = \overline{CP_1} = \overline{C\,\overline{ABC}}$$

$$L = \overline{P_2 P_3 P_4} = \overline{\overline{A\,\overline{ABC}}\ \overline{B\,\overline{ABC}}\ \overline{C\,\overline{ABC}}} = A\,\overline{ABC} + B\,\overline{ABC} + C\,\overline{ABC}$$

$$= \overline{ABC}(A+B+C)$$

$$= (\overline{A}+\overline{B}+\overline{C})(A+B+C)$$

（2）由上述逻辑表达式,列出真值表,如表 4.2.2 所示。

（3）确定逻辑功能。分析真值表可知,$ABC=000$ 或 $ABC=111$ 时,$L=0$;而 A、B、C 取值不完全相同时,$L=1$。故这种电路称为"不一致"电路。

例 4.2.3　电路如图 4.2.3 所示,试分析其逻辑功能,指出它的用途。

表 4.2.2 例 4.2.2 的真值表

输入			输出	输入			输出
A	B	C	L	A	B	C	L
0	0	0	0	1	0	0	1
0	0	1	1	1	0	1	1
0	1	0	1	1	1	0	1
0	1	1	1	1	1	1	0

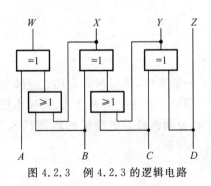

图 4.2.3　例 4.2.3 的逻辑电路

解：（1）根据逻辑电路，写出各输出端的逻辑表达式。

$$Z=D$$
$$Y=C\oplus D$$
$$X=B\oplus(C+Y)$$
$$W=A\oplus(B+X)$$

（2）由上述逻辑表达式，列真值表，如表 4.2.3 所示。

表 4.2.3　例 4.2.3 的真值表

$A\,B\,C\,D$	$C+Y$	$B+X$	$W\,X\,Y\,Z$	$A\,B\,C\,D$	$C+Y$	$B+X$	$W\,X\,Y\,Z$
0 0 0 0	0	0	0 0 0 0	1 0 0 0	0	0	1 0 0 0
0 0 0 1	1	1	1 1 1 1	1 0 0 1	1	1	0 1 1 1
0 0 1 0	1	1	1 1 1 0	1 0 1 0	1	1	0 1 1 0
0 0 1 1	1	1	1 1 0 1	1 0 1 1	1	1	0 1 0 1
0 1 0 0	0	1	1 1 0 0	1 1 0 0	0	1	0 1 0 0
0 1 0 1	1	1	1 0 1 1	1 1 0 1	1	1	0 0 1 1
0 1 1 0	1	1	1 0 1 0	1 1 1 0	1	1	0 0 1 0
0 1 1 1	1	1	1 0 0 1	1 1 1 1	1	1	0 0 0 1

（3）确定逻辑功能。分析真值表可知，$WXYZ=\overline{A}\,\overline{B}\,\overline{C}\,\overline{D}+1$，$WXYZ$ 正好是 $ABCD$ 的补码，故此电路是一个补码发生器。

需要指出的是，有时逻辑功能很难用几句话表达出来，在这种情况下，列出真值表即可。

复习思考题

4.2.1　什么是组合逻辑电路？

4.2.2　列出分析组合逻辑电路的步骤。

4.3　组合逻辑电路的设计

组合逻辑电路的设计与分析过程相反，对于提出的实际逻辑问题，得出满足这一逻辑问题的逻辑电路。通常要求电路简单，所用的器件数最少、器件的种类最少、器件之间的连线也最少。

组合逻辑电路的设计步骤大致如下。

（1）明确实际问题的逻辑功能。

明确逻辑功能的步骤如下。

① 分析事件的逻辑关系，确定输入变量和输出变量数及表示符号；

② 定义逻辑状态的含义，即逻辑状态的赋值；

③ 根据对电路逻辑功能的要求，列出真值表。

（2）写出逻辑函数表达式。

由真值表写出输出变量的逻辑函数表达式。

（3）选定器件的类型。

根据对电路的具体要求和实际器件的资源情况而定。

（4）化简或变换逻辑函数表达式，画出逻辑图。

例 4.3.1 设计一个楼房照明灯的控制电路，该楼房有东门、南门、西门，在各个门旁装有一个开关，每个开关都能独立控制灯的亮暗，控制电路具有以下功能：

（1）某一门开关接通，灯即亮，开关断，灯暗；

（2）当某一门开关接通，灯亮，接着接通另一门开关，则灯暗；

（3）当三个门开关都接通时，灯亮。要求用器件最少。

解：（1）明确逻辑功能，列出真值表。

设东门开关为 A，南门开关为 B，西门开关为 C。开关闭合为 1，开关断开为 0。灯为 L，灯暗为 0，灯亮为 1。

电路的逻辑功能是：当输入 A、B、C 中仅有一个为 1 时，输出 L 为 1；当输入 A、B、C 中有两个为 1 时，输出 L 为 0；当输入 A、B、C 均为 1 时，输出 L 为 1；当输入 A、B、C 均为 0 时，输出 L 为 0。

根据题意列出真值表，如表 4.3.1 所示。

表 4.3.1 例 4.3.1 的真值表

输入			输出	输入			输出
A	B	C	L	A	B	C	L
0	0	0	0	1	0	0	1
0	0	1	1	1	0	1	0
0	1	0	1	1	1	0	0
0	1	1	0	1	1	1	1

（2）画出各输出函数的卡诺图，如图所示。

根据卡诺图，可得到该逻辑电路的输出逻辑函数表达式，并根据题目要求进行相应变换。

$$L = \overline{A}\,\overline{B}C + ABC + \overline{A}B\,\overline{C} + A\,\overline{B}\,\overline{C}$$
$$= (\overline{A}\,\overline{B} + AB)C + (\overline{A}B + A\,\overline{B})\overline{C}$$
$$= \overline{A \oplus B} \cdot C + A \oplus B \cdot \overline{C}$$
$$= A \oplus B \oplus C$$

（3）根据逻辑表达式，可画出逻辑电路图，如图 4.3.2 所示。

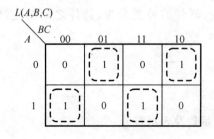

图 4.3.1 例 4.3.1 的卡诺图

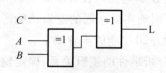

图 4.3.2 例 4.3.1 的逻辑电路

以上逻辑表达式和逻辑图可以看出,用以异或门代替与门和或门能使逻辑电路比较简单,使用器件最少。该逻辑电路可由一片内含 4 个 CMOS 异或门 74HC86 的集成芯片实现。

例 4.3.2　设两个一位二进制数 A 和 B,试设计比较电路器,若 $A>B$,则输出 L 为 1,否则输出 L 为 0。

解:(1)明确逻辑功能,列出真值表。

电路的逻辑功能是:用变量 A、B 分别表示两个一位二进制数,A、B 的取值只能是 0 或 1。当 $A>B$,输出 L 为 1;当 $A<B$ 或者 $A=B$,输出 L 为 0。

根据题意列出真值表,如表 4.3.2 所示。

(2)由真值表写出输出函数的逻辑表达式。

$$L = A\overline{B}$$

(3)根据逻辑表达式,画出逻辑电路图,如图 4.3.3 所示。

表 4.3.2　例 4.3.2 的真值表

输入		输出
A	B	L
0	0	0
0	1	0
1	0	1
1	1	0

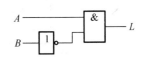

图 4.3.3　例 4.3.2 的逻辑电路

例 4.3.3　设计组合逻辑电路,将 4 位自然二进制数转换成格雷码,可以采用任何逻辑门电路实现。

解:(1)明确逻辑功能,列出真值表。

设电路 4 个输入变量为 B_3、B_2、B_1、B_0,4 个输出变量为 G_3、G_2、G_1、G_0。当输入自然二进制码从 0 到 15 递增排序时,对应输出的格雷码如表 4.3.3 所示。

根据题意列出真值表,如表 4.3.3 所示。

表 4.3.3　例 4.3.3 的真值表

B_3	B_2	B_1	B_0	G_3	G_2	G_1	G_0	B_3	B_2	B_1	B_0	G_3	G_2	G_1	G_0
0	0	0	0	0	0	0	0	1	0	0	0	1	1	0	0
0	0	0	1	0	0	0	1	1	0	0	1	1	1	0	1
0	0	1	0	0	0	1	1	1	0	1	0	1	1	1	1
0	0	1	1	0	0	1	0	1	0	1	1	1	1	1	0
0	1	0	0	0	1	1	0	1	1	0	0	1	0	1	0
0	1	0	1	0	1	1	1	1	1	0	1	1	0	1	1
0	1	1	0	0	1	0	1	1	1	1	0	1	0	0	1
0	1	1	1	0	1	0	0	1	1	1	1	1	0	0	0

（2）根据真值表,分别画出输出变量 G_3,G_2,G_1,G_0 的卡诺图,如图 4.3.4 所示。

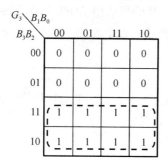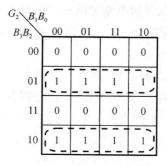

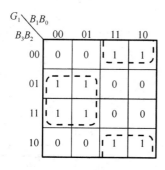

图 4.3.4　例 4.3.3 的卡诺图

根据卡诺图,可得到该逻辑电路的函数表达式

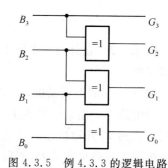

$$G_3 = B_3$$

$$G_2 = \overline{B_3} B_2 + B_3 \overline{B_2} = B_3 \oplus B_2$$

$$G_1 = \overline{B_2} B_1 + B_2 \overline{B_1} = B_2 \oplus B_1$$

$$G_0 = \overline{B_1} B_0 + B_1 \overline{B_0} = B_1 \oplus B_0$$

（3）画出逻辑电路图,如图 4.3.5 所示。

图 4.3.5　例 4.3.3 的逻辑电路

复习思考题

4.3.1　列出设计组合逻辑电路的步骤。

4.3.2　为什么说在组合逻辑电路设计中正确列出真值表是最关键的一步?

4.4　组合逻辑电路中的竞争冒险现象

前面介绍组合逻辑电路时,我们着重考虑的是电路的输入信号和输出信号之间的逻辑关系,没有考虑逻辑门的延迟时间对电路产生的影响。分析和设计组合电路时也是只考虑稳定的"输入信号"和"输出信号",而没考虑电路在信号电平变化瞬间,可能与稳态下的逻辑功能不一致,产生错误输出的问题。本节讨论由于信号延迟引起的组合电路可能出现的竞争冒险现象。

4.4.1　竞争冒险现象及其产生原因

下面通过两个简单电路的工作情况,说明产生竞争冒险的原因。图 4.4.1(a)所示的与门在稳态情况下,当 $A=0$,$B=1$ 或者 $A=1$,$B=0$ 时,输出 L 始终为 0。如果信号 A、B 的变化同时发生,则能满足要求。若由于前级门电路的延迟差异或其他原因,致使 B 从 1 变为 0 的时刻,滞后于 A 从 0 变为 1 的变化,因此,在很短的时间间隔内,与门的两个输入端均为 1,其输出端出现一个高电平尖峰脉冲(干扰脉冲),如图 4.4.1(b)所示,图中考虑了与门的延迟。

同理,图 4.4.2(a)所示的或门在稳态情况下,当 $A=0$,$B=1$ 或者 $A=1$,$B=0$ 时,输出 L 始终为 1。而当 A 从 0 变为 1 时刻,滞后于 B 从 1 到 0 的变化,则在很短的时间间隔内,或门的两个输入端均为 0,使输出出现一个低电平尖峰脉冲,如图 4.4.2(b)所示。这个尖峰脉冲同样也是违背稳态下逻辑关系的噪声。

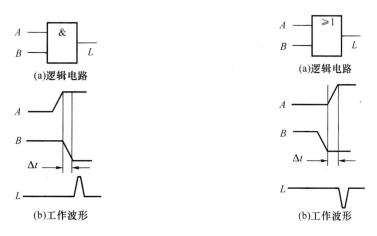

图 4.4.1　产生的正跳变脉冲的竞争冒险　　　图 4.4.2　产生的负跳变脉冲的竞争冒险

下面进一步分析组合逻辑电路产生的竞争冒险。图 4.4.3(a)所示的逻辑电路的输出逻辑表达式为 $L=AB+\overline{A}C$。由此式可知,当 B 和 C 都为 1 时,表达式简化成两个互补信号相加,即 $L=A+\overline{A}$,因此,该电路存在竞争冒险。图 4.4.3(b)所示的波形图可以看出,在 A 由 1 变 0 时,$\overline{A}$ 由 0 变 1 有一延迟时间,G_2 和 G_3 的输出 AB 和 $\overline{A}C$ 分别相对于 A 和 $\overline{A}$ 均有延迟,AB 和 $\overline{A}C$ 经过 G_4 的延迟而使输出出现一负跳变的窄脉冲。

综上所述,当一个逻辑门的两个输入端的信号同时向相反的逻辑电平跳变(一个从 1 变为 0,另一个从 0 变为 1),而跳变的时间有差异的现象,称为竞争。由竞争而可能产生输出干扰脉冲的现象称为冒险。

在考虑延迟的条件下,若与门的两个输入 A 和 $\overline{A}$,其中一个先从 0 变 1 时,则 $A \cdot \overline{A}$ 会向其非稳定值 1 变化,此时会产生冒险;若或门的两个输入 A 和 $\overline{A}$,其中一个先从 1 变 0 时,则 $A+\overline{A}$ 会向其非稳定值 0 变化,也会产生冒险。

如果图 4.4.3 所示的逻辑电路,由于信号的传输路径不同,或者各个信号延迟时间的差异、信号变化的互补性等因素,很容易产生竞争冒险现象。因此,我们只能说只要存在竞争现象,输出就有可能出现违背稳态下逻辑关系的尖峰脉冲。因此在电路设计中应尽量减小冒险产生。

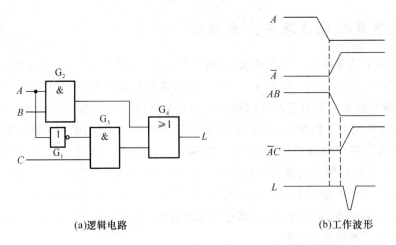

(a)逻辑电路　　　　　　　　　　(b)工作波形

图 4.4.3　组合逻辑电路的竞争冒险

4.4.2　检查竞争冒险现象的方法

检查一个逻辑电路是否存在竞争冒险现象一般有两种方法:代数法和卡诺图法。

1. 代数法

从前面的分析可知:当组合逻辑电路的函数表达式可转化为 $F=A \cdot \overline{A}$ 形式时,电路可能向其非稳定值 1 变化,此时会产生冒险;而当函数表达式可转化为 $F=A+\overline{A}$ 形式时,电路可能向其非稳定值 0 变化,也会产生冒险。可见,当一个变量在函数表达式中同时以原变量和反变量形式出现时,电路就可能产生竞争冒险。因此,利用代数方法判断冒险现象。

一般采用以下步骤。

① 检查是否存在某个变量 X,它同时以原变量和反变量的形式出现在函数表达式中;

② 如果上述现象存在,则检查表达式是否可在一定条件下成为 $F=A \cdot \overline{A}$ 或者 $F=A+\overline{A}$ 的形式,若能则说明与函数表达式对应的电路可能产生险象。

例 4.4.1　设组合逻辑电路的函数表达式 $F=\overline{A}\overline{C}+\overline{A}B+AC$,试判断电路是否可能存在竞争冒险现象。

解:(1) 从电路的逻辑表达式可知,变量 A、C 都同时以原变量和反变量形式出现,均具备竞争的条件,应分别进行检查。

(2) 判断变量 C 是否产生竞争冒险。

当 $AB=00$ 时,$F=\overline{C}$;当 $AB=01$ 时,$F=1$;当 $AB=10$ 时,$F=C$;当 $AB=11$ 时,$F=C$。

说明变量 C 发生变化时,不会产生险象。

(3) 判断变量 A 是否产生竞争冒险。

当 $BC=00$ 时,$F=\overline{A}$;当 $BC=01$ 时,$F=A$;当 $BC=10$ 时,$F=\overline{A}$;当 $BC=11$ 时,$F=A+\overline{A}$。

说明当 $B=C=1$ 时,A 的变化可能使电路产生险象,产生负向窄脉冲。

例 4.4.2　设组合逻辑电路的函数表达式 $F=(\overline{A}+\overline{C})(\overline{A}+B)(A+C)$,试判断电路是否可能存在竞争冒险现象。

解:(1) 从电路的逻辑表达式可知,变量 A、C 都同时以原变量和反变量形式出现,均具备竞争的条件,应分别进行检查。

(2) 判断变量 C 是否产生竞争冒险。

当 $AB=00$ 时,$F=C$;当 $AB=01$ 时,$F=C$;当 $AB=10$ 时,$F=0$;当 $AB=11$ 时,$F=\overline{C}$。

说明变量 C 发生变化时,不会产生险象。

（3）判断变量 A 是否产生竞争冒险。

当 $BC=00$ 时,$F=A \cdot \bar{A}$;当 $BC=01$ 时,$F=\bar{A}$;当 $BC=10$ 时,$F=A$;当 $BC=11$ 时,$F=\bar{A}$。

说明当 $B=C=0$ 时,A 的变化可能使电路产生险象,产生正向窄脉冲。

2. 卡诺图法

当描述电路的逻辑函数为"与或"式时,可采用卡诺图来判断是否存在险象。其方法是观

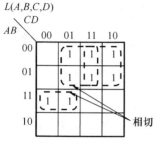

图 4.4.4　例 4.4.3 的卡诺图

察两个不同的与项对应的卡诺圈是否存在"相切",若存在,则电路可能产生险象。这里的"相切"是指两个相邻最小项分别属于不同的卡诺圈,又没有一个卡诺圈将这两个相邻最小项包围在一起。

例 4.4.3　设组合逻辑电路的函数表达式 $F=\bar{A}D+\bar{A}C+AB\bar{C}$,试用卡诺图法判断电路是否可能存在竞争冒险现象。

解:根据逻辑函数 $F=\bar{A}D+\bar{A}C+AB\bar{C}$ 画出卡诺图,如图 4.4.4 所示。该卡诺图的两个卡诺圈"相切",因此电路可能产生险象。

4.4.3　消除竞争冒险的方法

1. 增加乘积项以避免互补项相加

以图 4.4.3(a)所示电路为例,我们已经得到了它输出的逻辑函数式为 $L=AB+\bar{A}C$,而且知道在 $B=C=1$ 的条件下,当 A 改变状态时存在竞争冒险现象。

根据逻辑代数的常用公式可知:

$$L=AB+\bar{A}C$$
$$=AB+\bar{A}C+BC$$

我们发现,在增加了 BC 项以后,在 $B=C=1$ 时无论 A 如何改变,输出始终保持 $L=1$。因此,A 的状态变化不再会引起竞争冒险现象。

因为 BC 一项对函数 L 来说是多余的,所以将它称为 L 的冗余项,同时将这种修改逻辑设计的方法称为增加冗余项的方法。增加冗余项以后的电路如图 4.4.5 所示。

为了使电路所用器件最少,将逻辑函数化简,而为了消除竞争冒险又要增加冗余项,这是一对矛盾。首先不考虑竞争冒险,将逻辑函数化简,然后检查有否竞争冒险现象,再用增加冗余项来消除它。

2. 发现并消去互补相乘项

例如,函数式 $L=(A+B)(\bar{A}+C)$,在 $B=C=0$ 时,$L=A \cdot \bar{A}$。若直接根据这个逻辑表达式组成逻辑电路,则可能出现竞争冒险。如将该式变换为 $L=A\bar{A}+AC+\bar{A}B+BC=AC+\bar{A}B+BC$,这里已将 $A \cdot \bar{A}$ 消掉。根据这个表达式组成逻辑电路就不会出现竞争冒险。

3. 引入选通脉冲

通过引入选通脉冲的方法来消除窄脉冲。如图 4.4.6 所示,S 是选通脉冲输出端。因为窄脉冲产生在互补变量发生变化的瞬间,这时只需将 S 置为 1 将或门封锁,这样,窄脉冲就不会出现在或门输出端。得到电路到达稳定状态以后,再将 S 端加一负脉冲,使或门处于开通状

态,输出相应的电平。加入选通信号以后,电路最后一级门的输出信号也将变成脉冲信号,宽度与选通脉冲相同。如果电路的输出级是与门,则选通的脉冲应采用正脉冲。

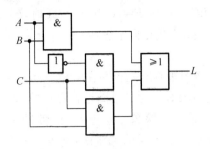

图 4.4.5 消除竞争冒险的电路

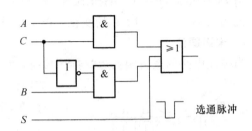

图 4.4.6 利用选通脉冲消除干扰窄脉冲

4. 输出端并联滤波电容器

由于竞争冒险而产生的尖峰脉冲一般都很窄(多在几十纳秒以内),所以只要在输出端并接一个很小的滤波电容 C,如图 4.4.7 所示,就足以把尖峰脉冲的幅度削弱至门电路的阈值电压以下。不过,电容 C 的大小应合适,既不能太小,以便将窄脉冲削平,也不能太大,否则将正常输出的信号边沿变差。

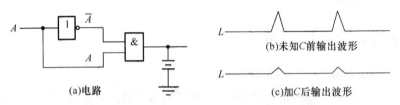

图 4.4.7 并联电容器消去竞争冒险

复习思考题

4.4.1 什么是组合逻辑电路中的竞争冒险?
4.4.2 你能用最简单的语言说明什么是竞争冒险现象以及它的产生原因吗?
4.4.3 列出几种消去组合逻辑电路竞争冒险的方法。

4.5 常用的组合逻辑电路

半导体制作工艺的发展,使许多常用的组合逻辑电路被制成了中规模集成芯片。由于这些器件具有标准化程度高、通用性强、体积小、功耗低、设计灵活等特点,广泛应用于数字电路和数字系统的设计中。本节主要介绍编码器、译码器、数据选择器、加法器、数值比较器等常用组合逻辑集成器件,着重分析它们的逻辑功能、工作原理及基本应用。

4.5.1 编码器

为了区分一系列不同的事物,将其中的每个事物用一个二值代码表示,这就是编码的含意。在二值逻辑电路中,信号都是以高、低电平的形式给出的。因此,编码器的逻辑功能就是将输入的每一个高、低电平信号编成一个对应的二进制代码。

目前经常使用的编码器分为普通编码器和优先权编码器。

1. 二进制编码器

在普通编码器中,任何时刻只允许输入一个编码信号,否则输出将发生混乱。如 3 位二进制普通编码器,也称为 8 线－3 线编码器,其框图如图 4.5.1 所示。

8 线-3 线编码器真值表如表 4.5.1 所示。

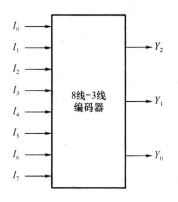

图 4.5.1　8 线-3 线编码器编码器的框图

表 4.5.1　8 线-3 线编码器的真值表

输　入								输　出		
I_0	I_1	I_2	I_3	I_4	I_5	I_6	I_7	Y_2	Y_1	Y_0
1	0	0	0	0	0	0	0	0	0	0
0	1	0	0	0	0	0	0	0	0	1
0	0	1	0	0	0	0	0	0	1	0
0	0	0	1	0	0	0	0	0	1	1
0	0	0	0	1	0	0	0	1	0	0
0	0	0	0	0	1	0	0	1	0	1
0	0	0	0	0	0	1	0	1	1	0
0	0	0	0	0	0	0	1	1	1	1

8 个输入 I_0 到 I_7 为高电平有效信号,输出是两个二进制代码 Y_2、Y_1、Y_0。任何时刻入 $I_0 \sim I_7$ 中只能有一个取值为 1,并且有一组对应的二进制码输出。除表中列出 8 个输入变量的 8 种取值组合有效外,其余 248 种组合所对应的输出均应为 0。对于输入或输出变量,凡取 1 值的用原变量表示,取 0 值的用反变量表示,由真值表可以得到输出端逻辑表达式为

$$Y_0 = \overline{I}_0 I_1 \overline{I}_2 \overline{I}_3 \overline{I}_4 \overline{I}_5 \overline{I}_6 \overline{I}_7 + \overline{I}_0 \overline{I}_1 \overline{I}_2 I_3 \overline{I}_4 \overline{I}_5 \overline{I}_6 \overline{I}_7$$
$$+ \overline{I}_0 \overline{I}_1 \overline{I}_2 \overline{I}_3 \overline{I}_4 I_5 \overline{I}_6 \overline{I}_7 + \overline{I}_0 \overline{I}_1 \overline{I}_2 \overline{I}_3 \overline{I}_4 \overline{I}_5 \overline{I}_6 I_7$$

$$Y_1 = \overline{I}_0 \overline{I}_1 I_2 \overline{I}_3 \overline{I}_4 \overline{I}_5 \overline{I}_6 \overline{I}_7 + \overline{I}_0 \overline{I}_1 \overline{I}_2 I_3 \overline{I}_4 \overline{I}_5 \overline{I}_6 \overline{I}_7$$
$$+ \overline{I}_0 \overline{I}_1 \overline{I}_2 \overline{I}_3 \overline{I}_4 \overline{I}_5 I_6 \overline{I}_7 + \overline{I}_0 \overline{I}_1 \overline{I}_2 \overline{I}_3 \overline{I}_4 \overline{I}_5 \overline{I}_6 I_7 \qquad (4.5.1)$$

$$Y_2 = \overline{I}_0 \overline{I}_1 \overline{I}_2 \overline{I}_3 I_4 \overline{I}_5 \overline{I}_6 \overline{I}_7 + \overline{I}_0 \overline{I}_1 \overline{I}_2 \overline{I}_3 \overline{I}_4 I_5 \overline{I}_6 \overline{I}_7$$
$$+ \overline{I}_0 \overline{I}_1 \overline{I}_2 \overline{I}_3 \overline{I}_4 \overline{I}_5 I_6 \overline{I}_7 + \overline{I}_0 \overline{I}_1 \overline{I}_2 \overline{I}_3 \overline{I}_4 \overline{I}_5 \overline{I}_6 I_7$$

利用无关项化简得到其输出端逻辑式为

$$Y_0 = I_1 + I_3 + I_5 + I_7$$
$$Y_1 = I_2 + I_3 + I_6 + I_7 \qquad (4.5.2)$$
$$Y_2 = I_4 + I_5 + I_6 + I_7$$

根据逻辑表达式画出逻辑图,如图 4.5.2 所示。

从逻辑图中看到输入信号中并没有 I_0,这是因为当 $I_1 \sim I_7$ 均为 0 时,I_0 一定为 1,对应的编码结果为 000。

上述编码器存在一个问题,如果 $I_0 \sim I_7$ 中有 2 个或 2 个以上的取值同时为 1,输出会出现错误编码。例如,I_2 和 I_4 同时为 1 时,代入式(4.5.2)中,$Y_2 Y_1 Y_0$ 为 110,此时输出既不是对 I_2 或 I_4 的编码,而是等效 I_6 单独为 1 时的编码,显然产生了称为错误的结果。而实际应用中,经常会遇到两个以上的输入同时为 1 个以上的情况。例如,某火车站有特快、直快和慢车 3 种类

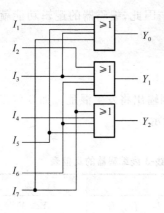

图 4.5.2 8 线-3 线编码器

型的客运列车进站的情况。特快、直快和慢车可能会同时请求进站,但指示列车进站的逻辑电路只能响应其一,须根据轻重缓急规定好这些控制对象允许操作的先后次序,即优先级别。识别这类请求信号的优先级别并进行编码的逻辑部件称为优先编码器。

2. 优先编码器

在优先编码器电路(Priority Encoder)中,允许同时输入两个以上的编码信号。不过在设计优先编码器时,已经将所有的输入信号按优先顺序排了队,当几个输入信号同时有效时,只对其中优先权最高的一个进行编码。

表 4.5.2 所示 8 线-3 线优先编码器 74HC148 的功能表。编码器输入信号为 $I_0 \sim I_7$,低电平有效;编码输出信号为 $Y_0 \sim Y_2$,以反码的形式表示。由功能表可见,8 个输入信号中 I_7 优先级最高,I_0 优先级最低。此外,还设置了低电平有效的输入使能端 EI 和输出使能端 EO 以及优先编码工作状态标志 GS。

表 4.5.2 优先编码器 74HC148 功能表

输入									输出				
EI	I_0	I_1	I_2	I_3	I_4	I_5	I_6	I_7	Y_2	Y_1	Y_0	GS	EO
1	×	×	×	×	×	×	×	×	1	1	1	1	1
0	1	1	1	1	1	1	1	1	1	1	1	1	0
0	×	×	×	×	×	×	×	0	0	0	0	0	1
0	×	×	×	×	×	×	0	1	0	0	1	0	1
0	×	×	×	×	×	0	1	1	0	1	0	0	1
0	×	×	×	×	0	1	1	1	0	1	1	0	1
0	×	×	×	0	1	1	1	1	1	0	0	0	1
0	×	×	0	1	1	1	1	1	1	0	1	0	1
0	×	0	1	1	1	1	1	1	1	1	0	0	1
0	0	1	1	1	1	1	1	1	1	1	1	0	1

由表 4.5.2,写出输出的逻辑表达式,通过化简,得到最简表达式

$$Y_0 = \overline{(\overline{I_7} + \overline{I_5}I_6 + \overline{I_3}I_4I_6 + \overline{I_1}I_2I_4I_6)\overline{EI}}$$

$$Y_1 = \overline{(\overline{I_7} + \overline{I_6} + \overline{I_3}I_4I_5 + \overline{I_2}I_4I_5)\overline{EI}} \tag{4.5.3}$$

$$Y_2 = \overline{(\overline{I_7} + \overline{I_6} + \overline{I_5} + \overline{I_4})\overline{EI}}$$

$$EO = \overline{I_0I_1I_2I_3I_4I_5I_6I_7 \ \overline{EI}} \tag{4.5.4}$$

$$GS = EI + \overline{EI}I_0I_1I_2I_3I_4I_5I_6I_7$$

$$= EI + \overline{EO} \tag{4.5.5}$$

$$= \overline{\overline{EI} \cdot EO}$$

由式(4.5.3)~式(4.5.5)得到实际集成 8 线-3 线优先级编码器--74HC148 逻辑图,如图 4.5.3(a)所示,逻辑符号如 4.5.3(b)所示。

74HC148 的逻辑功能说明如下:

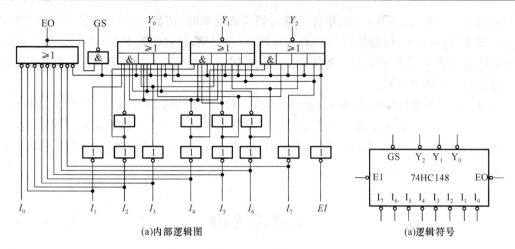

(a)内部逻辑图   (a)逻辑符号

图 4.5.3   8 线-3 线优先编码器 74HC148

当输入使能端 EI=0 时,编码器工作;而当 EI=1 时,禁止编码器工作,此时不论 8 个输入端为何种状态,3 个输出端均为高电平,且 GS 和 EO 均为高电平。

EO 只有在 EI 为 0,且所有输入端都为 1 时,输出为 0,它可与另一片相同器件的 EI 连接,以便组成更多输入端的优先编码器。

GS=0 时,表示有编码信号输入,即编码器输入信号 $I_0 \sim I_7$ 至少有一个信号为低电平。

下面通过一个具体例子说明 8 线-3 线优先级编码器的应用。

例 4.5.1   试用两片 74HC148 组成 16 线-4 线优先编码器,将 $A_0 \sim A_{15}$ 16 个低电平输入信号编为 0000~1111 16 个 4 位二进制代码,其中 A_{15} 的优先权最高,A_0 的优先权最低。

解:要求 16 个输入端,正好每个 74HC148 有 8 个输入端,两片正好 16 个输入端,满足输入端的要求。根据优先权的要求,若片(1)的优先级比片(0)高,则片(1)的输入为 $A_{15} \sim A_8$,片(0)的输入为 $A_7 \sim A_0$。片(1)EI 端接地,当片(1)工作,即有输入信号时,片(0)禁止工作,也就是使得片(0)的 EI=1。由表中可知可将片(1)的 EO 接到片(0)的 EI 上。

$Z_3 Z_2 Z_1 Z_0$ 为 4 位编码输出,其中低 3 位编码 $Z_2 Z_1 Z_0$ 由片(1)和片(0)输出编码与非后得到,最高位编码 Z_3 直接由片(1)的 EO 得到,这是因为 $A_{15} \sim A_8$ 有信号有效时,片(1)的 EO=1,无信号有效时 EO=0。片(1)和片(0)的 GS 输出端相与非得到编码器的状态标志,当 GS 为 1 时,表示有编码信号输入。

其逻辑接线图如图 4.5.4 所示。

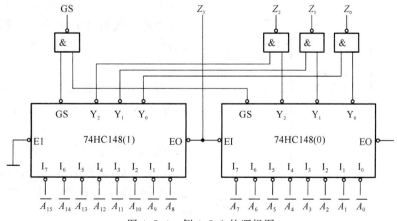

图 4.5.4   例 4.5.1 的逻辑图

由图 4.5.4 可见,当 $A_{15} \sim A_8$ 中任一输入端为低电平时,例如 $A_{11} = 0$,则片(1)的 GS$=0$,$Z_3 = 1$,$Y_2 Y_1 Y_0 = 100$。同时片(1)的 EO$=1$,将片(2)封锁,使它的 $Y_2 Y_1 Y_0 = 111$。于是在最后的输出端得到 $Z_3 Z_2 Z_1 Z_0 = 1011$。如果 $A_{15} \sim A_8$ 中同时有几个输入端为低电平,则只对其中优先权最高的一个信号编码。

当 $A_{15} \sim A_8$ 全部为高电平(没有编码输入信号)时,片(1)的 EO$=0$,故片(0)的 EI$=0$,处于编码工作状态,对 $A_7 \sim A_0$ 输入的低电平信号中优先权最高的一个进行编码。例如 $A_5 = 0$,则片(0)的 $Y_2 Y_1 Y_0 = 010$。而此时片(1)的 GS$=1$,$Z_3 = 0$。片(1)的 $Y_2 Y_1 Y_0 = 111$。于是在输出得到了 $Z_3 Z_2 Z_1 Z_0 = 0101$。

复习思考题

4.5.1.1　什么是编码? 什么是优先编码?

4.5.1.2　在需要使用普通编码器的场合能否用优先编码器取代普通编码器? 在需要使用优先编码器的场合能否用普通编码器取代优先编码器?

4.5.1.3　说明 74HC148 的输入信号 EI 和输出信号 EO、GS 的作用。

4.5.1.4　优先编码器 74HC148 的输入、输出信号是高电平有效还是低电平有效?

4.5.2　译码器

译码是编码的逆过程,它的功能是将具有特定含义的二进制码转换成对应的输出信号,译码则是对输入的二进制代码"翻译",转换成二进制代码对应的对象,即相应输出线上的有效信号。

具有译码功能的逻辑电路称为译码器(Decoder)。常用的译码器分为二进制译码器、二-十进制译码器和显示译码器。

1. 二进制译码器

二进制译码器的输入是一组二进制代码,输出是一组与输入代码一一对应的高、低电平信号。

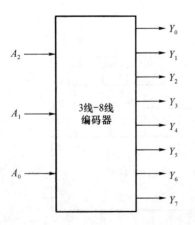

图 4.5.5 3 位二进制(3 线-8 线)译码器的框图

图 4.5.5 是 3 位二进制译码器的框图。输入的 3 位二进制代码共有 8 种状态,译码器将每个输入代码译成对应的一根输出线上的高、低电平信号。因此,也将这个译码器称为 3 线-8 线译码器。

将 N 位二进制代码译成 2^N 个高低电平信号,称为 N 线-2^N 线译码器。如 $N=3$,则可译 $2^N = 8$ 个高低电平信号,称为 3 线-8 线译码器。图 4.5.5 为 3 线-8 线译码器的框图。其中:$A_2 \sim A_0$ 是二进制代码输入端;$Y_7 \sim Y_0$ 是信号输出端,高电平有效。其真值表如表 4.5.3 所示。

表 4.5.3 3 位二进制译码器的真值表

输入			输出							
A_2	A_1	A_0	Y_7	Y_6	Y_5	Y_4	Y_3	Y_2	Y_1	Y_0
0	0	0	0	0	0	0	0	0	0	1
0	0	1	0	0	0	0	0	0	1	0
0	1	0	0	0	0	0	0	1	0	0
0	1	1	0	0	0	0	1	0	0	0
1	0	0	0	0	0	1	0	0	0	0
1	0	1	0	0	1	0	0	0	0	0
1	1	0	0	1	0	0	0	0	0	0
1	1	1	1	0	0	0	0	0	0	0

各输出端逻辑式为

$$Y_0 = \overline{A_2}\,\overline{A_1}\,\overline{A_0} \qquad Y_1 = \overline{A_2}\,\overline{A_1}A_0$$
$$Y_2 = \overline{A_2}A_1\,\overline{A_0} \qquad Y_3 = \overline{A_2}A_1A_0 \qquad\qquad (4.5.6)$$
$$Y_4 = A_2\,\overline{A_1}\,\overline{A_0} \qquad Y_5 = A_2\,\overline{A_1}A_0$$
$$Y_6 = A_2A_1\,\overline{A_0} \qquad Y_7 = A_2A_1A_0$$

根据逻辑表达式画出逻辑图,如图 4.5.6 所示。

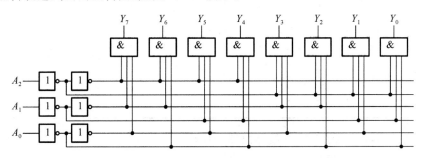

图 4.5.6 3 线-8 线译码器

下面介绍集成 3 线-8 线译码器 74HC138,其逻辑功能如表 4.5.4 所示。该译码器有 3 位二进制输入 A_2、A_1、A_0,它们共有 8 种状态的组合,即可译出 8 个输出信号 $Y_0 \sim Y_7$ 输出为低电平有效。此外,还设置了 E_1、E_2 和 E_3 个使能输入端(或片选端),为电路功能的扩展提供了方便。由功能表可知,当 $E_1 = 1$,且 $E_2 = E_3 = 0$ 时,译码器处于译码工作状态。否则,译码器被禁止,所有的输出端被封锁在高电平。

由当译码器处于译码状态时,由功能表可得输出端的逻辑式

$$\overline{Y_0} = \overline{\cdot\,\overline{A_2}\cdot\overline{A_1}\cdot\overline{A_0}} \qquad \overline{Y_1} = \overline{\overline{A_2}\cdot\overline{A_1}\cdot A_0}$$
$$\overline{Y_2} = \overline{\overline{A_2}\cdot A_1\cdot\overline{A_0}} \qquad \overline{Y_3} = \overline{\overline{A_2}\cdot A_1\cdot A_0} \qquad (4.5.7)$$
$$\overline{Y_4} = \overline{A_2\cdot\overline{A_1}\cdot\overline{A_0}} \qquad \overline{Y_5} = \overline{A_2\cdot\overline{A_1}\cdot A_0}$$
$$\overline{Y_6} = \overline{A_2\cdot A_1\cdot\overline{A_0}} \qquad \overline{Y_7} = \overline{A_2\cdot A_1\cdot A_0}$$

不难看出,一个 3 线-8 线译码器能产生 3 变量函数的 8 个最小项的非,因此,二进制译码器也成为最小项发生器。利用这一点能够方便地实现 3 变量逻辑函数。

74HC138 的逻辑图如图 4.5.7(a)所示,其逻辑符号如图 4.5.7(b)所示。

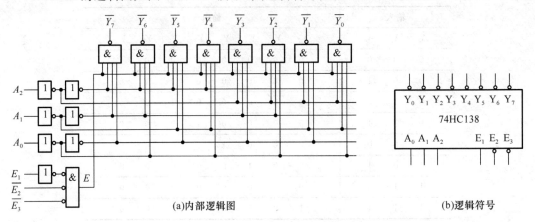

(a)内部逻辑图 (b)逻辑符号

图 4.5.7 3 线-8 线译码器的框图

表 4.5.4 3 线-8 线译码器 74HC138 的功能表

输入						输出							
E_1	E_2	E_3	A_2	A_1	A_0	Y_0	Y_1	Y_2	Y_3	Y_4	Y_5	Y_6	Y_7
×	1	×	×	×	×	1	1	1	1	1	1	1	1
×	×	1	×	×	×	1	1	1	1	1	1	1	1
0	×	×	×	×	×	1	1	1	1	1	1	1	1
1	0	0	0	0	0	0	1	1	1	1	1	1	1
1	0	0	0	0	1	1	0	1	1	1	1	1	1
1	0	0	0	1	0	1	1	0	1	1	1	1	1
1	0	0	0	1	1	1	1	1	0	1	1	1	1
1	0	0	1	0	0	1	1	1	1	0	1	1	1
1	0	0	1	0	1	1	1	1	1	1	0	1	1
1	0	0	1	1	0	1	1	1	1	1	1	0	1
1	0	0	1	1	1	1	1	1	1	1	1	1	0

下面通过具体例子说明 3 线-8 线译码器的应用。

（1）用做设计组合逻辑电路

由于译码器的输出为最小项取反,而逻辑函数可以写成最小项表达式,故可以利用附加的门电路和译码器实现逻辑函数。

例 4.5.2 用一片 74HC138 实现三变量函数 $L=\overline{A}\,\overline{B}+AB$。

解:首先将函数式变换为最小项表达式

$$L=\overline{A}\,\overline{B}+AB$$
$$=\overline{A}\,\overline{B}(C+\overline{C})+AB(C+\overline{C})$$
$$=\overline{A}\,\overline{B}C+\overline{A}\,\overline{B}\,\overline{C}+ABC+AB\overline{C}$$
$$=m_1+m_0+m_7+m_6$$

将输入变量 A,B,C 分别接入 A_2, A_1 和 A_0 端,并将使能端接有效电平。由于 74HC138 是低电平有效输出,所以将最小项变换为反函数的形式

$$L=\overline{\overline{m_0+m_1+m_6+m_7}}$$
$$=\overline{\overline{m_0}\cdot\overline{m_1}\cdot\overline{m_6}\cdot\overline{m_7}}$$
$$=\overline{\overline{Y_0}\cdot\overline{Y_1}\cdot\overline{Y_6}\cdot\overline{Y_7}}$$

在译码器的输出端加一个与非门,即可实现给定的组合逻辑函数,如图 4.5.8 所示。

例 4.5.3 利用 74HC138 设计一个多输出的组合逻辑电路,输出逻辑函数表达式为:

$$L_1 = A\overline{C} + A\overline{B}C$$

$$L_2 = BC + \overline{A}\,\overline{B}\,\overline{C}$$

解:首先将要输出的逻辑函数变换最小项表达式,即

$$L_1 = A\overline{C} + A\overline{B}C = A(B+\overline{B})\overline{C} + A\overline{B}C = AB\overline{C} + A\overline{B}\,\overline{C} + A\overline{B}C = m_6 + m_4 + m_5$$

$$L_2 = BC + \overline{A}\,\overline{B}\,\overline{C} = (A+\overline{A})BC + \overline{A}\,\overline{B}\,\overline{C} = ABC + \overline{A}BC + \overline{A}\,\overline{B}\,\overline{C} = m_7 + m_3 + m_0$$

将输入变量 A,B,C 分别接入 A_2,A_1 和 A_0 端,并将使能端接有效电平。由于 74HC138 是低电平有效输出,所以将最小项变换为反函数的形式

$$L_1 = \overline{\overline{m_4 + m_5 + m_6}} = \overline{\overline{m_4} \cdot \overline{m_5} \cdot \overline{m_6}}$$

$$L_2 = \overline{\overline{m_0 + m_3 + m_7}} = \overline{\overline{m_0} \cdot \overline{m_3} \cdot \overline{m_7}}$$

则用 74HC138 实现的电路如图 4.5.9 所示。

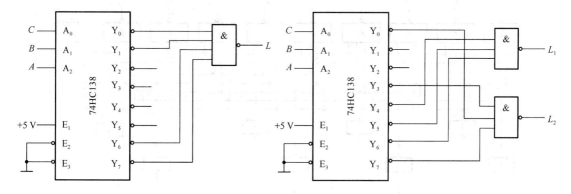

图 4.5.8 例 4.5.2 的逻辑图   图 4.5.9 例 4.5.3 的逻辑图

（2）芯片级联

例 4.5.4 试用两片 3 线－8 线译码器 74HC138 组成 4 线－16 线译码器,将输出的 4 位二进制代码 $A_3A_2A_1A_0$ 译成 16 个独立的低电平信号 $Y_0 \sim Y_{15}$。

解:由 74HC138 为 3 线-8 线译码器,要构成 4 线-16 线译码器,要求 16 个输出端,正好每个 74HC138 有 8 个输出端,两片正好 16 个输出端,满足输出端的要求。根据要求,片(0)的输出端接 $Y_0 \sim Y_7$,片(1)的输出端接 $Y_8 \sim Y_{15}$。$A_3A_2A_1A_0$ 为 4 位输入地址线,其中低 3 位地址 $A_2A_1A_0$ 由片(1)和片(0)的地址直接并联,最高位地址 A_3 利用片(0)的 E_2、E_3 及片(1)的 E_1 并联实现。当输入信号为 0000～0111 时,片(0)的 $E_1=1$,$E_2=E_3=0$,根据 74HC138 的功能表 4.5.5,片(0)工作;片(1)的 $E_1=0$,$E_2=E_3=0$,片(1)禁止。当输入信号为 1000～1111 时,片(1)的 $E_1=1$,$E_2=E_3=0$,片(1)工作;片(0)的 $E_1=1$,$E_2=E_3=1$,片(0)禁止。其逻辑接线图如图 4.5.10 所示。

2. 二-十进制译码器

二-十进制译码器的逻辑图如图 4.5.11 所示,有 4 个输入端,10 个输出端。它的功能表如表 4.5.5 所示,其输出为低电平有效。对应于 0～9 的十进制数,由 8421BCD 码 0000～1001 表示。当输入超过 8421BCD 码的范围时(即 1010～1111),输出均为无效高电平信号。例如,对于 Y_8 输出从逻辑图和功能表都可以得出其输出端逻辑式为 $Y_8 = \overline{A_3 \cdot \overline{A_2} \cdot \overline{A_1} \cdot \overline{A_0}}$,当 $A_3 A_2 A_1 A_0 = 1000$,输出 $Y_8=0$,它对应于十进制数 8,其余输出依次类推。

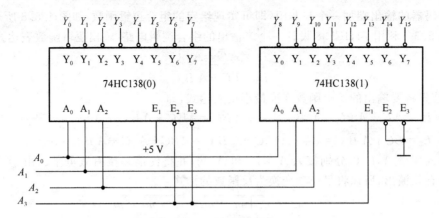

图 4.5.10 例 4.5.4 的逻辑图

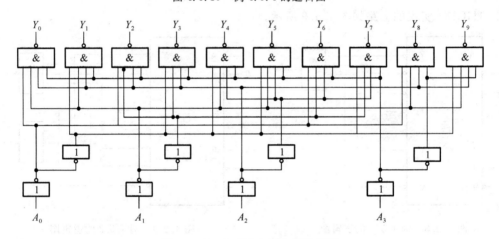

图 4.5.11 74HC42 的内部逻辑图

表 4.5.5 74HC42 二-十进制译码器功能表

数目	BCD 输入				输出									
	A_3	A_2	A_1	A_0	Y_0	Y_1	Y_2	Y_3	Y_4	Y_5	Y_6	Y_7	Y_8	Y_9
0	0	0	0	0	0	1	1	1	1	1	1	1	1	1
1	0	0	0	1	1	0	1	1	1	1	1	1	1	1
2	0	0	1	0	1	1	0	1	1	1	1	1	1	1
3	0	0	1	1	1	1	1	0	1	1	1	1	1	1
4	0	1	0	0	1	1	1	1	0	1	1	1	1	1
5	0	1	0	1	1	1	1	1	1	0	1	1	1	1
6	0	1	1	0	1	1	1	1	1	1	0	1	1	1
7	0	1	1	1	1	1	1	1	1	1	1	0	1	1
8	1	0	0	0	1	1	1	1	1	1	1	1	0	1
9	1	0	0	1	1	1	1	1	1	1	1	1	1	0
10	1	0	1	0	1	1	1	1	1	1	1	1	1	1
11	1	0	1	1	1	1	1	1	1	1	1	1	1	1
12	1	1	0	0	1	1	1	1	1	1	1	1	1	1
13	1	1	0	1	1	1	1	1	1	1	1	1	1	1
14	1	1	1	0	1	1	1	1	1	1	1	1	1	1
15	1	1	1	1	1	1	1	1	1	1	1	1	1	1

3. 显示译码器

（1）七段字符显示器

在数字测量仪表和各种数字系统中，都需要将数字量直观地显示出来。常见的数码显示器有数码管、液晶等。七段 LED 数字管是目前常用的显示方式，其内部包含 8 个 LED 发光管，其中，7 个发光管 a，b，c，d，e，f，g 构成"8"字形，右下角点状发光管表示小数点。七段 LED 数字管利用不同发光段的组合，显示 0～9 等阿拉伯数字。

七段显示器有两种，共阴极和共阳极电路。共阴极电路中，七个发光二极管的阴极连在一起接低电平，需要某一段发光，就将相应二极管的阳极接高电平。共阳极显示器的驱动则刚好相反。

图 4.5.12 为半导体数码管引脚图及内部等效电路。

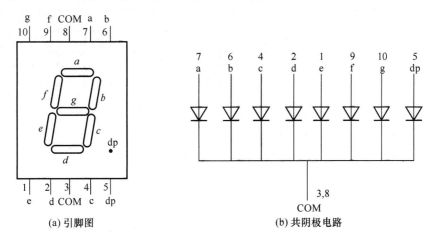

图 4.5.12　七段 LED 数码管

在数字系统中，数字量一般用 8421BCD 码表示，需要显示译码器将 8421BCD 码译出相应的驱动信号。下面介绍常用的 CMOS 七段显示译码器 CD4511，CD4511 具有锁存、译码、驱动等功能，可以直接驱动共阴极七段 LED 数码管。

以 $A_3A_2A_1A_0$ 表示显示译码器输入的 BCD 代码，以 $Y_a \sim Y_g$ 表示输出的 7 位二进制代码，并规定用 1 表示数码管中线段的点亮状态，用 0 表示线段的熄灭状态。则根据显示字形的要求便得到了表 4.5.6 所示的功能表。表中除列出了 BCD 代码的 10 个状态与 $Y_a \sim Y_g$ 状态的对应关系以外，当显示译码器输入非 8421BCD 码（1010～1111）时，数码管处于熄灭状态。

$\overline{\text{LT}}$、$\overline{\text{BI}}$、LE 3 个控制端分别表示试灯输入端、消隐输入端和锁存控制端。当 $\overline{\text{LT}} = 0$ 时，$Y_a \sim Y_g = 1$，各段数码管均点亮，用来检查数码管是否正常。$\overline{\text{LT}}$ 平时接高电平。当 $\overline{\text{BI}} = 0$ 时，$Y_a \sim Y_g = 0$，数码管熄灭。$\overline{\text{BI}}$ 平时接高电平。LE 为封锁信号，当 LE = 0 时，显示译码器的输出随着输入变化。当 LE = 1 时，处于封锁状态，输出状态锁定在上一个 LE = 0 时最后一刻时输入的 $A_3A_2A_1$ 状态，这时输入 $A_3A_2A_1A_0$ 的改变不影响输出 $Y_a \sim Y_g$。图 4.5.13 是 CD4511 的逻辑符号。

CD4511 与数码管的连接电路如图 4.5.14 所示，电阻用来限流。

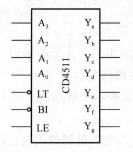

图 4.5.13 七段显示译码器 CD4511 的逻辑符号

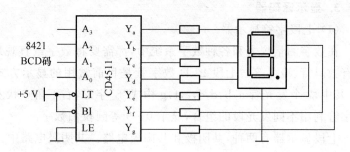

图 4.5.14 CD4511 与数码管的连接电路

表 4.5.6 七段显示译码器 CD4511 功能表

输入							输出							
LE	$\overline{BI}$	$\overline{LT}$	A_3	A_2	A_1	A_0	Y_a	Y_b	Y_c	Y_d	Y_e	Y_f	Y_g	字形
×	×	0	×	×	×	×	1	1	1	1	1	1	1	8
×	0	1	×	×	×	×	0	0	0	0	0	0	0	消隐
0	1	1	0	0	0	0	1	1	1	1	1	1	0	0
0	1	1	0	0	0	1	0	1	1	0	0	0	0	1
0	1	1	0	0	1	0	1	1	0	1	1	0	1	2
0	1	1	0	0	1	1	1	1	1	1	0	0	1	3
0	1	1	0	1	0	0	0	1	1	0	0	1	1	4
0	1	1	0	1	0	1	1	0	1	1	0	1	1	5
0	1	1	0	1	1	0	0	0	1	1	1	1	1	6
0	1	1	0	1	1	1	1	1	1	0	0	0	0	7
0	1	1	1	0	0	0	1	1	1	1	1	1	1	8
0	1	1	1	0	0	1	1	1	1	0	0	1	1	9
0	1	1	1	0	1	0	0	0	0	0	0	0	0	消隐
0	1	1	1	0	1	1	0	0	0	0	0	0	0	消隐
0	1	1	1	1	0	0	0	0	0	0	0	0	0	消隐
0	1	1	1	1	0	1	0	0	0	0	0	0	0	消隐
0	1	1	1	1	1	0	0	0	0	0	0	0	0	消隐
0	1	1	1	1	1	1	0	0	0	0	0	0	0	消隐
1	1	1	×	×	×	×	*	*	*	*	*	*	*	*

复习思考题

4.5.2.1 什么是译码?

4.5.2.2 说明 74HC138 的输入信号 E_1、E_2 和 E_3 的作用。

4.5.3　数据选择器

数据选择是指经过选择,把多路数据中的某一路数据传送到公共数据线上,实现数据选择功能的逻辑电路称为数据选择器(Multiplexer,MUX)。常用的数据选择器有 4 选 1、8 选 1 等类型。

1. 数据选择器的工作原理

4 选 1 数据选择器的示意图如图 4.5.15(a)所示。它的作用相当于多个输入的单刀多掷开关。

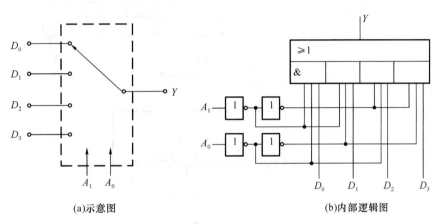

(a)示意图　　　　　　　　　　　　(b)内部逻辑图

图 4.5.15　4 选 1 数据选择器

4 选 1 数据选择器共有 4 路数据输入 D_0、D_1、D_2 和 D_3,1 路数据输出 Y。两位二进制码 A_1、A_0 作为地址。通过给定不同的地址代码(即 A_1A_0 的状态),即可从 4 个输入数据中选出所要的一个,并送至输出端 Y。其真值表如表 4.5.7 所示。

根据真值表,得到输出端 Y 的逻辑式为

$$Y = D_0 \overline{A_1}\,\overline{A_0} + D_1 \overline{A_1}A_0 + D_2 A_1 \overline{A_0} + D_3 A_1 A_0 \tag{4.5.8}$$

根据式(4.5.8),得到逻辑图,如图 4.5.15(b)所示。

2. 集成数据选择器 74HC153 和 74LS151

74HC153 是集成双 4 选 1 数据选择器,其逻辑功能如表 4.5.8 所示。其内部电路如图 4.5.16(a)和逻辑符号(b)所示。

表 4.5.7　4 选 1 数据选择器的真值表

输入		输出
A_1	A_0	Y_1
0	0	D_0
0	1	D_1
1	0	D_2
1	1	D_3

表 4.5.8　74HC153 的功能表(一个)

输入			输出
EN_1	A_1	A_0	Y_1
1	×	×	0
0	0	0	D_{10}
0	0	1	D_{11}
0	1	0	D_{12}
0	1	1	D_{13}

74HC153 包含两个完全相同的 4 选 1 数据选择器。两个数据选择器有公共的地址输入端，而数据输入端和输出端是各自独立的。通过给定不同的地址代码（即 $A_1 A_0$ 的状态），即可从 4 个输入数据中选出所要的一个，并送至输出端 Y。EN_1 和 EN_2 是输入使能端，低电平有效。

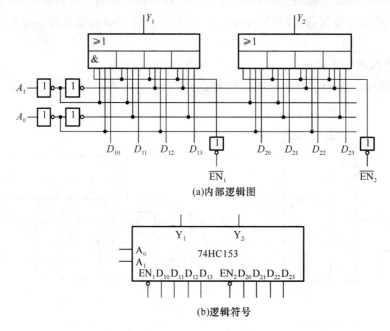

(a)内部逻辑图

(b)逻辑符号

图 4.5.16　双 4 选 1 数据选择器 74HC153 的逻辑图

对于一个数据选择器：数据输入端是 $D_{10} \sim D_{13}$，选通地址输入端是 A_1、A_0，输出端是 Y_1，输入使能端是 EN_1。当 $EN_1 = 1$ 时，数据选择器被禁止工作，输出为低电平。$EN_1 = 0$ 时，数据选择器工作。

$$Y_1 = [D_{10}\overline{A_1}\ \overline{A_0} + D_{11}\overline{A_1}A_0 + D_{12}A_1\ \overline{A_0} + D_{13}A_1A_0]\overline{EN_1} \qquad (4.5.9)$$

另一种集成数据选择器 74LS151 是具有两个互补输出端 8 选 1 数据选择器，它有 3 个地址输入端 A_2、A_1 和 A_0，有 8 个数据输入端 $D_0 \sim D_7$，2 个互补输出端 Y 和 $\overline{Y}$，一个低电平有效的输入使能端 $\overline{E}$。其逻辑图和逻辑符号如图 4.5.17(a)、(b)所示，功能表如表 4.5.9 所示。

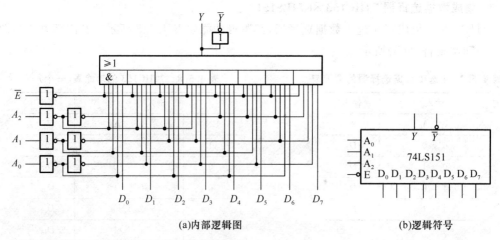

(a)内部逻辑图　　　　　　　　　　　　(b)逻辑符号

图 4.5.17　8 选 1 数据选择器 74LS151 的逻辑图

当 $\overline{E}=0$ 时,输出端 Y 的逻辑式为

$$Y = \overline{A_2}\,\overline{A_1}\,\overline{A_0}D_0 + \overline{A_2}\,\overline{A_1}A_0D_1 + \overline{A_2}A_1\,\overline{A_0}D_2 + \overline{A_2}A_1A_0D_3$$
$$+ A_2\,\overline{A_1}\,\overline{A_0}D_4 + A_2\,\overline{A_1}A_0D_5 + A_2A_1\,\overline{A_0}D_6 + A_2A_1A_0D_7 \qquad (4.5.10)$$
$$= \sum_{i=0}^{7} m_i D_i$$

当 $D_i=1$ 时,其对应的最小项 m_i 在逻辑式出现;当 $D_i=0$ 时,其对应的最小项 m_i 在逻辑式就不出现。利用这一点,可以实现组合逻辑函数。

表 4.5.9 74LS151 的功能表

输入		输出		输入		输出	
E	$A_2\ A_1\ A_0$	Y	$\overline{Y}$	E	$A_2\ A_1\ A_0$	Y	$\overline{Y}$
1	× × ×	0	1	0	1 0 0	D_4	$\overline{D_4}$
0	0 0 0	D_0	$\overline{D_0}$	0	1 0 1	D_5	$\overline{D_5}$
0	0 0 1	D_1	$\overline{D_1}$	0	1 1 0	D_6	$\overline{D_6}$
0	0 1 0	D_2	$\overline{D_2}$	0	1 1 1	D_7	$\overline{D_7}$
0	0 1 1	D_3	$\overline{D_3}$				

下面通过具体例子说明 74HC153 和 74LS151 的应用。

1. 芯片级联

例 4.5.5 试用双 4 选 1 数据选择器 74HC153 组成 8 选 1 数据选择器。

解:如果使用两个 4 选 1 数据选择器,可以有 8 个数据输入端,是够用的。为了能选择 8 个输入数据中的任何一个,必须用 3 位输入地址代码,而 4 选 1 数据选择器的输入地址代码只有两位。第三位地址输入端只能借用控制端 EN。

用一片 74HC153 双 4 选 1 数据选择器,将输入的低位地址代码 A_1 和 A_0 接到芯片的公共地址输入端 A_1 和 A_0,将高位输入地址代码 A_2 接至 EN_1,经过一反相器与 EN_2 连接,同时将两个数据选择器的输出端通过一个或门输出,就得到了图 4.5.18 所示的 8 选 1 数据选择器。

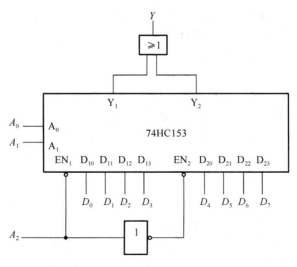

图 4.5.18 例 4.5.5 的逻辑图

当 $A_2=0$ 时左边一个数据选择器工作,通过给定 A_1 和 A_0 的状态,即可从 $D_0 \sim D_3$ 中选中

某一个数据,并经过或门送到输出端 Y。反之,若 $A_2=1$,则右边一个 4 选 1 数据选择器工作,通过给定 A_1 和 A_0 的状态,便能从 $D_4 \sim D_7$ 中选出一个数据,再经过或门送到输出端 Y。

如果用逻辑函数式表示图 4.5.18 所示电路输出与输入间的逻辑关系,则得到

$$Y = (\overline{A_2}\ \overline{A_1}\ \overline{A_0})D_0 + (\overline{A_2}\ \overline{A_1}A_0)D_1 + (\overline{A_2}A_1\ \overline{A_0})D_2 + (\overline{A_2}A_1A_0)D_3$$
$$+ (A_2\ \overline{A_1}\ \overline{A_0})D + (A_2\ \overline{A_1}A_0)D_5 + (A_2A_1\ \overline{A_0})D_6 + (A_2A_1A_0)D_7$$

2. 用做设计组合逻辑电路

对于 4 选 1 数据选择器,在 $EN_1=1$ 时,输出的逻辑表达式为

$$Y_1 = D_{10}\overline{A_1}\ \overline{A_0} + D_{11}\overline{A_1}A_0 + D_{12}A_1\ \overline{A_0} + D_{13}A_1A_0$$

若将 A_1、A_0 作为两个输入变量,同时令 $D_{10} \sim D_{13}$ 为第三个输入变量的适当状态(包括原变量、反变量、0 和 1),就可以在数据选择器的输出端产生任何形式的三变量组合逻辑函数。

同理,用具有 n 位地址输入的数据选择器,可以产生任何形式输入变量数不大于 $n+1$ 的组合逻辑函数。

例 4.5.6 分别用 4 选 1 的 74HC153 和 8 选 1 的 74LS151 数据选择器实现逻辑函数。

$$Y = A\overline{B} + A\overline{C} + \overline{A}\ \overline{B}\ \overline{C} + ABC$$

解:(1)用 4 选 1 数据选择器实现。

将所给的逻辑函数变换为最小项表达式,即

$$Y = A\overline{B}(C+\overline{C}) + A(B+\overline{B})\overline{C} + \overline{A}\ \overline{B}\ \overline{C} + ABC$$
$$= A\overline{B}C + A\overline{B}\ \overline{C} + AB\overline{C} + A\overline{B}\ \overline{C} + \overline{A}\ \overline{B}\ \overline{C} + ABC$$
$$= A\overline{B}\ \overline{C} + \overline{A}\ \overline{B}\ \overline{C} + A\overline{B}C + AB\overline{C} + ABC$$
$$= (A+\overline{A}) \cdot \overline{B}\ \overline{C} + A \cdot \overline{B}C + A \cdot B\overline{C} + A \cdot BC$$
$$= 1 \cdot \overline{B}\ \overline{C} + A \cdot \overline{B}C + A \cdot B\overline{C} + A \cdot BC$$

双 4 选 1 数据选择器 74HC153 的一个 4 选 1 数据选择器的输出端逻辑函数为
当 $EN_1=0$ 时,

$$Y_1 = D_{10}\overline{A_1}\overline{A_0} + D_{11}\overline{A_1}A_0 + D_{12}A_1\ \overline{A_0} + D_{13}A_1A_0$$

则和所给函数相比较得

$$Y = 1 \cdot \overline{B}\ \overline{C} + A \cdot \overline{B}C + A \cdot B\overline{C} + A \cdot BC$$

令 $A_1=B, A_0=C, D_{10}=1, D_{11}=D_{12}=D_{13}=A$

其电路连线如图 4.5.19(a)所示。

(2)由 8 选 1 数据选择器实现。

先将所给逻辑函数写成最小项之和形式,即

$$Y = A\overline{B} + A\overline{C} + \overline{A}\ \overline{B}\ \overline{C} + ABC$$
$$= A\overline{B}(C+\overline{C}) + A\overline{C}(B+\overline{B}) + \overline{A}\ \overline{B}\ \overline{C} + ABC$$
$$= A\overline{B}C + A\overline{B}\ \overline{C} + AB\overline{C} + A\overline{B}\ \overline{C} + \overline{A}\ \overline{B}\ \overline{C} + ABC$$
$$= 1 \cdot \overline{A}\ \overline{B}\ \overline{C} + 0 \cdot \overline{A}\ \overline{B}C + 0 \cdot \overline{A}B\overline{C} + 0 \cdot \overline{A}BC$$
$$+ 1 \cdot A\overline{B}\ \overline{C} + 1 \cdot A\overline{B}C + 1 \cdot AB\overline{C} + 1 \cdot ABC$$

8 选 1 数据选择器 74LS151 的输出端逻辑式为

$$Y = (\overline{A_2}\ \overline{A_1}\ \overline{A_0})D_0 + (\overline{A_2}\ \overline{A_1}A_0)D_1 + (\overline{A_2}A_1\ \overline{A_0})D_2 + (\overline{A_2}A_1A_0)D_3 +$$
$$(A_2\ \overline{A_1}\ \overline{A_0})D + (A_2\ \overline{A_1}A_0)D_5 + (A_2A_1\ \overline{A_0})D_6 + (A_2A_1A_0)D_7$$

比较上面两式,令:$A_2=A, A_1=B, A_0=C, D_1=D_2=D_3=0, D_0=D_4=D_5=D_6=D_7=1$

故其外部接线图如图 4.5.19(b)所示。

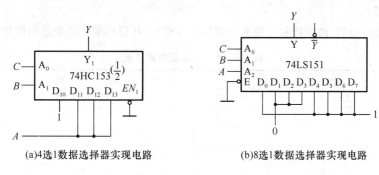

(a)4选1数据选择器实现电路　　　　　(b)8选1数据选择器实现电路

图 4.5.19　例 4.5.6 的逻辑图

复习思考题

4.5.3.1　试用十六进制数的方式写出 16 选 1 的数据选择器的各地址码。

4.5.3.2　用 32 选 1 数据选择器选择数据,若选择的输入数据为 D_{20}、D_{17}、D_{18}、D_{27}、D_{31},试依次写出对应的地址码。

4.5.3.3　数据选择器输入数据的位数和输入地址的位数之间应满足怎样的定量关系?

4.5.3.4　如果用同样的一个 4 选 1 数据选择器产生同样的一个三变量逻辑函数,电路接法是不是唯一的?

4.5.4　加法器

两个二进制数之间的算术运算无论是加、减、乘、除,目前在数字计算机中都是转换成若干步加法运算进行的。因此,加法器是构成算术运算器的基本单元。实现一位加法运算的有半加器和全加器,实现多位加法运算的有串行进位和超前进位加法器。

1. 1 位加法器

(1) 半加器

只考虑了两个加数本身,而没有考虑低位进位的加法运算,称为半加。实现半加运算的逻辑电路称为半加器。两个 1 位二进制的半加运算可用表 4.5.10 所示的真值表表示,其中 A、B 是两个加数,S 表示和数,C 表示进位数。由真值表可得逻辑表达式

$$S = \overline{A}B + A\overline{B} = A \oplus B$$
$$(4.5.11)$$
$$C = AB$$

由上述表达式可以得出由异或门和与门组成的半加器,如图 4.5.20(a)所示,图 4.5.20(b)所示是半加器的逻辑符号。

表 4.5.10　半加器的真值表

输入		输出	
A	B	S	C
0	0	0	0
0	1	1	0
1	0	1	0
1	1	0	1

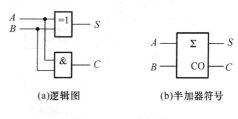

(a)逻辑图　　　　(b)半加器符号

图 4.5.20　半加器

（2）全加器

全加器能进行加数、被加数和低位来的进位信号相加，并根据求和结果给出该位的进位信号。

表 4.5.11　全加器的真值表

输　入			输　出		输　入			输　出	
A	B	C_i	S	C_o	A	B	C_i	S	C_o
0	0	0	0	0	1	0	0	1	0
0	0	1	1	0	1	0	1	0	1
0	1	0	1	0	1	1	0	0	1
0	1	1	0	1	1	1	1	1	1

根据全加器的功能，可列出它的真值表，如表 4.5.11 所示。其中 A 和 B 分别是被加数及加数，C_i 为低位进位，S 为本位和数，C_o 为向高位的进位。为了求出 S 和 C_o 的逻辑表达式，首先分别画出 S 和 C_o 的卡诺图，如图 4.5.21(a)、(b)所示。为了比较方便地获得与-或-非的表达式，采用包围 0 的方法进行化简，得出下列逻辑表达式

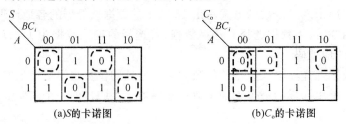

(a)S的卡诺图　　　　　(b)C_o的卡诺图

图 4.5.21　全加器的 S 和 C_o 卡诺图

$$S=\overline{\overline{A}\ \overline{B}\ \overline{C_i}+\overline{A}B\cdot C_i+A\overline{B}C_i+AB\ \overline{C_i}} \qquad (4.5.12)$$

$$C_o=\overline{\overline{A}\ \overline{B}+\overline{B}\ \overline{C_i}+\overline{A}\ \overline{C_i}} \qquad (4.5.13)$$

由式(4.5.12)和(4.5.13)可以画出 1 位全加器的逻辑图，如图 4.5.22(a)和图 4.5.22(b)所示是它的逻辑符号。

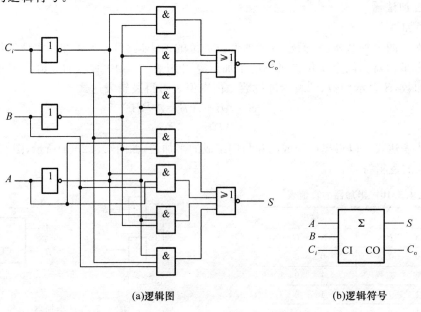

(a)逻辑图　　　　　　　　(b)逻辑符号

图 4.5.22　全加器

2. 多位加法器

（1）串行进位加法器

实现多位数相加器最简单的办法就是构建一个串行进位的加法器（ripple-carry adder）。图 4.5.23 所示为一个 4 位串行进位加法器的电路。将低位的进位输出信号接到高位的进位输入端，因此，任意 1 位的加法运算必须在低 1 位的运算完成之后才能进行，这种进位方式称为串行进位。串行进位加法器的逻辑电路比较简单，但它的运算速度不高。对于许多应用场合，这种加法器的运算速度不能满足要求。

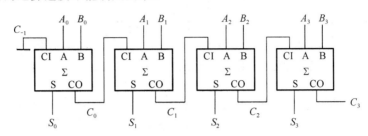

图 4.5.23　4 位串行进位全加器

（2）超前进位加法器

如果多位加法器中的每个全加器在加法运算开始时就获得进位输入信号，而无需从最低位开始向高位传递进位信号，根据这种思路，人们又设计了一种多位数超前进位加法逻辑电路，使每位的进位只由加数和被加数决定，而与低位的进位无关。下面介绍超前进位的概念。

根据表 4.5.11，并考虑多位数值相加，一位全加器的和数 S_i 和进位 C_i 的逻辑表达式

$$
\begin{aligned}
S_i &= \overline{A_i}\,\overline{B_i}C_{i-1} + \overline{A_i}B_i \cdot \overline{C_{i-1}} + A_i\overline{B_i} \cdot \overline{C_{i-1}} + A_iB_i \cdot C_{i-1} \\
&= \overline{(A_i \oplus B_i)}C_{i-1} + A_i \oplus B_i \cdot \overline{C_{i-1}} \\
&= A_i \oplus B_i \oplus C_{i-1}
\end{aligned}
\tag{4.5.14}
$$

$$
\begin{aligned}
C_i &= \overline{A_i}B_iC_{i-1} + A_i\overline{B_i}C_{i-1} + A_iB_i\overline{C_{i-1}} + A_iB_iC_{i-1} \\
&= A_iB_i + (A_i \oplus B_i)C_{i-1}
\end{aligned}
\tag{4.5.15}
$$

定义两个中间变量 G_i 和 P_i

$$G_i = A_iB_i \tag{4.5.16}$$

$$P_i = A_i \oplus B_i \tag{4.5.17}$$

当 $A_i = B_i = 1$ 时，$G_i = 1$，由式（4.5.15）得 $C_i = 1$，由式（4.5.15）即产生进位，所以 G_i 称为产生变量。若 $P_i = 1$，则 $A_iB_i = 0$，由式（4.5.15）得 $C_i = C_{i-1}$，即 $P_i = 1$ 时，低位的进位能传送到高位的进位输出端，故 P_i 称为传输变量。这两个变量都与进位信号无关。

将式（4.5.16）和式（4.5.17）代入式（4.5.15），得

$$C_i = G_i + P_iC_{i-1} \tag{4.5.18}$$

反复使用式（4.5.18），可以得到 4 位超前进位加法器的每个进位 C_i 的逻辑表达式

$$
\begin{aligned}
C_0 &= G_0 + P_0C_{-1} \\
C_1 &= G_1 + P_1C_0 = G_1 + P_1G_0 + P_1P_0C_{-1} \\
C_2 &= G_2 + P_2C_1 = G_2 + P_2G_1 + P_2P_1G_0 + P_2P_1P_0C_{-1} \\
C_3 &= G_3 + P_3C_2 = G_3 + P_3G_2 + P_3P_2G_1 + P_3P_2P_1G_0 + P_3P_2P_1P_0C_{-1}
\end{aligned}
\tag{4.5.19}
$$

由式（4.5.19）可知，因为进位信号只与变量 G_i、P_i 和 C_{-1} 有关，而 C_{-1} 是向最低位的进位信号，其值为 0，所以各位的进位信号都只与两个加数有关，它们是可以并行产生的。用与门

和或门即可实现式(4.5.19)所表示的超前进位产生电路,电路图从略。根据超前进位概念构成的集成 4 位加法器 74LS283 的结构示意图,如图 4.5.24(a)所示。74LS283 的逻辑符号如 4.5.24(b)所示。

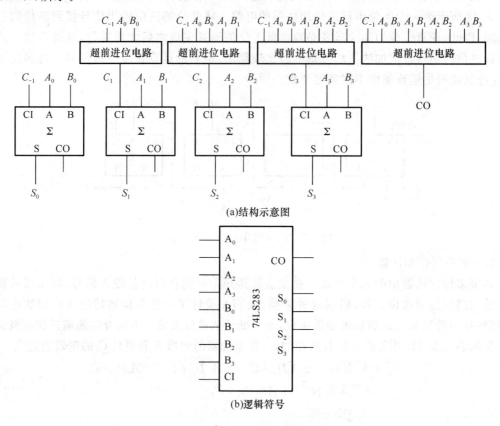

(a)结构示意图

(b)逻辑符号

图 4.5.24　74LS283 结构示意图及逻辑符号

3. 用加法器设计组合逻辑电路

如果能将要产生的逻辑函数能化成输入变量与输入变量相加,或者输入变量与常量相加,则用加法器实现这样逻辑功能的电路常常是比较简单的。

例 4.5.7　试用 4 位加法器 74LS283 实现将 BCD 的 8421 码转换为余 3 码。

解:8421 码与余 3 码之间的转换关系:$(ABCD)_{余3码}=(ABCD)_{8421码}+0011$,因此,输入变量 A、B、C、D 分别接芯片的 A_3、A_2、A_1、A_0 端,$B_3 B_2 B_1 B_0=0011$,$CI=0$,故,实现的电路如图 4.5.25 所示。

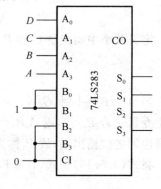

图 4.5.25　例 4.5.7 的逻辑图

复习思考题

4.5.4.1　74LS283 中的 P_i 和 G_i 的作用是什么?

4.5.4.2　串行进位加法器和超前进位加法器有何区别?它们各有何优缺点?

4.5.5　数值比较器

在数字系统中,常需要对两个无符号数的大小进行比较。数值比较器就是对两个二进制数 A、B 进行比较的逻辑电路,比较的结果不外乎三种情况,即"等于"、"大于"和"小于"。

1. 1 位数值比较器

1 位数值比较器是多位比较器的基础。比较器的真值表如表 4.5.12 所示。

由真值表得到如下逻辑表达式

$$Y_{(A>B)} = A\overline{B}$$

$$Y_{(A<B)} = \overline{A}B$$

$$Y_{(A=B)} = \overline{A}\,\overline{B} + AB = \overline{A \oplus B} \quad (4.5.20)$$

根据式(4.5.20)画出的电路如图 4.5.26 所示。

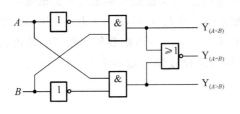

图 4.5.26　1 位数值比较器的逻辑图

表 4.5.12　1 位数值比较器的真值表

输	入	输		出
A	B	$Y_{A>B}$	$Y_{A<B}$	$Y_{A=B}$
0	0	0	0	1
0	1	0	1	0
1	0	1	0	0
1	1	0	0	1

2. 多位数值比较器

在比较两个多位数的大小时,必须自高而低地逐位比较,而且只有在高位相等时,才需要比较低位。

例如,A、B 是两个 4 位二进制数 $A_3A_2A_1A_0$ 和 $B_3B_2B_1B_0$ 进行比较时应首先比较 A_3 和 B_3。如果 $A_3 > B_3$,那么不管其他几位数码各为何值,肯定是 $A > B$。反之,若 $A_3 < B_3$,则不管其他几位数码为何值,肯定是 $A < B$。如果 $A_3 = B_3$,这就必须通过比较下一位 A_2 和 B_2 来判断 A 和 B 的大小了。依此类推,定能比出结果。

下面介绍集成数值比较器 74LS85 是 4 位数值比较器,其功能如表 4.5.13 所示,输入端包括 $A_3 \sim A_0$ 与 $B_3 \sim B_0$,输出端为 $Y_{A>B}$、$Y_{A<B}$、$Y_{A=B}$,以及扩展输入端为 $I_{A>B}$、$I_{A<B}$ 和 $I_{A=B}$。扩展输入端与其他数值比较器的输出连接,以便组成位数更多的数值比较器。

表 4.5.13　4 位数值比较器 74LS85 的功能表

输入							输出		
$A_3\;B_3$	$A_2\;B_2$	$A_1\;B_1$	$A_0\;B_0$	$I_{A>B}$	$I_{A<B}$	$I_{A=B}$	$Y_{A>B}$	$Y_{A<B}$	$Y_{A=B}$
$A_3 > B_3$	$\times$	$\times$	$\times$	$\times$	$\times$	$\times$	1	0	0
$A_3 < B_3$	$\times$	$\times$	$\times$	$\times$	$\times$	$\times$	0	1	0
$A_3 = B_3$	$A_2 > B_2$	$\times$	$\times$	$\times$	$\times$	$\times$	1	0	0
$A_3 = B_3$	$A_2 < B_2$	$\times$	$\times$	$\times$	$\times$	$\times$	0	1	0
$A_3 = B_3$	$A_2 = B_2$	$A_1 > B_1$	$\times$	$\times$	$\times$	$\times$	1	0	0
$A_3 = B_3$	$A_2 = B_2$	$A_1 < B_1$	$\times$	$\times$	$\times$	$\times$	0	1	0
$A_3 = B_3$	$A_2 = B_2$	$A_1 = B_1$	$A_0 > B_0$	$\times$	$\times$	$\times$	1	0	0

续 表

输入							输出		
$A_3=B_3$	$A_2=B_2$	$A_1=B_1$	$A_0<B_0$	×	×	×	0	1	0
$A_3=B_3$	$A_2=B_2$	$A_1=B_1$	$A_0=B_0$	1	0	0	1	0	0
$A_3=B_3$	$A_2=B_2$	$A_1=B_1$	$A_0=B_0$	0	1	0	0	1	0
$A_3=B_3$	$A_2=B_2$	$A_1=B_1$	$A_0=B_0$	×	×	1	0	0	1
$A_3=B_3$	$A_2=B_2$	$A_1=B_1$	$A_0=B_0$	1	1	0	0	0	0
$A_3=B_3$	$A_2=B_2$	$A_1=B_1$	$A_0=B_0$	0	0	0	1	1	0

74LS85 的逻辑功能如下。

若 $A>B$,则不管扩展输入端"$I_{A>B}$、$I_{A<B}$ 和 $I_{A=B}$"是 1 还是 0,数值比较器的输出为 $F_{A>B}=1$、$F_{A<B}=F_{A=B}=0$;若 $A<B$,则不管扩展输入端"$I_{A>B}$、$I_{A<B}$ 和 $I_{A=B}$"是 1 还是 0,数值比较器的输出为 $F_{A<B}=1$、$F_{A>B}=F_{A=B}=0$;若 $A=B$,则输出取决于扩展输入端。若 $I_{A>B}=1$,$I_{A<B}=I_{A=B}=0$,则数值比较器的输出为 $Y_{A>B}=1$、$Y_{A<B}=Y_{A=B}=0$;若 $I_{A<B}=1$, $I_{A>B}=I_{A=B}=0$,则数值比较器的输出为 $Y_{A<B}=1$、$Y_{A>B}=Y_{A=B}=0$;若 $I_{A=B}=1$,$I_{A<B}=I_{A>B}=0$,则数值比较器的输出为 $Y_{A=B}=1$,$Y_{A<B}=Y_{A>B}=0$。

下面通过具体例子说明 74LS85 的应用。

例 4.5.8 试用两片 74LS85 组成一个 8 位数值比较器。

解:8 位二进制数的比较可采用两片 74LS85,实现的逻辑电路如图 4.5.27 所示。

将两个数的高 4 位 $C_7C_6C_5C_4$ 和 $D_7D_6D_5D_4$ 接到第(1)片 74LS85 上,而将低 4 位 $C_3C_2C_1C_0$ 和 $D_3D_2D_1D_0$ 接到第(0)片 74HC85 上,同时把第(0)片的输出端 $Y_{A>B}$、$Y_{A<B}$ 和 $Y_{A=B}$ 接到第(1)片的扩展输入端 $I_{A>B}$、$I_{A<B}$ 和 $I_{A=B}$。因为第(0)片 74LS85 没有来自低位的比较信号输入,所以将它的扩展输入端按 $I_{A>B}=I_{A<B}=0$, $I_{A=B}=1$ 处理。

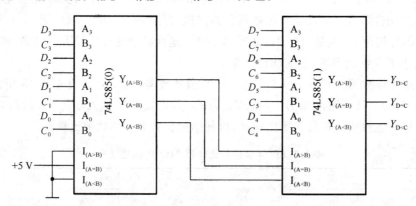

图 4.5.27 例 4.5.8 的电路

例 4.5.9 设计 3 个四位数的比较器,可以对 A、B、C 进行比较,能判断:(1)3 个数是否相等。(2)若不相等,B 数是最大还是最小。

解:先将 A 与 B 比较,然后 C 与 B 比较,若 $A=B$ 且 $C=B$,则 A=B=C,$Y_2=1$;若 $A>B$,且 $C>B$,则 B 最小,$Y_1=1$;若 $A<B$ 且 $C<B$,则 B 最大,$Y_3=1$。

需要用两片 74LS85 实现,实现的比较电路图 4.5.28 所示。先将 A、C 两个数 $A_3A_2A_1A_0$ 和 $C_3C_2C_1C_0$ 分别接分别到 74LS85 (0)、(1)片输入端的 $A_3A_2A_1A_0$ 上,然后将 B 的 $B_3B_2B_1B_0$

接到 74HC85 (0)、(1)片输入端的 $B_3 B_2 B_1 B_0$ 上片上。因为两片 74LS85 没有来自低位的比较信号输入,所以将它们的扩展输入端按 $I_{A>B} = I_{A<B} = 0, I_{A=B} = 1$ 处理。

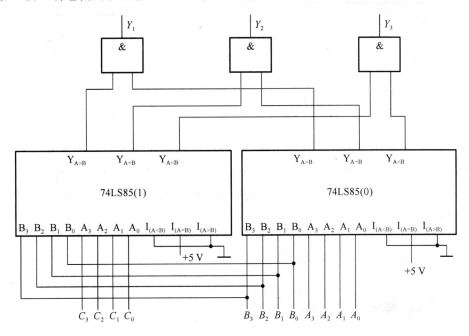

图 4.5.28　例 4.5.9 的电路

复习思考题

4.5.5.1　如果用 4 位数值比较器比较两个 3 位的二进制数,可以有多少种接法?

4.5.5.2　比较器 74LS85 的三个输入端 $I_{A>B}$、$I_{A<B}$、$I_{A=B}$ 有何作用?

4.5.5.3　用两片 74LS85 串联,连接成 8 位数值比较器时,低位片中的 $I_{A>B}$、$I_{A<B}$、$I_{A=B}$ 端应作何处理?

4.6　用 Multisim 11.0 分析组合逻辑电路

下面我们就通过一个例题说明如何具体使用 Multisim 11.0 分析组合逻辑电路。

例 4.6.1　用 M ultisim 11.0 分析图 4.6.1 所示的逻辑电路。

解:分析图 4.6.1,可得到由 74LS151 实现的逻辑函数表达式

$$Y = (\overline{A}\,\overline{B}\,\overline{C})\overline{D} + (\overline{A}\,\overline{B}C)\,\overline{D} + (\overline{A}BC) \cdot 1$$
$$+ (A\overline{B}\,\overline{C})\overline{D} + (A\overline{B}C)\,\overline{D} + (AB\overline{C})D + (ABC) \cdot 1$$
$$= \sum m(0,2,6,7,8,10,13,14,15)$$

用卡诺图化简,如图 4.6.2 所示,得到

$$Y = \overline{B}\,\overline{D} + ABD + BC$$

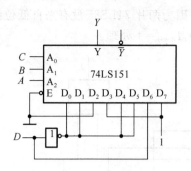

图 4.6.1　例 4.6.1 的组合逻辑电路

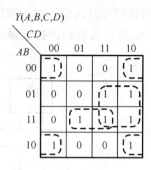

图 4.6.2　例 4.6.1 的卡诺图化简

根据图 4.6.1 所示的逻辑电路图,在 Multisim11.0 中选用 CMOS 器件库中 74LS151,74LS04,搭建图 4.6.1 中的仿真电路,并接入逻辑转换器 XLC1,如图 4.6.3 所示。(请注意,Multisim11.0 器件库里 74LS151 逻辑框图内部变量名称的标注与图 4.6.1 中 74LS151 逻辑框图内部标注的不完全相同。图 4.6.3 中的~G 与图 4.6.1 中的 E 相对应,图 4.6.3 中的 A、B、C 与图 4.6.1 中的 A_0、A_1、A_2 对应关系。)

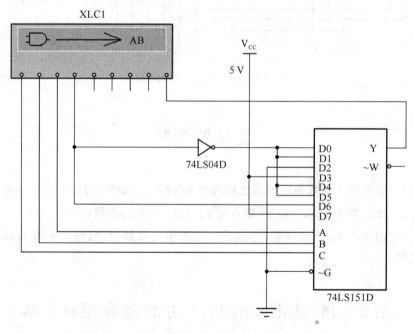

图 4.6.3　用 Multisim 11.0 构建图 4.6.1 的电路

双击画面左上方的逻辑转换器图标,便弹出画面上右边的操作窗口,如图 4.6.4 所示。单击操作窗口右侧上方第一个按钮,逻辑真值表就立刻出现在左侧的表格中;再单击右侧上方的第三个按钮,在操作窗口底部一栏里就得到了化简后的逻辑表达式为

$$\overline{B}\,\overline{D} + ABD + BC$$

上式给出的是逻辑转换器输入变量 A、B、C、D 与输出变量 Out 的函数关系。由于 A、B、C、D 对应于图 4.6.1 中的 A、B、C、D,Out 对应于图 4.6.1 中的 Y,因此得到图 4.6.1 所示电路的逻辑表达式为

$$Y = \overline{B}\,\overline{D} + ABD + BC$$

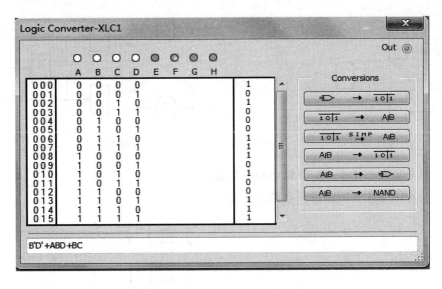

图 4.6.4 用 Multisim 11.0 分析结果

由此可知,用 Multisim 11.0 得到的仿真结果与理论分析结果是一致的。

本 章 小 结

组合逻辑电路的输出状态只决定于同一时刻的输入状态,而与电路过去的状态无关。它在电路结构上的特点是只包含门电路,而没有存储单元。

竞争冒险是组合逻辑电路工作状态转换过程中经常会出现的一种现象。本章介绍了竞争冒险的概念、成因及消除竞争冒险的方法。

组合逻辑电路的分析是给出逻辑图,分析该电路的逻辑功能。基本步骤是写出各输出端逻辑表达式、化简和变换逻辑表达式、列真值表、确定逻辑功能。

组合逻辑电路的设计是根据提出的逻辑功能的要求,设计出逻辑电路图。常用的组合逻辑电路设计方法有 2 种:第一种方法是用小规模集成门电路设计,其设计过程包括明确逻辑功能、列真值表、写出逻辑表达式、化简与变换、画逻辑图。第二种方法是用中等规模集成电路设计,如利用二进制译码器和数据选择器实现组合逻辑函数。这种设计方法与前者有明显不同,它一般不用化简,突出最小项概念,电路设计也比较简洁。

典型的中等规模组合电路包括编码器、译码器、数据选择器、加法器和数值比较器等。这些集成组合逻辑器件除了其基本功能外,通常还具有输入使能、输出使能、输入扩展和输出扩展功能,使其功能更加灵活,便于构成较复杂的逻辑电路。

习 题

4.1 试分析图题 4.1 所示逻辑电路的功能。

4.2 逻辑电路如图题 4.2 所示,试分析其逻辑功能。

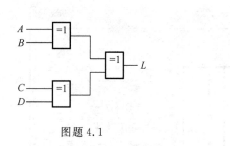

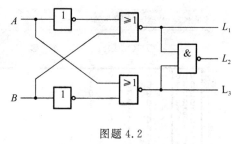

图题 4.1   图题 4.2

4.3 试分析图题 4.3 所示逻辑电路的功能。

4.4 分析图题 4.4 所示逻辑电路的功能。

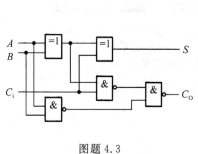

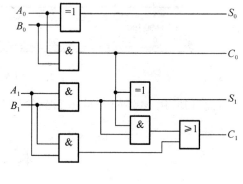

图题 4.3   图题 4.4

4.5 试用 2 输入与非门设计一个 3 输入的组合逻辑电路。当输入的二进制码小于 3 时，输出为 0；输入大于等于 3 时，输出为 0。

4.6 试设计一个 4 位的奇偶校验器，即当 4 位数中有奇数个 1 时输出为 0，否则输出为 1。可以采用各种逻辑功能的门电路来实现。

4.7 试设计一个 4 输入、4 输出逻辑电路。当控制信号 $C=0$ 时，输出状态与输入状态相反；$C=1$ 时，输出状态与输入状态相同。可以采用各种逻辑功能的门电路来实现。

4.8 试设计一可逆的 4 位码转换电路。当控制信号 $C=1$ 时，它将 8421 码转换为格雷码；$C=0$ 时，它将格雷码转换为 8421 码。可以采用任何门电路来实现。

4.9 试设计一组合逻辑电路，能够对输入的 4 位二进制数进行求反加 1 的运算。可以采用任何门电路来实现。

4.10 试设计一个电路，能实现表题 4.10 所示的逻辑功能，选用合适的 SSI 门电路时，尽可能做到种类少，数目少。

4.11 某足球评委会由一位教练和三位球迷组成，对裁判员的判一罚进行表决。当满足以下条件时表示同意：有三人或三人以上同意，或者有两人同意，但其中一人是教练。试用 2 输入与非门设计该表决电路。

4.12 设计一个满足图所示波形关系的组合逻辑电路，图题 4.12 中 A、B、C、D 为输入，Z_1、Z_2 为输出。试写出电路的与非-与非表达式，不要求画逻辑图。

表题 4.10

A	B	C	L_1	L_2	A	B	C	L_1	L_2
0	0	0	0	1	1	0	0	1	0
0	0	1	1	0	1	0	1	1	0
0	1	0	1	0	1	1	0	1	0
0	1	1	0	1	1	1	1	0	0

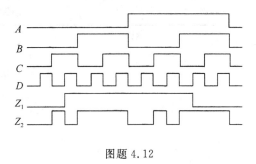

图题 4.12

4.13　试用与非门设计一个用 8421 代码表示的十进制数的四舍五入逻辑电路。

4.14　判断下列逻辑函数是否有可能产生竞争冒险,如果可能应如何消除。

(1) $L_1(A,B,C,D) = \sum(5,7,13,15)$

(2) $L_2(A,B,C,D) = \sum(0,2,4,6,8,10,12,14)$

4.15　判断图题 4.15 所示电路是否会产生竞争冒险。

4.16　判断图题 4.16 所示电路在什么条件下产生竞争冒险,怎样修改电路能消除竞争冒险?

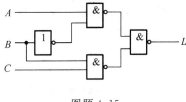

图题 4.15

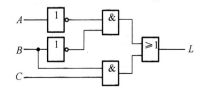

图题 4.16

4.17　试用卡诺图法判断逻辑函数式

$$L(A,B,C,D) = \sum m(0,1,4,5,12,13,14,15)$$

是否存在逻辑险象,若有,则采用增加冗余项的方法消除,并用与非门构成相应的电路。

4.18　8 线-3 线优先编码器 74HC148 的输入端 $I_1 = I_3 = I_5 = 1$,其余输入端均为 0,试确定其输 $Y_2 Y_1 Y_0$。

4.19　试用与非门设计一 4 输入的优先编码器,要求输入、输出及工作状态标志均为高电平有效。列出真值表,画出逻辑图。

4.20　试用一片 3 线-8 线译码器 74HC138 和最少的门电路设计一个奇偶校验器,要求当输入变量 ABCD 中有偶数个 1 时输出为 1,否则为 0。(ABCD 为 0000 时视作偶数个 1)。

4.21　用译码器 74HC138 和适当的逻辑 $F = \overline{A}\,\overline{B}\,\overline{C} + A\,\overline{B}\,\overline{C} + AB\overline{C} + ABC$。

4.22　写出图题 4.22 所示电路的逻辑函数,并化简为最简与-或表达式。

4.23　译码器的真值表如表题 4.23 所示,试用 74HC138 实现该译码器。

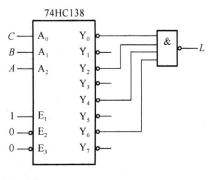

图题 4.22

表题 4.23

选择输入				译码输出									
D	C	B	A	0	1	2	3	4	5	6	7	8	9
0	0	0	0	0	1	1	1	1	1	1	1	1	1
0	0	0	1	1	0	1	1	1	1	1	1	1	1
0	0	1	0	1	1	0	1	1	1	1	1	1	1
0	0	1	1	1	1	1	0	1	1	1	1	1	1
0	1	0	0	1	1	1	1	0	1	1	1	1	1
1	0	0	0	1	1	1	1	1	0	1	1	1	1
1	0	0	1	1	1	1	1	1	1	0	1	1	1
1	0	1	0	1	1	1	1	1	1	1	0	1	1
1	0	1	1	1	1	1	1	1	1	1	1	0	1
1	1	0	0	1	1	1	1	1	1	1	1	1	0

4.24 试用与非门设计一译码器，译出对应 $ABCD=0101$、1010、1110 状态的 3 个信号。

4.25 $B_3B_2B_1B_0$ 构成一位十进制数，为 8421BCD 码。试用四选一数据选择器设计判断 $1<B_3B_2B_1B_0<6$ 的电路。

4.26 图题 4.26 是逻辑函数发生器框图，其中 A、B 为数据输入端，S_2、S_1 为功能选择端，根据 S_2、S_1 的不同组合，电路完成不同的逻辑运算。若选择器的功能如表题 4.26 所示，试用与非门实现此逻辑电路。

表题 2.26

S_2 S_1	L
0 0	$A \cdot B$
0 1	$A+B$
1 0	$A \otimes B$
1 1	$A \oplus B$

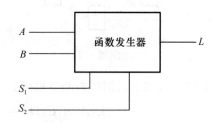

图题 4.26

4.27 数据选择器如图题 4.27 所示，当 $I_3=0$，$I_2=I_1=I_0=1$ 时，有 $L=\overline{S_1}+S_1\overline{S_0}$ 关系，证明该逻辑表达式的正确性。

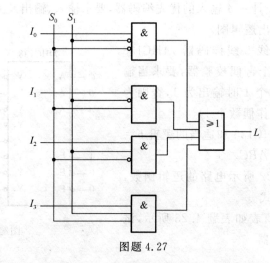

图题 4.27

4.28　由 4 选 1 数据选择器构成的组合逻辑电路如图题 4.28(a)所示,请画出在图题 4.28(b)所示输入信号作用下,L 的输出波形。

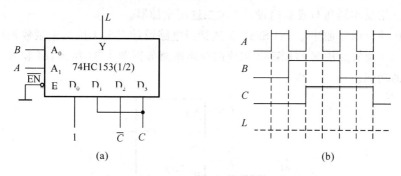

图题 4.28

4.29　74LS151 的连接方式和各输入端的输入波形如图题 4.29(a)、(b)所示,画出输出端 Y 的波形。

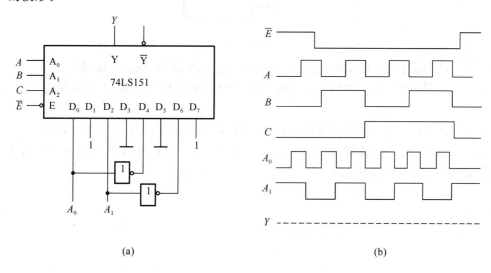

图题 4.29

4.30　已知用 8 选 1 数据选择器 74LS151 构成的逻辑电路如图题 4.30 所示,请写出输出 F 的逻辑函数表达式,并将它化成最简与-或表达式。

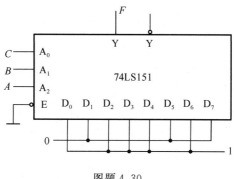

图题 4.30

4.31　应用 74LS151 实现如下逻辑函数:

(1) $L = AB + AC$

(2) $Y = E + (A + B + \overline{C})(\overline{A} + C + BF)(\overline{B} + \overline{C} + \overline{A}\,\overline{D})(A + C + \overline{BF})$

4.32 试用反相器和与或非门设计1位二进制全加器。

4.33 用两个四位加法器74LS283和适量门电路设计三个4位二进制数相加电路。

4.34 由4位数加法器74LS283构成的逻辑电路如图题4.34所示，M 和 N 为控制端，试分析该电路的功能。

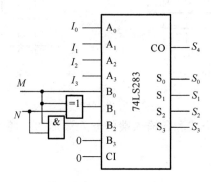

图题4.34

4.35 试用若干片74LS283构成一个12位二进制加法器，画出连接图。

4.36 试用三个3入端与门和一个或门实现"$A > B$"的比较电路，A 和 B 均为2位二进制数。

4.37 试设计一个8位相同数值比较器，当两数相等时，输出 $L = 1$，否则 $L = 0$。

4.38 试用数值比较器74LS85设计一个8421BCD码有效性测试电路，当输入为8421BCD码时，输出为1，否则为0。

第5章　锁存器和触发器

5.1　概　　述

在数字逻辑电路中,不但需要对二值数字信号进行逻辑运算和算术运算,还需要将这些信号和运算结果保存起来。为此,需要使用具有记忆功能的逻辑单元电路。本章将介绍的锁存器(Latch)和触发器(Flip-Flop),就是能够存储1位二值信号的基本逻辑单元电路。锁存器和触发器具备以下两个共同特点。

第一,具有两个稳定状态,用来表示逻辑0和逻辑1。

第二,在触发信号的作用下,根据不同的输入信号可以置成1或0状态。

锁存器是一种对脉冲电平敏感的存储单元电路,它们可以在特定输入脉冲电平作用下改变状态。而由不同锁存器构成的触发器则是一种对脉冲边沿敏感的存储电路,它们只有在作为触发信号的时钟脉冲上升沿或下降沿的变化瞬间才能改变状态。因此,本节将对锁存器和触发器加以区分。

触发器具有不同的逻辑功能,在电路结构和触发方式方面也有不同的种类。研究触发方式时,主要分析其输入信号的加入与触发脉冲之间的时间关系。在分析触发器的功能时,异步可用功能表、特性方程和状态图来描述逻辑功能。

5.2　SR 锁存器

1. 双稳态存储电路

如图 5.2.1 所示是一双稳态存储电路,由两个反相器 G_1、G_2 交叉连接的。若 $Q=1$,则 $\overline{Q}=0$,$\overline{Q}$ 反馈到 G_1 的输入端,使 G_1 和 G_2 输出保持不变,电路处于稳定状态。若 $Q=0$,则 $\overline{Q}=1$,$\overline{Q}$ 反馈到 G_1 的输入端,使 G_1 和 G_2 输出保持不变,电路处于另一种稳定状态。可见,该电路有两个稳定状态,通常称为双稳定电路(Bistate Elements)。因为没有控制信号输入,所以无法确定电路在上电时究竟处于哪一种状态,也无法在运行中控制或改变它的状态。为了弥补其不足,基本 SR 锁存器在双稳定态电路上增加两根控制信号输入端,从而实现通过外部信号来改变电路的状态。基本 SR 锁存器具有两种电路结构形式,一种是由或非门构成的基本 SR 锁存器,另一种是由与非门构成的基本 SR 锁存器。

2. 电路结构与工作原理

把两个或非门 G_1、G_2 的输入、输出端交叉连接,即可构成基本 SR 锁存器,其逻辑电路及逻辑符号如图 5.2.2 所示。它由两个输入端,其中 S 端称为置位 1 端,R 端称为复位端或清零端。按照逻辑图,可以列出输出端 Q 和 $\overline{Q}$ 的逻辑表达式

$$Q=\overline{R+\overline{Q}} \tag{5.2.1}$$

$$\overline{Q}=\overline{S+Q} \tag{5.2.2}$$

根据以上两式,可得或非门构成基本 SR 锁存器的功能表,如表 5.2.1 所示。

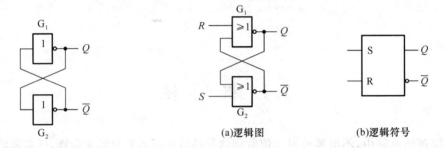

图 5.2.1 双稳态存储电路   图 5.2.2 用或非门构成基本 SR 锁存器

当 $R=S=0$ 时,这两个输入信号对两个或非门的输出 Q 和 $\overline{Q}$ 不起作用,电路状态保持不变,功能与图 5.1.2 的双稳态电路相同,可存储 1 位二进制数据。

当 $Q=0$,$R=0$ 时,当 S 端出现逻辑 1 电平时,使锁存器置为 $Q=1$。若原来状态为 $Q=1$,则 S 端出现的 1 电平不改变其状态。电路是对称的,置 0 操作将使锁存器置为 $Q=0$。

当 $S=R=1$ 时根据上述两式,$Q=\overline{Q}=0$,锁存器处在既非 1,又非 0 的不确定状态。若 S 和 R 同时回到 0,则无法预先确定锁存器将回到 1 状态还是 0 状态。因此,在正常工作时,输入信号应遵守 $SR=0$ 的约束条件,也就是说不允许 $S=R=1$。

基本 SR 锁存器也可以用与非门构成,其逻辑原理图和逻辑符号如图 5.2.3 所示。这个电路是以低电平作为输入信号的,所以用 $\overline{S}$ 和 $\overline{R}$ 分别表示置 1 输入端和置 0 输入端。在图 5.2.3(b)所示的图形符号上,用输入端的小圆圈表示用低电平作输入信号,或者称低电平有效。由图可得该锁存器的逻辑表达式为

$$Q=\overline{\overline{S}\cdot\overline{Q}} \tag{5.2.3}$$

$$\overline{Q}=\overline{\overline{R}\cdot Q} \tag{5.2.4}$$

表 5.2.1 用或非门构成基本 SR 锁存器的功能表

S	R	Q	$\overline{Q}$	说　明
0	0	不变	不变	保持
0	1	0	1	置0
1	0	1	0	置1
1	1	0	0	不确定

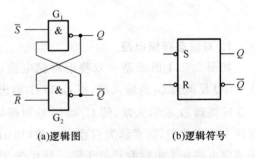

图 5.2.3 用与非门构成基本 SR 锁存器

根据以上两式,可得与非门构成基本 SR 锁存器的功能表,如表 5.2.2 所示。当输入为 $\overline{S}=\overline{R}=0$ 时,该锁存器处于不确定状态,因此工作时应当受到 $\overline{S}+\overline{R}=\overline{SR}=1$ 的条件约束,即

同样遵守 $SR=0$ 的约束条件。

例 5.2.1　由或非门构成的基本 SR 锁存器如图 5.2.2 所示,已知 S、R 的波形,试画出 Q 和 $\overline{Q}$ 的波形。设基本 SR 锁存器的初始状态为 $Q=0$,$\overline{Q}=1$。

解:在 S、R 信号发生改变时,用虚线分割不同的区间。每个区间根据表 5.2.1 所示的输入输出关系确定 Q 和 $\overline{Q}$ 状态。需要注意的是 S、R 的初始输入值为 00,锁存器的状态保持不变,这时需要根据题目中给出的初始状态来确定 Q 和 $\overline{Q}$ 状态。输出的波形图如图 5.2.4 所示。

表 5.2.2　用与非门构成基本 SR 锁存器的功能表

$\overline{R}$	$\overline{S}$	Q	$\overline{Q}$	说明
1	1	不变	不变	保持
0	1	1	0	置0
1	0	0	1	置1
0	0	1	1	不确定

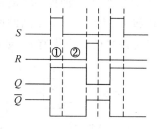

图 5.2.4　例 5.2.1 的输出波形

从图 5.2.4 中可以看出,只要 S 端加一正脉冲,就可以将锁存器置成 Q＝1,$\overline{Q}$＝0;只要 R 端加一正脉冲,就可以将锁存器置成 Q＝0,$\overline{Q}$＝1;在输入信号的正脉冲消失(在 R 和 S②处同时为 0)后,电路的输出结果也能保持不变(同①处),说明基本 SR 锁存器具有记忆功能。

例 5.2.2　在图 5.2.3 所示由与非门构成基本 SR 锁存器中,已知 $\overline{S}$ 和 $\overline{R}$ 的波形,试画出 Q 和 $\overline{Q}$ 的波形。

解:根据已知的 R 和 S 的状态确定 Q 和 $\overline{Q}$ 状态的问题。只要根据每个时间区间里 S 和 R 的状态去查锁存器的功能表 5.2.2,即可找出 Q 和 $\overline{Q}$ 的相应状态,并画出它们的波形图如图 5.2.5 所示。但在 R 和 S①处同时为 0,在②处又同时为 1,所以 Q 和 $\overline{Q}$ 在①处同时为 1,在②以后,锁存器的状态将无法确定,从而失去对它的控制,在实际应用中必须避免出现这种情况。

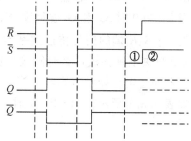

图 5.2.5　例 5.2.2 的输出波形

复习思考题

5.2.1　为什么两个或非门构成的基本 SR 锁存器在工作中均须遵循 $SR=0$ 的约束条件?

5.3　钟控锁存器

5.3.1　钟控 SR 锁存器

基本 SR 锁存器在任何时候都可以接受 S、R 输入信号,当多个锁存器一起工作时无法实现"步调一致"。钟控 SR 锁存器在基本 SR 锁存器的基础上增加了一对逻辑门 G_3、G_4，并引入了一个触发信号输入端。只有触发信号变为有效电平后，触发器才能按照输入信号改变输出状态。通常将这个触发信号称为时钟信号，记做 CP(Clock Pusle,CP)。当系统中有多个触发器需要同时动作时，就可以用同一个 CP 信号作为同步控制信号。

图 5.3.1 所示为钟控 SR 锁存器的基本电路结构及逻辑符号。这个电路由两部分组成：由与非门 G_1、G_2 组成的 SR 锁存器和由与非门 G_3、G_4 组成的输入控制电路。

图 5.3.1(b) 所示是钟控 SR 锁存器的逻辑符号，其方框中的 C1 表示编号为 1 的一个时钟信号，1R 和 1S 表示受 C1 控制的两个输入信号。方框外部的时钟信号输入端如果没有小圆圈表示时钟信号的高电平有效，如果有小圆圈表示时钟信号的低电平有效。

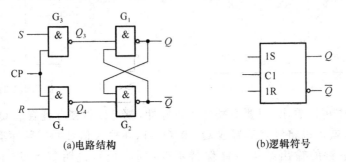

(a)电路结构   (b)逻辑符号

图 5.3.1　钟控 SR 锁存器

由图 5.3.1(a) 可知，输入信号 S、R 要经过门 G_3 和 G_4 传递，这两个门同时受 CP 信号控制。当 CP 为 0 时，G_3 和 G_4 被封锁，S、R 端的电平不会影响锁存器的状态；当 CP 为 1 时，G_3 和 G_4 打开，将 S、R 端的信号传送到基本 SR 锁存器的输入端，从而确定 Q 和 $\overline{Q}$ 端的状态。时钟信号 CP 只决定锁存器什么时候接受输入信号使输出状态发生变化，即起到了同步的作用，而对锁存器的逻辑功能没有影响。当 CP=1 时，钟控 SR 的功能与 SR 锁存器的功能是一样的。功能如表 5.3.1 所示。当 CP=1 时，可以列出输出端 Q 和 $\overline{Q}$ 的的逻辑表达式

$$Q=\overline{S \cdot \overline{Q}} \tag{5.3.1}$$

$$\overline{Q}=\overline{R \cdot Q} \tag{5.3.2}$$

式 (5.3.1) 和式 (5.3.2) 中左边的 Q 和等号右边 Q 的含义是不同的，右边的 Q 表示每个 CP 作用前 (高电平到来前) 锁存器的状态，左边的 Q 表示每个 CP 作用后锁存器新的状态，为了区分，前者用 Q^n 表示，称为锁存器的现态，后者用 Q^{n+1} 表示，称为锁存器的次态。故式 (5.3.1) 和式 (5.3.2) 可改写为

$$Q^{n+1}=\overline{S \cdot \overline{Q^n}} \tag{5.3.3}$$

$$\overline{Q^{n+1}}=\overline{R \cdot Q^n} \tag{5.3.4}$$

在某些应用场合，有时需要在时钟 CP 到来之前，先将触发器预置成设定状态，故实际的钟控 SR 锁存器设置了异步置位端 $\overline{S_D}$ 和异步复位端 $\overline{R_D}$，其电路结构及逻辑符号如图 5.3.2 所示。

只要在 $\overline{S_D}$ 或 $\overline{R_D}$ 加入低电平，即可立即将锁存器置 1 或置 0，而不受时钟信号和输入信号的控制。因此，将 $\overline{S_D}$ 称为异步置位 (置 1) 端，将 $\overline{R_D}$ 称为异步复位 (置 0) 端。锁存器在时钟信号控制下正常工作时，应使 $\overline{S_D}$ 和 $\overline{R_D}$ 处于高电平。

表 5.3.1　钟控 *SR* 锁存器的功能表

CP	*S*	*R*	Q^n	Q^{n+1}	说　明
0	×	×	0 1	0 1	保持
1	0	0	0 1	0 1	保持
1	0	1	0 1	0 0	置0
1	1	0	0 1	1 1	置1
1	1	1	0 1	× ×	不确定

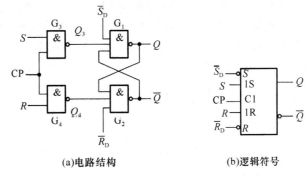

(a)电路结构　　　　　(b)逻辑符号

图 5.3.2　带异步置位复位端的钟控 SR 锁存器

此外,在图 5.3.2 所示电路的具体情况下,用 $\overline{S}_D$ 或 $\overline{R}_D$ 将锁存器置位或复位应当在 CP＝0 的状态下进行,否则在 $\overline{S}_D$ 或 $\overline{R}_D$ 返回高电平以后预置的状态不一定能保存下来。

通过上面的分析可以看到,钟控 *SR* 锁存器的动作特点如下。

① 只有当 CP 变为有效电平时,锁存器才能接受输入信号,并按照输入信号将锁存器的输出置成相应的状态。

② 在 CP＝1 的全部时间里,*S* 和 *R* 状态的变化都可能引起输出状态的改变。

根据上述的动作特点可以想象到,如果在 CP＝1 期间 *S*、*R* 的状态多次发生变化,那么触发器输出的状态也将发生多次翻转,这就降低了触发器的抗干扰能力,限制了锁存器的使用范围。

例 5.3.1　在如图 5.3.1 所示钟控 *SR* 锁存器中,已知 *S*、*R* 和 CP 的波形,试画出 *Q* 和 $\overline{Q}$ 的波形。设基本 *SR* 锁存器的初始状态为 $Q=0,\overline{Q}=1$。

解:钟控 *SR* 锁存器只能在 CP＝1 期间才能接受 *S*、*R* 信号,因此画波形时只需关心 CP＝1 期间的 *S*、*R* 信号,然后根据表 5.3.1 所述是逻辑功能决定钟控 *SR* 锁存器的输出状态。在 CP＝0 期间,钟控 *SR* 锁存器的输出状态保持不变。钟控 *SR* 锁存器的输出波形如图 5.3.3 所示。图中虽然 *R* 端加了一个正脉冲,但由于这个脉冲发生在 CP＝0 期间,对锁存器的输出没有影响。

例 5.3.2　在如图 5.3.2 所示钟控 *SR* 锁存器中,已知 *S*、*R*、$\overline{R}_D$ 和 CP 的波形,且 $\overline{S}_D=1$,试画出 *Q* 和 $\overline{Q}$ 的波形。

解:其输出波形如图 5.3.4 所示。

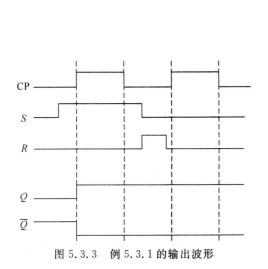

图 5.3.3　例 5.3.1 的输出波形

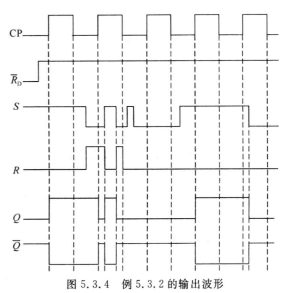

图 5.3.4　例 5.3.2 的输出波形

在 CP＝1 期间，Q 和 $\overline{Q}$ 可能随 SR 变化多次翻转的问题。

由此例题可以看出，这种钟控 SR 锁存器在 CP＝1 期间，输出状态随输入信号 S、R 的变化而多次翻转，即存在空翻现象，降低电路的抗干扰能力。而且实际应用中要求锁存器在每个 CP 信号作用期间状态只能改变一次。另外 S 和 R 的取值受到约束，即不能同时为 1。

5.3.2 钟控 D 锁存器

消除钟控 SR 锁存器不确定状态的最简单的方法是将 S 通过反相器接到 R 上，从而保证了 S 和 R 不同时为 1 的条件，此电路称为钟控 D 锁存器。其电路结构如图 5.3.5(a)所示，它只有两个输入端：数据输入 D 和信号时钟输入 CP。当 CP＝0 时，SR 锁存器处于保持状态，无论 D 信号怎样变化，输出 Q 和 $\overline{Q}$ 均保持不变。当 CP＝1，Q 随 D 变化。其逻辑功能如表 5.3.2 所示。图 5.3.5(b)所示是钟控 D 锁存器的逻辑符号。

钟控 D 锁存器的特性可以用下式来表达

$$Q^{n+1} = D \tag{5.3.5}$$

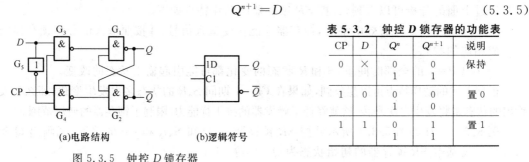

表 5.3.2 钟控 D 锁存器的功能表

CP	D	Q^n	Q^{n+1}	说明
0	×	0	0	保持
		1	1	
1	0	0	0	置0
		1	0	
1	1	0	1	置1
		1	1	

(a)电路结构　　　(b)逻辑符号

图 5.3.5　钟控 D 锁存器

例 5.3.3　在如图 5.3.5 所示钟控 D 锁存器中，已知 D 和 CP 的波形，试画出 Q 和 $\overline{Q}$ 的波形。设锁存器的初始状态 0。

解：

钟控 D 锁存器只能在 CP＝1 期间才能接受 D 信号，在 CP＝0 期间钟控 D 锁存器的输出状态保持不变。根据表 5.3.2 所述是逻辑功能，在 CP＝1 期间输出端 Q 随 D 信号变化。钟控 D 锁存器的输出波形如图 5.3.6 所示。

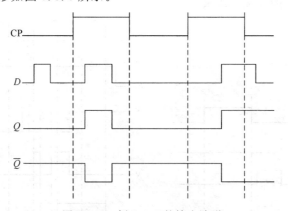

图 5.3.6　例 5.3.2 的输出波形

5.3.3 钟控 D 锁存器的动态参数

使用钟控 D 锁存器时，除了理解其逻辑功能之外，还要了解其动态特性。产品数据手册一般给出多个表示锁存器动态特性的参数。图 5.3.7 所示的是 D 锁存器的时序图。下面对参数进行说明。

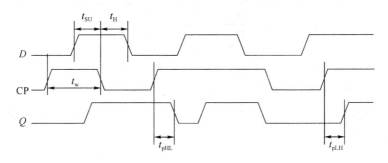

图 5.3.7　钟控 D 锁存器的时序图

（1）建立时间 t_{SU}

输入信号 D 在时钟信号 CP 的下降沿到来之前应稳定的最小值即建立时间 t_{SU}。

（2）保持时间 t_H

输入信号 D 在 CP 下降沿到来之后还应稳定一定时间，才能保证 D 状态可靠地传送到 $\overline{Q}$ 和 Q 端，该时间的最小值称为保持时间 t_H。

（3）传输延迟时间 t_{pLH} 和 t_{pHL}

如果时钟脉冲 CP 变为高电平之前，数据信号 D 和锁存器的输出 Q 处于相反的状态，当 CP 信号变为高电平时，锁存器的输出 Q 将变为与数据信号 D 一致。但是，相当于 CP 信号由低变高的时刻，Q 的变化将会有一定的延迟时间，这个延时时间用参数 t_{pLH} 和 t_{pHL} 表示。t_{pLH} 是输出从低电平到高电平的延迟时间，t_{pHL} 则是输出从高电平到低电平的延迟时间。

（4）触发脉冲宽度 t_w

为保证 D 信号可靠地送到锁存器的 Q 端，要求时钟脉冲 CP 的最小宽度 t_w。

5.3.4　集成三态输出八 D 锁存器

图 5.3.8 所示为集成三态输出八 D 锁存器 74HC573 的逻辑图。它由 8 个 D 锁存器构成。当锁存信号 LE 为高电平时，输出 Q 跟随输入数据 D 变化；当 LE 为低电平时，则保持 8 位数据不变。每个 D 锁存器输出端都带有一个三态门，当三态门使能信号 $\overline{OE}$ 为低电平时，三态门处于工作状态，输出锁存器状态；当三态门使能信号 $\overline{OE}$ 为高电平电平时，三态门处于高阻态。74HC573 的功能表如表 5.3.3 所示。

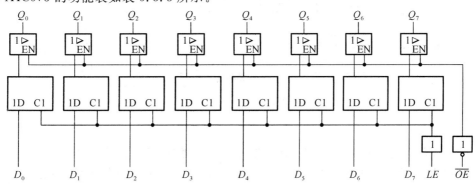

图 5.3.8　74HC573 内部逻辑图

表 5.3.3　74HC573 的功能表

$\overline{OE}$	LE	D	Q
L	H	H	H
L	H	L	L
L	L	×	Q_0
H	×	×	高阻

5.3.1　为什么钟控 SR 锁存器也应当遵守 $SR=0$ 的约束条件？在什么情况下会发生锁存器的次态无法确知的问题？

5.4　主从触发器

用两个钟控 SR 锁存器级联就构成了主从 SR 触发器，如图 5.4.1 所示。其中一级接受输入信号，其状态直接由输入信号决定，称为主锁存器，还有一级的输入与主锁存器的输出连接，其状态由主锁存器的状态决定，称为从锁存器。从锁存器的状态也是整个主从触发器的状态。

当 CP＝1 时，门 G_7 和 G_8 被打开，门 G_3 和 G_4 被封锁，主锁存器根据 S 和 R 的状态翻转，而从锁存器保持原来的状态不变。

当 CP 由 1 变为 0 以后，门 G_7 和 G_8 被封锁，输入信号 S、R 不影响主锁存器的状态。与此同时，门 G_3 和 G_4 被打开，从锁存器按照与主锁存器相同的状态翻转。

从锁存器的翻转是在 CP 由 1 变 0 时刻（CP 的下降沿）发生的，CP 一旦达到 0 电平，主锁存器被封锁，其状态不受 R、S 的影响，故从锁存器的状态也不可能再改变，即它只在 CP 由 1 变 0 时刻触发翻转。

例如，CP＝0 时触发器的初始状态为 $Q=0$，当 CP 由 0 变为 1 以后，若这时 $S=1$，$R=0$，主锁存器将被置 1，即 $Q_m=1$，$\overline{Q_m}=0$，而从锁存器保持 0 状态不变。当 CP 回到低电平以后，从触发器的 $\overline{CP}$ 变成了高电平，它的输入为 $S_S=Q_m=1$、$R_S=\overline{Q_m}=0$，因而输出被置成 $Q=1$。

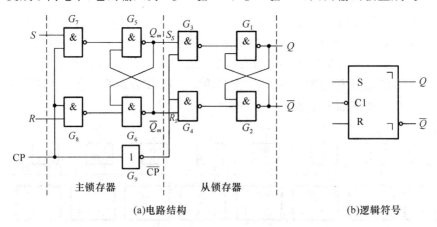

(a)电路结构　　　　　(b)逻辑符号

图 5.4.1　主从 SR 触发器

通过上面的分析可以看到，主从 SR 触发方式具有两个值得注意的动作特点。

① 触发器的翻转分两步动作。第一步在 CP＝1 时，主锁存器受输入信号控制，从锁存器保持原态；第二步在 CP 下降沿到达后，从锁存器按主锁存器状态翻转，故触发器输出状态只

能改变一次。

②　因为主锁存器本身是一个电平触发 SR 锁存器,所以在 CP=1 的全部时间里输入信号都将对主锁存器起控制作用。

由于存在这样两个动作特点,在使用主从结构触发器时经常会遇到这样一种情况,就是在 CP=1 期间输入信号发生过变化以后,CP 下降沿到达时,从锁存器的状态不一定能按此刻输入信号的状态来确定,而必须考虑整个 CP=1 期间里输入信号的变化过程才能确定触发器的次态。

例如,在图 5.4.1 所示的主从 SR 触发器中,假定初始状态为 $Q=0$,CP=0。如果 CP 变成 1 以后先是 $S=1$、$R=0$,然后在 CP 下降沿到来之前又变成了 $S=R=0$,那么用 CP 下降沿到达时的 $S=R=0$ 状态去查触发器的特性表会得到 $Q^{n+1}=Q^n=0$ 的结果。然而,实际上由于 CP=1 的开始阶段曾经出现过 $S=1$、$R=0$ 的输入信号,主触发器已被置 1,所以 CP 下降沿到达后从触发器也随之置 1,即实际的次态应为 $Q^{n+1}=1$。

因此,在使用主从结构触发器时必须注意:只有在 CP=1 的全部时间里输入状态始终未变的条件下,用 CP 下降沿到达时输入的状态决定触发器的次态才肯定是对的。否则,必须考虑 CP=1 期间输入状态的全部变化过程,才能确定 CP 下降沿到达时触发器的次态。

在图形符号中用框内的"⌐"表示"延迟输出",即 CP 回到低电平(有效电平消失)以后,输出状态才改变。因此,图 5.4.1 所示电路输出状态的变化发生在 CP 信号的下降沿。通常将这种在时钟边沿作用下的状态刷新称为触发。根据时钟边沿的不同分为上升沿触发和下降沿触发。如果时钟信号的输入端没有小圆圈表示上升沿触发,加小圆圈表示下降沿触发。图 5.4.1(b)所示的主从 SR 触发器属于下降沿触发器。

从电平触发到脉冲触发的这一演变,克服了 CP=1 期间触发器输出状态可能发生多次翻转的问题。但由于主触发器本身是电平触发 SR 锁存器,所以在 CP=1 期间 Q_m 和 $\overline{Q}_m$ 的状态仍然会随 S、R 状态的变化而多次改变。而且,输入信号仍需遵守 $SR=0$ 的约束条件。

74HC74 为 CMOS 门电路组成的主从 D 触发器,其逻辑图和逻辑符号如图 5.4.2 所示,是上升沿触发。该 D 触发器除了时钟信号 CP 和输入信号 D 之外,还设置了异步置位端 $\overline{S}_D$ 和异步复位端 $\overline{R}_D$。其作用与图 5.3.2 相同,在此,不再赘述。

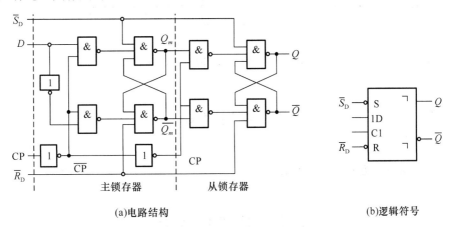

(a)电路结构　　　　　　　　　　　　　　(b)逻辑符号

图 5.4.2　74HC74 主从 D 触发器

当时钟信号 CP=0 时,$\overline{CP}=1$,D 端输入信号进入主锁存器,这时 $\overline{Q}_m$ 跟随 D 端的状态变化而变化,从锁存器维持在原来的状态不变,即触发器的输出状态不变。

当 CP 由 0 跳变到 1 后,$\overline{CP}=0$,切断了 D 端与主锁存器的联系,使主锁存器维持原态不变。这时,从锁存器接收主锁存器的输出信号。虽然从锁存器在 CP=1 期间都能接收输入信号,但是由于主锁存器处于锁存状态,其输出不再改变,因此,CP 上沿过去后,从锁存器的输出状态不再改变。

74HC74 的功能表如表 5.4.1 所示。

表 5.4.1　74HC74 的功能表

输入				输出		输入				输出	
$\overline{S}_D$	$\overline{R}_D$	CP	D	Q	$\overline{Q}$	$\overline{S}_D$	$\overline{R}_D$	CP	D	Q	$\overline{Q}$
0	1	×	×	1	0	1	1	∫	0	0	1
1	0	×	×	0	1	1	1	∫	1	1	0
0	0	×	×	1	1						

例 5.4.1　如图 5.4.2 所示的主从 D 触发器电路中,已知 CP、D 的波形如图 5.4.3 所示,且 $\overline{S}_D = \overline{R}_D = 1$,试画出输出端 Q 和 $\overline{Q}$ 的波形。

解:先画出主锁存器输出 Q_m 的波形,然后将 Q_m 作为从锁存器是输入,画出 Q 和 $\overline{Q}$ 的波形。注意主锁存器在 CP＝0 期间接收输入信号,而从锁存器在 CP＝1 期间接收输入信号,输出波形如图 5.4.3 所示。

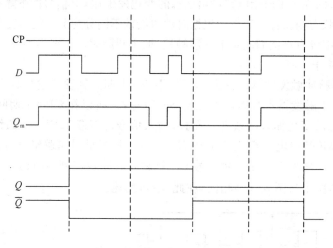

图 5.4.3　例 5.4.1 的输出波形

复习思考题

5.4.1　主从触发方式有哪些动作特点?

5.5　边沿触发器

5.5.1　维持阻塞触发器

维持阻塞结构的 D 触发器的逻辑电路和逻辑符号如图 5.5.1 所示。该触发器由 3 个用

与非门构成的基本 SR 锁存器组成,其中,G_1、G_2 和 G_3、G_4 构成的两个基本 SR 锁存器响应外部输入数据 D 和时钟信号 CP,它们的输出 Q_2 和 Q_3 作为 $\bar{S}$,$\bar{R}$ 信号控制着由 G_5,G_6 构成的第三个基本 SR 锁存器的状态,即整个触发器的状态。下面分析其工作原理。

① 当 CP＝0 时,与非门 G_2 和 G_3 被封锁,其输出 $Q_2 = Q_3 = 1$,即 $\bar{S} = \bar{R} = 1$,使输出锁存器处于保持状态,触发器的输出 Q 和 $\bar{Q}$ 不改变状态。同时 Q_2 和 Q_3 的反馈信号分别将 G_1 和 G_4 两个门打开,使 $Q_4 = \bar{D}$,$Q_1 = \bar{Q_4} = D$,D 信号进入触发器,为触发器状态刷新作好准备。

② 当 CP 由 0 变 1 后瞬间,G_2 和 G_3 打开,它们的输出 Q_2 和 Q_3 的状态由 G_1 和 G_4 的输出状态决定,即 $\bar{S} = Q_2 = \bar{Q_1} = \bar{D}$,$\bar{R} = Q_3 = \bar{Q_4} = D$,二者状态永远是互补的,也就是说 $\bar{S}$ 和 $\bar{R}$ 中必定有一个是 0。由基本 SR 锁存器的逻辑功能可知,这时 $Q^{n+1} = D$,触发器状态按此前 D 的逻辑值刷新。

③ 在 CP＝1 期间,由 G_1、G_2 和 G_3、G_4 分别构成的两个基本 SR 锁存器可以保证 Q_2、Q_3 的状态不变,使触发器状态不受输入信号 D 变化的影响。在 $Q_1 = 1$ 时,$Q_2 = 0$,则将 G_1 和 G_3 封锁。Q_2 至 G_1 的反馈线使 $Q_1 = 1$,起维持 $Q_2 = 0$ 的作用,从而维持了触发器的 1 状态,称为置 1 维持线①;而 Q_2 至 G_3 的反馈线使 $Q_3 = 1$,虽然 D 信号在此期间的变化可能使 Q_4 相应改变,但不会改变 Q_3 的状态,从而阻塞了 D 端输入的置 0 信号,称为置 0 阻塞线③。在 $Q = 0$ 时,$Q_3 = 0$,则将 G_4 封锁,使 $Q_4 = 1$,既阻塞了 $D = 1$ 信号进入触发器的路径,又与 CP＝1,$Q_2 = 1$ 共同作用,将 Q_3 维持为 0,而将触发器维持在 0 状态,故将 Q_3 至 G_4 的反馈线称为置 1 阻塞、置 0 维持线②。正因为这种触发器工作中的维持、阻塞特性,所以称之为维持阻塞触发器。

维持阻塞 D 触发器在 CP 脉冲上升沿来后瞬间转换输出状态,将输入信号 D 传递到 Q 端并保持下去。维持阻塞触发器的产品有时也做成多输入端的形式,如图 5.5.1 所示。这时各输入端之间是与的逻辑关系,即以 $D_1 \cdot D_2$ 代替表 5.5.1 中的 D。在图 5.5.1 中还画出了异步置位端 $\bar{S}_D$ 和异步复位端 $\bar{R}_D$ 的内部连线。无论 CP 处于高电平还是低电平,都可以通过在 $\bar{S}_D$ 或 $\bar{R}_D$ 端加入低电平将触发器置 1 或置 0。

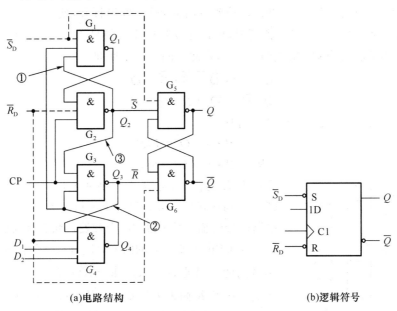

(a)电路结构　　　　　　　　　(b)逻辑符号

图 5.5.1　维持阻塞结构的 D 触发器

5.5.2 利用传输延迟的触发器

利用传输延迟的 JK 触发器的电路结构和逻辑符号如图 5.5.2 所示,它是利用门电路的传输延迟时间实现边沿触发的。该电路由 G_{11}、G_{12}、G_{13} 和 G_{21}、G_{22}、G_{23} 构成两个与或非门,这两个与或非门构成 SR 锁存器作为触发器的输出电路,而 G_3 和 G_4 两个与非门则构成触发器的输入电路接收输入信号 J、K。另外,在集成电路的工艺上保证 G_3 和 G_4 门的传输延迟时间大于 SR 锁存器的翻转时间。

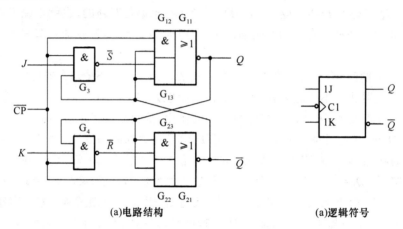

(a)电路结构　　　　　　　　(a)逻辑符号

图 5.5.2　利用传输延迟的 JK 触发器的逻辑电路

图 5.5.2 中的触发器工作原理如下:

① $\overline{CP}=0$ 时,一方面 G_{12}、G_{22} 被 $\overline{CP}$ 信号封锁,另一方面,G_3、G_4 也被 $\overline{CP}$ 封锁,不论 J、K 为何状态,$\overline{S}$、$\overline{R}$ 均为 1,于是,把 G_{13}、G_{23} 打开,使 G_{11} 和 G_{21} 形成交叉耦合的保持状态,输出 Q、$\overline{Q}$ 状态不变,触发器处于稳定状态。

② 由 0 变 1 后瞬间,G_{12}、G_{22} 两门传输延迟时间较短,抢先打开,使 G_{11} 和 G_{21} 继续处于锁定状态,输出仍保持不变。经过一段延迟,$\overline{S}$、$\overline{R}$ 才反映出输入信号 J、K 的作用。设 $\overline{CP}$ 由 0 到 1 跳变前触发器的状态为 Q^n,根据图 5.5.2,在此后的 $\overline{CP}=1$ 期间

$$Q=\overline{\overline{CP} \cdot \overline{Q^n}+\overline{S} \cdot \overline{Q^n}}=Q^n \tag{5.5.1}$$

$$\overline{Q}=\overline{\overline{CP} \cdot Q^n+\overline{R} \cdot Q^n}=\overline{Q^n} \tag{5.5.2}$$

说明触发器状态仍与CP跳变前相同。同时

$$\overline{S}=\overline{\overline{CP} \cdot J \cdot \overline{Q^n}}=\overline{J\,\overline{Q^n}} \tag{5.5.3}$$

$$\overline{R}=\overline{\overline{CP} \cdot K \cdot Q^n}=\overline{KQ^n} \tag{5.5.4}$$

无论 J、K 为何值,若 $Q^n=1$,则从式(5.5.3)得 $\overline{S}=1$;反之,$Q^n=0$,则从式((5.5.4)可得 $\overline{R}=1$;即 $\overline{S}$、$\overline{R}$ 不可能同时为 0。电路已接收输入信号 J、K,为触发器状态刷新做好了准备。

③ $\overline{CP}$ 由 1 变 0 后的瞬间,G_{12}、G_{22} 两门抢先关闭,而 G_3、G_4 两门的延迟使 $\overline{S}=\overline{J\,\overline{Q^n}}$、$\overline{R}=\overline{KQ^n}$ 仍作用于 G_{13}、G_{23} 的输入端。在 $\overline{S}$、$\overline{R}$ 尚未来得及变化的期间,由于 G_{12}、G_{22} 均输出为 0,输出 SR 锁存器可简化等效为如图 5.5.3 所示的电路,其状态由 $\overline{S}$、$\overline{R}$ 确定,于是,触发器状态由前一状态转换为下

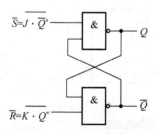

图 5.5.3　由 1 变 0 后瞬间输出 SR 锁存器的简化电路

一状态。随着 G_3、G_4 延迟的结束，$\overline{S}$、$\overline{R}$ 均为 1，触发器又进入 ① 所分析的情况。

由于这种触发器的状态转换发生在时钟脉冲由 1 变 0 瞬间，即时钟脉冲的下降沿，属于下降沿触发的触发器，所以从一开始就以 $\overline{CP}$ 来表示这种触发器的时钟信号。为了区别 $\overline{CP}$ 下降沿到来前、后触发器的状态，以 Q^n 表示触发器现在的状态，以 Q^{n+1} 表示下一状态，根据图 5.5.3 所示的电路可得在 $\overline{S}$、$\overline{R}$ 信号作用后 Q 端的状态

$$Q^{n+1} = S + \overline{R}Q^n = J\,\overline{Q^n} + \overline{KQ^n} \cdot Q^n = J\,\overline{Q^n} + (\overline{K} + \overline{Q^n})Q^n \qquad (5.5.5)$$
$$= J\,\overline{Q^n} + \overline{K}Q^n + \overline{Q^n}Q^n = J\,\overline{Q^n} + \overline{K}Q^n$$

上式称为 JK 触发器的特性方程。式中可见，Q^{n+1} 是 Q^n 和输入信号 J、K 的函数。

功能表如表 5.5.1 所示。

例 5.5.1 如图 5.5.2 所示的传输延迟 JK 触发器中，已知 CP、J、K 的波形如图 5.5.4 所示，试画出输出端 Q 和 $\overline{Q}$ 的波形。设初始状态为 0。

解：由于传输延时 JK 触发器采用下降沿触发，因此，在画波形图时，只需考虑时钟下降沿时刻 JK 的输入状态，再根据表 5.5.1 决定触发器的输出状态。其波形图如图 5.5.5 所示。

表 5.5.1 图 5.5.2 触发器的功能表

CP	J	K	Q^n	Q^{n+1}	说　明
⌐_	0	0	0	0	保持
⌐_	0	0	1	1	
⌐_	1	0	0	1	置 1
⌐_	1	0	1	1	
⌐_	0	1	0	0	置 0
⌐_	0	1	1	0	
⌐_	1	1	0	1	翻转
⌐_	1	1	1	0	

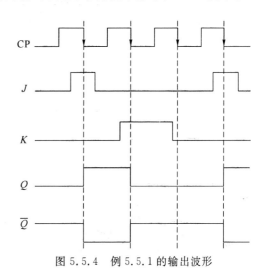

图 5.5.4　例 5.5.1 的输出波形

复习思考题

5.5.1　比较一下边沿触发方式和主从触发方式在动作特点上有何不同。

5.5.2　什么是上升沿触发和下降沿触发？它跟锁存器的 CP 电平触发有何区别？

5.6　触发器的逻辑功能

在分析和设计由触发器构成的时序逻辑电路时，我们并不需要考虑触发器的内部电路结构，只需关心触发器的逻辑功能和触发方式。按照逻辑功能分为 SR 触发器、JK 触发器、T 触发器和 D 触发器等几种类型。它们的逻辑符号如图 5.6.1 所示。需要指出的是，触发器的电路结构和逻辑功能之间不存在固定的对应关系。用同一种电路结构形式可以接成不同逻辑功

能的触发器;反过来说,同样一种逻辑功能的触发器可以用不同的电路结构实现。

上述 4 种触发器的逻辑功能虽然在本章前面的内容已经介绍过,但对其逻辑功能的描述仍不够全面,本节将用特性方程、功能表、状态图进一步讨论触发器的逻辑功能。

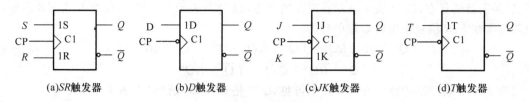

(a)SR触发器   (b)D触发器   (c)JK触发器   (d)T触发器

图 5.6.1   不同逻辑功能触发器的逻辑符号

1. SR 触发器

SR 触发器的逻辑功能如表 5.6.1 所示。

表 5.6.1   SR 触发器功能表

S	R	Q^n	Q^{n+1}	S	R	Q^n	Q^{n+1}
0	0	0	0	1	0	0	1
0	0	1	1	1	0	1	1
0	1	0	0	1	1	0	×
0	1	1	0	1	1	1	×

根据表 5.6.1 所示的 SR 触发器功能表,可得到 SR 触发器的特性方程为

$$\begin{cases} Q^{n+1} = = S + \overline{R}Q^n \\ SR = 0 \end{cases} \tag{5.6.1}$$

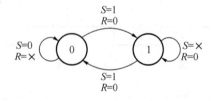

图 5.6.2   SR 触发器的状态图

根据特性方程可以画出 SR 触发器的状态图,如图 5.6.2 所示。两个圆圈内标有 1 和 0,代表触发器的两个状态,用箭头表示状态转换的方向,同时在箭头的旁边注明了转换的条件。

这样一来在描述触发器的逻辑功能时就有了功能表、特性方程和状态图 3 种可供选择的方法。

2. JK 触发器

JK 触发器逻辑功能如表 5.6.2 所示。根据表 5.6.2 可以写出触发器的特性方程,化简后得到

$$Q^{n+1} = J\overline{Q^n} + \overline{K}Q^n \tag{5.6.2}$$

JK 触发器的状态转换图如图 5.6.2 所示。

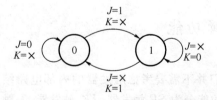

图 5.6.3   JK 触发器的状态转换图

表 5.6.2   JK 触发器功能表

J	K	Q^n	Q^{n+1}	J	K	Q^n	Q^{n+1}
0	0	0	0	1	0	0	1
0	0	1	1	1	0	1	1
0	1	0	0	1	1	0	1
0	1	1	0	1	1	1	0

3. T 触发器

T 触发器功能如表 5.6.3 所示。

从功能表写出 T 触发器的特性方程为

$$Q^{n+1} = T\,\overline{Q}^n + \overline{T}Q^n \tag{5.6.3}$$

它的状态图如图 5.6.4 所示。

表 5.6.3　T 触发器功能表

T	Q^n	Q^{n+1}	T	Q^n	Q^{n+1}
0	0	0	1	0	1
0	1	1	1	1	0

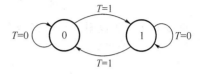

图 5.6.4　T 触发器的状态图

当 T 触发器的 T 输入端固定接高电平时（即 $T=1$），代入式(5.6.3)则

$$Q^{n+1} = \overline{Q}^n \tag{5.6.4}$$

它的逻辑符号如图 5.6.5 所示。

也就是说，时钟脉冲每作用一次，触发器翻转一次。这种特定是 T 触发器也称为 T' 触发器。它的输入只有时钟信号，没有数据输入端，只有翻转功能，即来一个脉冲就翻转一次。

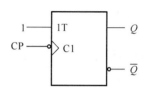

4. D 触发器

D 触发器逻辑功能如表 5.6.4 所示。从功能表写出 D 触发器的特性方程为

图 5.6.5　T' 触发器的逻辑符号

$$Q^{n+1} = D \tag{5.6.5}$$

D 触发器的状态转换图如图 5.6.6 所示。

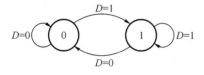

图 5.6.6　D 触发器的状态转换图

表 5.6.4　D 触发器功能表

D	Q^n	Q^{n+1}	D	Q^n	Q^{n+1}
0	0	0	1	0	1
0	1	0	1	1	1

目前主要只有 JK 触发器和 D 触发器两种定型产品。其他功能的触发器可由这两种触发器转化而成。

例 5.6.1　将 JK 触发器转换成 D、T 触发器。

解：将 3 个触发器的状态方程列出比较如下

$$JK：\quad Q^{n+1} = J\,\overline{Q}^n + \overline{K}Q^n$$

$$D：\quad Q^{n+1} = D = D\,\overline{Q}^n + DQ^n$$

$$T：\quad Q^{n+1} = T\,\overline{Q}^n + \overline{T}Q_n$$

对于 D，按下式接

$$J = D, K = \overline{D}$$

对于 T，按下式接

$$J = K = T$$

电路如图 5.6.7 所示。

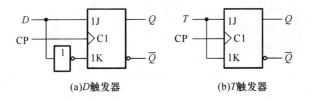

(a)D触发器   (b)T触发器

图 5.6.7 JK 触发器转换为 SR 和 T 触发器

例 5.6.2   将 D 触发器转换成 T、T' 触发器。

解:将三个触发器的状态方程列出比较

$$D: \quad Q^{n+1} = D = D\overline{Q}^n + DQ^n$$

$$T: \quad Q^{n+1} = T\overline{Q}^n + \overline{T}Q_n$$

$$T': \quad Q^{n+1} = \overline{Q}^n$$

对于 T,按下式接

$$D = T\overline{Q}^n + \overline{T}Q_n$$

对于 T',按下式接

$$D = \overline{Q}^n$$

电路如图 5.6.8 所示。

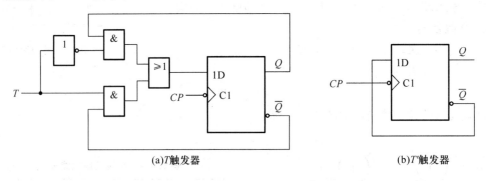

(a)T触发器   (b)T'触发器

图 5.6.8 D 触发器转换为 T 和 T' 触发器

复习思考题

5.6.1   触发器的逻辑功能和电路结构之间有什么关系?

5.6.2   写出 D 触发器、JK 触发器、T 触发器和 SR 触发器的特性方程,并画出它们的状态图。

5.6.3   怎样利用 JK 触发器实现 D 触发器、T 触发器、T' 以及 SR 触发器的逻辑功能?

5.7   触发器的动态参数

在使用触发器时,除了理解其逻辑功能之外,还要了解其动态特性。厂家提供的数据手册中一般给出这些动态参数的典型值。下面以上升沿触发的 D 触发器为例进行说明。

图 5.7.1 所示的时序图显示了 D 触发器各信号之间的时间要求或延迟。

1. 建立时间 t_{SU}

输入信号 D 在时钟信号 CP 的上升沿(对上升沿触发的触发器而言)到来之前应稳定的最小值即建立时间 t_{SU}。

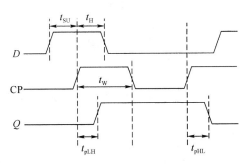

图 5.7.1　D 触发器时序图

2. 保持时间 t_H

输入信号 D 在 CP 上升沿到来之后还应稳定一定时间,才能保证 D 状态可靠地传送到 $\overline{Q}$ 和 Q 端,该时间的最小值称为保持时间 t_H。

3. 传输延迟时间 t_{pLH} 和 t_{pHL}

时钟脉冲 CP 上升沿至输出端新状态稳定建立起来的时间定义为传输延迟时间。t_{pLH} 是输出从低电平到高电平的延迟时间,t_{pHL} 则是输出从高电平到低电平的延迟时间,应用中有时取其平均传输延迟时间 $t_{pd} = \dfrac{t_{pLH} + t_{pHL}}{2}$。

4. 触发脉冲宽度 t_w

为保证 D 信号可靠地送到触发器的 Q 端,要求时钟脉冲 CP 的最小宽度 t_w。

5. 最高触发频率 f_{cmax}

触发器所能响应的时钟脉冲 CP 最高频率 $f_{cmax} = \dfrac{1}{T_{cmin}}$。因为在 CP 高电平和低电平期间,触发器内部都要完成一系列动作,需要一定的时间延迟,所以对于 CP 最高工作频率有一个限制。

本 章 小 结

锁存器和触发器都是构成时序电路的基础,它和门电路一样,是数字系统中的基本逻辑单元电路。它与门电路的最主要区别是具有记忆功能,可以存储 1 位二值信号。

锁存器是对脉冲电平敏感的电路。基本 SR 锁存器由输入信号电平直接控制其状态,钟控锁存器在时钟的高电平或低电平期间,接收输入信号改变其状态。

触发器是对时钟脉冲边沿敏感的电路,根据不同的电路结构,它们在时钟脉冲的上升沿或下降沿作用下改变状态。按照电路结构的不同,触发器可分为有主从、维持阻塞和利用传输延迟等几种结构,它们的工作原理各不相同。按逻辑功能分类有 D 触发器、JK 触发器、$T(T')$ 触发器和 SR 触发器。

触发器的电路结构和逻辑功能是两个不同的概念,两者之间没有必然的联系。同一种逻辑功能的触发器,可以用不同的电路结构形式来实现,反过来,同一种电路结构,也可以实现不同逻辑功能的触发器。

为了保证触发器在动态工作时能可靠地翻转,输入信号、时钟信号以及它们在时间上的相互配合应满足一定的要求。这些要求表现在时建立时间 t_{SU}、保持时间 t_H、时钟信号的宽度 t_w 和最高工作频率 f_{cmax} 的限制上。

习　　题

5.1　由或非门构成的基本 SR 锁存器如图题 5.2.1 所示,已知输入端 S、R 的波形,试画出与之对应的 Q 和 $\overline{Q}$ 的波形。

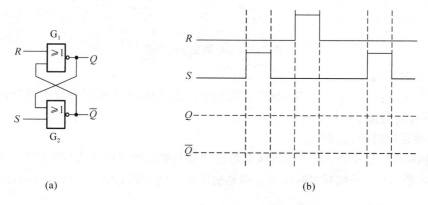

(a) (b)

图题 5.1

5.2　由与非门构成的基本 SR 锁存器如图题 5.2 所示,已知输入端 $\overline{S}$、$\overline{R}$ 的波形,试画出与之对应的 Q 和 $\overline{Q}$ 的波形。

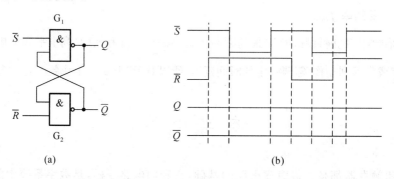

(a) (b)

图题 5.2

5.3　分析图题 5.3 所示电路的功能,列出功能表。

5.4　试写出图题 5.4 所示锁存器的特性方程。

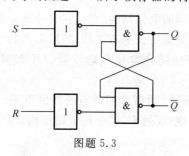

图题 5.3

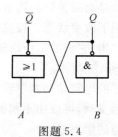

图题 5.4

5.5　若图 5.3.1 所示电路的初始状态为 $Q=1$，CP、S、R 端的输入信号如图题 5.5 所示，试画出相应 Q 和 $\overline{Q}$ 端的波形。

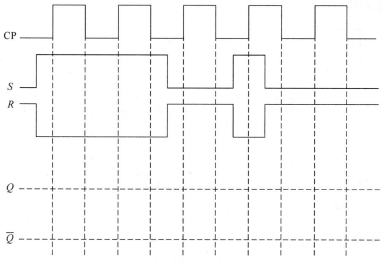

图题 5.5

5.6　写出图题 5.6 所示锁存器的特性方程

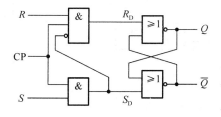

图题 5.6

5.7　钟控 SR 锁存器符号如图题 5.7(a) 所示，设初始状态为 0，如果给定 CP、S、R 的波形如图题 5.7(b) 所示，试画出相应的输出 Q 波形。

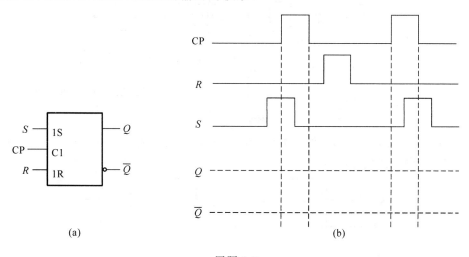

(a)　　　　　　　　　　　　　　(b)

图题 5.7

5.8　在图 5.3.2 所示电路中，已知 R、S 的波形如图题 5.8 所示，且 $\overline{S}_D=\overline{R}_D=1$，试画 Q，

$\overline{Q}$ 的波形。（初态 $Q=0$）

5.9 已知图 5.3.5 所示电路中,已知 CP、D 波形如图题 5.9 所示,试画出其 Q 端的波形（设触发器初态为 $Q=0$）。

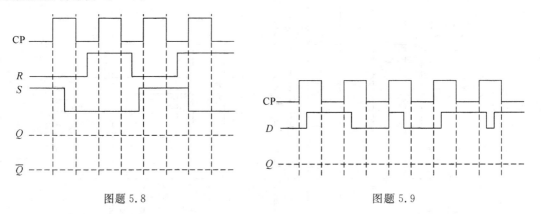

图题 5.8   图题 5.9

5.10 触发器的逻辑电路如图题 5.10 所示,确定其应属于何种电路结构的触发器。

5.11 (1) 分析图题 5.11(a)所示由 CMOS 传输门构成的钟控 D 锁存器的工作原理。

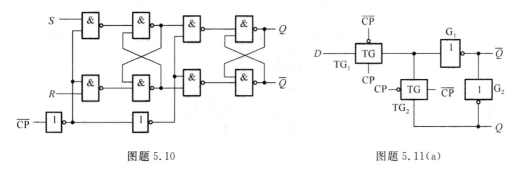

图题 5.10   图题 5.11(a)

(2) 分析图题 5.11(b)所示主从 D 触发器的工作原理。

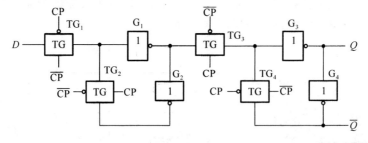

图题 5.11(b)

(3) 有如图题 5.11(c)所示波形加在图 5.11(a)、(b)所示的锁存器和触发器上,画出它们的输出波形。设初始状态为 0。

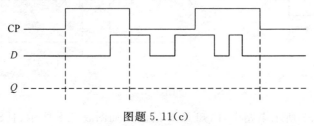

图题 5.11(c)

5.12　上升沿触发和下降沿触发的 D 触发器逻辑符号及时钟信号 CP（$\overline{\text{CP}}$）和 D 的波形如图题 5.12 所示。分别画出它们的 Q 端波形。设触发器的初始状态为 0。

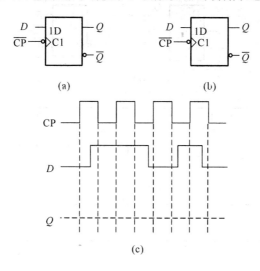

(c)

图题 5.12

5.13　设下降沿触发的 JK 触发器初始状态为 0，$\overline{\text{CP}}$、J、K 信号如图题 5.13 所示，试画出触发器 Q 端的输出波形。

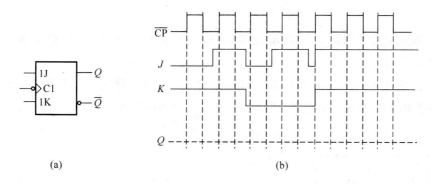

图题 5.13

5.14　逻辑电路如图题 5.14 所示，试画出在一系列 CP 脉冲作用下，输出端 Z 对应的电压波形。触发器为维持阻塞结构，初始状态为 $Q=0$。（提示：应考虑触发器和异或门的传输延迟时间。）

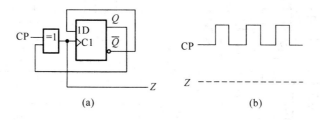

图题 5.14

5.15　在图题 5.15(a)中，FF_0 和 FF_1 均为下降沿型触发器，试根据图题 5.15(b)所示 CP

和 X 信号波形，画出 Q_0、Q_1 的波形（设 FF_0、FF_1 的初始状态均为 0）。

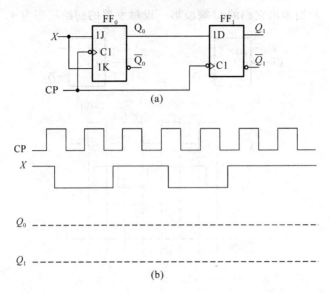

图题 5.15

5.16 图题 5.16 所示。是用 CMOS 边沿触发器和或非门组成的脉冲分频电路。试画出在一系列 CP 脉冲作用下 Q_0、Q_1 和 Z 端对应的输出电压波形。设触发器的初始状态皆为 0。

5.17 逻辑电路如图题 5.17 所示，已知 CP 和 X 的波形，试画出 Q_1 和 Q_2 的波形。触发器的初始状态均为 0。

5.18 图题 5.18 所示是用维持阻塞结构 D 触发器组成的脉冲分频电路。试画出在一系列 CP 脉冲作用下输出端 Z 对应的电压波形。设触发器的初始状态均为 $Q=0$。

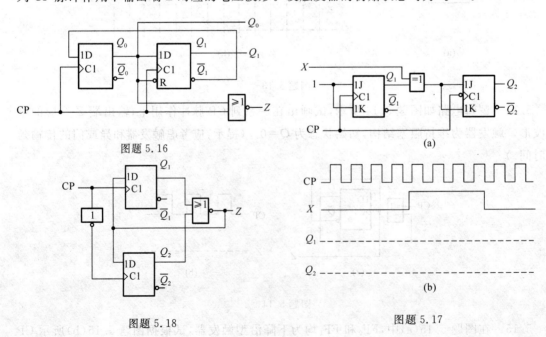

图题 5.16

图题 5.18

图题 5.17

146

5.19　两相脉冲产生电路如图题 5.19 所示,试画出在 $\overline{CP}$ 作用下 Z_1、Z_2 的波形,并说明 Z_1 和 Z_2 的时间关系。各触发器的初始状态为 0。

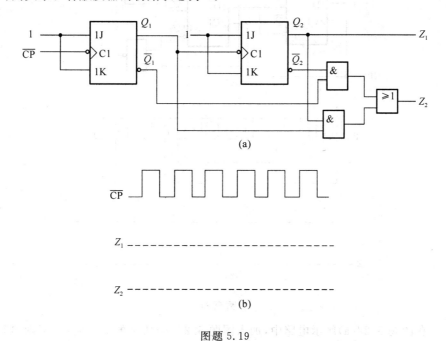

图题 5.19

5.20　逻辑电路和各输入信号波形如图题 5.20 所示,画出两触发器 Q 端的波形。两触发器的初始状态均为 0。

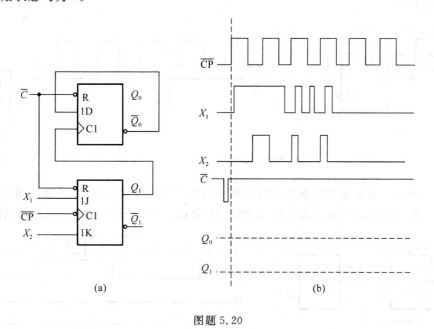

图题 5.20

5.21　试画出图题 5.21 所示电路输出端 Y、Z 的波形。输入信号 A 和 CP 的波形如图中所示。设触发器的初始状态均为 $Q=0$。

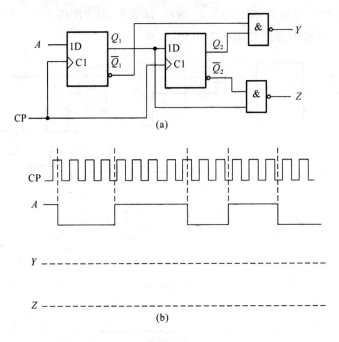

图题 5.21

5.22 在图题 5.22(a)所示电路中,加入图题 5.22(b)所示的输入波形,试画出其 Q 端波形,设触发器初态为 $Q=0$。

5.23 D 触发器逻辑符号如图题 5.23 所示,用适当的逻辑门,将 D 触发器转换成 T 触发器和 JK 触发器。

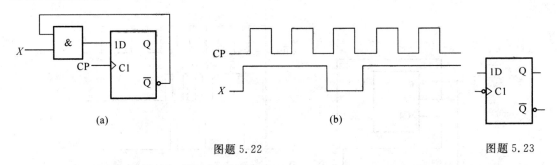

图题 5.22   图题 5.23

5.24 由 JK 触发器和 D 触发器构成的电路如图题 5.24(a)所示,各输入端波形如图题 5.24(b),当各个触发器的初态为 0 时,试画出 Q_0 和 Q_1 端的波形,并说明此电路的功能。

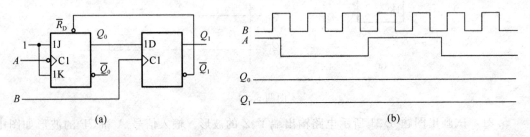

图题 5.24

5.25 若 JK 触发器初态为 0,试根据图题 5.25 中 CP、J、K 端波形画出 Q、$\overline{Q}$ 的波形。

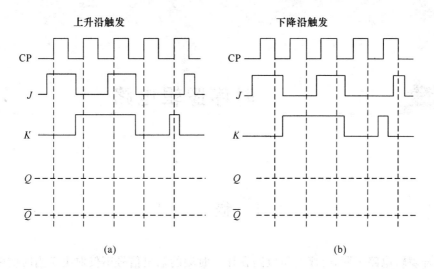

图题 5.25

5.26　如图题 5.26(a)所示,电路是由 T' 触发器构成的计数电路,试画出与图题 5.26(b)时钟脉冲 CP 相对应的 Q_0、Q_1、Q_2 端波形,初态 $Q_0 Q_1 Q_2 = 000$。

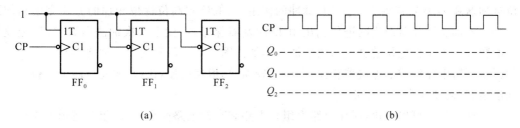

(a)　　　　　　　　　　　　　　(b)

图题 5.26

5.27　画出图题 5.27 中 Q_1、Q_2,并指出逻辑功能。设 Q_1、Q_2 的初始状态为 0。

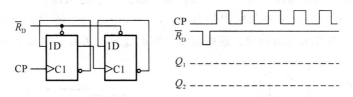

图题 5.27

第6章　时序逻辑电路

6.1　概　　述

与组合逻辑电路不同,时序逻辑电路在任一时刻的输出信号不仅取决于当时的输入信号,而且还取决于电路原来的状态。具备这种逻辑功能特点的电路称为时序逻辑电路(sequential logic circuit)。

图 6.1.1 所示的串行加法器电路就是时序逻辑电路的一个典型的例子。该串行加法器由一位全加器和 D 触发器构成。在 CP 脉冲的作用下,低位到高位逐位相加的方式完成相加运算。每次做加法运算时产生的进位输出由 D 触发器保存,在做下一次加法运算时,D 触发器保存的数据作为来自低位的进位与两个加数相加。图 6.1.1 所示的串行加法器与 4.5.4 节介绍的组合逻辑电路组成的加法器相比,电路比较简单,但速度慢,比如,要完成两个 4 位二进制的加法运算,需要 4 个 CP 周期。

通过这个例子可以看出,时序电路由组合电路和存储电路两个组成,组合逻辑电路接受外部输入信号,并产生输出信号。存储电路将组合逻辑电路输出存储并反馈到组合电路的输入端,并与输入信号一起,共同决定组合逻辑电路的输出。

时序逻辑电路的构成可用图 6.1.2 所示框图表示。图中的 $X(x_1, x_2, \cdots, x_n)$ 表示外部输入信号,$Z(z_1, z_2, \cdots, z_m)$ 表示外部输出信号,$Y(y_1, y_2, \cdots, y_k)$ 表示存储电路的输入信号,$Q(q_1, q_2, \cdots, q_j)$ 表示存储电路的输出。这些信号之间的逻辑关系可以用 3 个方程组来表示。

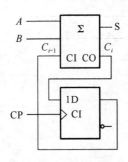

图 6.1.1　串行加法器

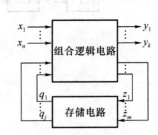

图 6.1.2　时序逻辑电路的结构框图

$$\begin{cases} y_1 = f_1(x_1, x_2, \cdots, x_n, q_1^n, q_2^n, \cdots, q_j^n) \\ y_2 = f_2(x_1, x_2, \cdots, x_n, q_1^n, q_2^n, \cdots, q_j^n) \\ \vdots \\ y_k = f_k(x_1, x_2, \cdots, x_n, q_1^n, q_2^n, \cdots, q_j^n) \end{cases} \qquad (6.1.1)$$

$$\begin{cases} z_1 = g_1(x_1,x_2,\cdots,x_n,q_1^n,q_2^n,\cdots,q_j^n) \\ z_2 = g_2(x_1,x_2,\cdots,x_n,q_1^n,q_2^n,\cdots,q_j^n) \\ \qquad\qquad\vdots \\ z_m = g_m(x_1,x_2,\cdots,x_n,q_1^n,q_2^n,\cdots,q_j^n) \end{cases} \tag{6.1.2}$$

$$\begin{cases} q_1^{n+1} = h_1(z_1,z_2,\cdots,z_m,q_1^n,q_2^n,\cdots,q_j^n) \\ q_2^{n+1} = h_2(z_1,z_2,\cdots,z_m,q_1^n,q_2^n,\cdots,q_j^n) \\ \qquad\qquad\vdots \\ q_j^{n+1} = h_j(z_1,z_2,\cdots,z_m,q_1^n,q_2^n,\cdots,q_j^n) \end{cases} \tag{6.1.3}$$

式(6.1.1)称为输出方程组,式(6.1.2)称为激励方程组或驱动方程组,(6.1.3)称为状态方程组。$q_1^n,q_2^n,\cdots,q_j^n$表示存储电路中每个触发器的现态,$q_1^{n+1},q_2^{n+1},\cdots,q_j^{n+1}$可表示存储电路中每个触发器的次态。如果将式(6.1.1)～式(6.1.3)写成向量函数的形式,则得到

$$Y = F(X,Q^n) \tag{6.1.4}$$
$$Z = G(X,Q^n) \tag{6.1.5}$$
$$Q^{n+1} = H(Z,Q^n) \tag{6.1.6}$$

根据触发器动作特点可分为同步(Synchronous)时序逻辑电路和异步(Asynchronous)时序逻辑电路。在同步时序逻辑电路中,存储电路中所有触发器的时钟使用统一的 CP,状态变化发生在同一时刻,即触发器在时钟脉冲的作用下同时翻转;而在异步时序逻辑电路中,触发器的翻转不是同时的,没有统一的 CP,触发器状态的变化有先有后。

同步时序逻辑电路中所有触发器的状态变化都是在同一时刻进行的,其输出状态的变化时间不存在差异或差异很小,而且同步时序逻辑电路由一套系统的、容易掌握的分析设计方法。因此,在数字系统设计中,大多数采用同步时序逻辑电路的设计方案。

根据输出信号的特点时序逻辑电路可分为米利(Mealy)型和穆尔(Moore)型。

在米利型时序逻辑电路中,输出信号不仅取决于存储电路的状态,而且还取决于输入变量。其电路模型如图 6.1.3 所示。

输出方程如下。

$$Y = F(X,Q^n) \tag{6.1.7}$$

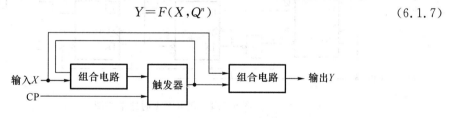

图 6.1.3　米利型状态机模型

在穆尔型时序逻辑电路中,输出信号仅仅取决于存储电路的状态,故穆尔型电路只是米利型电路的特例而已。其电路模型如图 6.1.4 所示。

输出方程如下。

$$Y = F(Q^n) \tag{6.1.8}$$

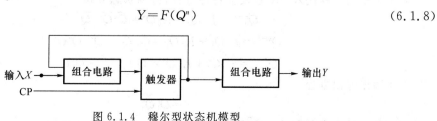

图 6.1.4　穆尔型状态机模型

复习思考题

6.1.1　时序电路由哪几部分组成？它和组合电路在逻辑功能和结构上有什么区别？

6.2　时序逻辑电路的分析

6.2.1　同步时序逻辑电路的分析

同步时序电路的分析是根据给定的同步时序逻辑电路图,通过分析其状态和输出信号在输入变量和时钟作用下的转换规律,理解其逻辑功能和工作特性。分析同步时序逻辑电路的一般步骤如下。

第1步:根据给定的逻辑图,列出下列逻辑方程组。

① 写出外部输出的逻辑表达式,即输出方程;

② 写出每个触发器的输入信号的逻辑表达式,即驱动方程;

③ 将各触发器的驱动方程代入相应触发器的特性方程,得到各触发器的状态方程,即状态方程。

第2步:根据状态方程组和输出方程组,列出电路的状态表,画出状态图或时序图。

第3步:逻辑功能描述。

例 6.2.1　分析图 6.2.1 所示时序逻辑电路的逻辑功能。

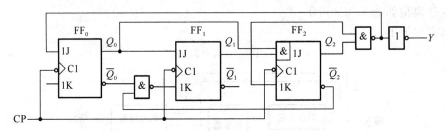

图 6.2.1　例 6.2.1 时序电路图

解:(1) 根据逻辑图,列出驱动方程

$$\begin{cases} J_0 = \overline{Q_2^n Q_1^n} \\ K_0 = 1 \end{cases} \quad \begin{cases} J_1 = Q_0^n \\ K_1 = \overline{\overline{Q_0^n}\ \overline{Q_2^n}} \end{cases} \quad \begin{cases} J_2 = Q_0^n Q_1^n \\ K_2 = Q_1^n \end{cases}$$

(2) 将驱动方程代入 JK 触发器特性方程,得到状态方程

$$Q_0^{n+1} = J_0\ \overline{Q_0^n} + \overline{K_0} Q_0^n = \overline{Q_2^n Q_1^n}\ \overline{Q_0^n}$$

$$Q_1^{n+1} = J_1\ \overline{Q_1^n} + \overline{K_1} Q_1^n = Q_0^n\ \overline{Q_1^n} + \overline{Q_0^n}\ \overline{Q_2^n} Q_1^n$$

$$Q_2^{n+1} = J_2\ \overline{Q_2^n} + \overline{K_2} Q_2^n = Q_0^n Q_1^n\ \overline{Q_2^n} + \overline{Q_1^n} Q_2^n$$

(3) 写出输出方程

$$Y = Q_1^n Q_2^n$$

(3) 根据状态方程和输出方程,列状态转换表,如表 6.2.1 所示。

将电路可能出现的现态列在 Q_2^n、Q_1^n、Q_0^n 栏中，图 6.2.1 所示时序电路中有 8 个可能的现态 000,001,…,111。将各个触发器的现态依次代入上述状态方程组和输出方程，分别求出各个触发器的状态和 Y 值，得到如表 6.2.1 所示的状态表。

表 6.2.1　例 6.2.1 的状态表

Q_2^n	Q_1^n	Q_0^n	Q_2^{n+1}	Q_1^{n+1}	Q_0^{n+1}	Y
0	0	0	0	0	1	0
0	0	1	0	1	0	0
0	1	0	0	1	1	0
0	1	1	1	0	0	0
1	0	0	1	0	1	0
1	0	1	1	1	0	0
1	1	0	0	0	0	1
1	1	1	0	0	0	1

（5）作状态转换图

由状态转换表可得状态转换图如图 6.2.2 所示。在状态转换图中以圆圈表示电路的各个状态，以箭头表示状态转换的方向。同时，还在箭头旁注明了状态转换前的输入变量取值和输出值。通常将输入变量取值写在斜线以上，将输出值写在斜线以下。因为图 6.2.1 电路没有输入逻辑变量，所以斜线上方没有注字。

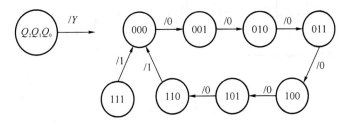

图 6.2.2　例 6.2.1 的状态图

从图 6.2.2 的状态图可知，000、001、…、110 七个状态构成一个循环，称为有效循环。111 位于有效循环之外，称为无效状态。在时序电路正常工作情况下，无效状态是不会出现的，但时序电路刚上电或者在工作过程中受到干扰时，则有可能进入无效状态。如果无效状态在若干 CP 脉冲作用后，最终能进入有效循环，则称该电路具有自启动能力。从表 6.2.1 所示的状态表可知，111 状态经过一个 CP 脉冲以后将进入 000 状态，因此，该时序电路能够自启动。

（6）画出时序图

在时钟脉冲序列的作用下，电路的状态、输出信号随时间变化的波形叫做时序图。先画出 CP 脉冲的波形，CP 脉冲的周期数大于有效循环的状态数。由于图 6.2.1 所示时序电路中的触发器采用下降沿触发，因此，在画时序图时，可在脉冲的下降沿时刻画出分割线，然后在每个时钟周期内，根据状态图依次标出有效循环内的各个状态编码和输出状态。状态 1 处画成高电平，状态 0 处画成低电平，即可得到图 6.2.3 所示的时序图。

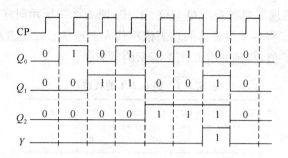

图 6.2.3 例 6.2.1 的时序图

（7）逻辑功能描述

计数器的状态图包含有一个由多个状态构成的循环。计数器的模就是循环中的状态个数。从图 6.2.2 所示的状态图可知，每来一个时钟脉冲，状态变化一次，经过 7 个时钟脉冲，电路的状态循环一次，因此是一个七进制的计数器。如果将状态编码视为一个 3 位二进制数时，每来一个 CP 脉冲，二进制数是加 1 的，所以这个电路逻辑功能为为同步七进制加法计数器。当计数为 110 时，Y 端输出一个正脉冲，该脉冲实际上就是计数器的进位信号。

例 6.2.2　分析图 6.2.4 所示的时序逻辑电路的功能。

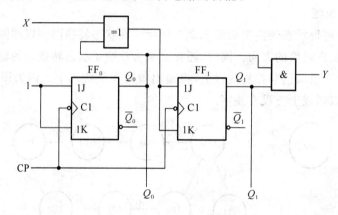

图 6.2.4 例 6.2.2 的时序电路

解:（1）根据逻辑图，列出驱动方程

$$\begin{cases} J_0 = K_0 = 1 \\ J_1 = K_1 = X \oplus Q_0^n \end{cases}$$

（2）将驱动方程代入 D 触发器特性方程，得到状态方程

$$Q_0^{n+1} = J_0 \overline{Q_0^n} + \overline{K_0} Q_0^n = \overline{Q_0^n}$$

$$Q_1^{n+1} = J_1 \overline{Q_1^n} + \overline{K_1} Q_1^n$$

$$= (X \oplus Q_0^n) \overline{Q_1^n} + \overline{A \oplus Q_0^n} Q_1^n$$

$$= X \oplus Q_0^n \oplus Q_1^n$$

（3）写出输出方程

$$Y = Q_0^n Q_1^n$$

（4）根据状态方程和输出方程列状态转换表，如表 6.2.2 所示。

表 6.2.2 例 6.2.2 的状态表

$Q_1^n Q_0^n$	$Q_1^{n+1} Q_0^{n+1}/Y$	
	$X=0$	$X=1$
00	01/0	11/0
01	10/0	00/0
10	11/0	01/0
11	00/1	10/1

（5）做状态转换图和时序图，如图 6.2.5 和图 6.2.6 所示。

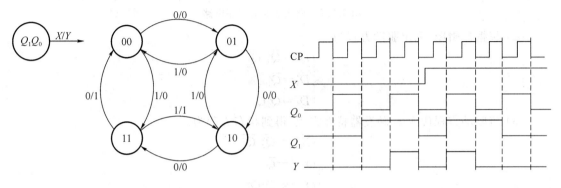

图 6.2.5　例 6.2.2 的状态图　　　　　图 6.2.6　例 6.2.2 的时序图

（6）逻辑功能描述

故此电路为可控计数器。当 $X=0$ 时是一个加法计数器，在时钟信号连续作用下，$Q_1 Q_0$ 的数值从 00 到 11 递增。当 $X=1$ 时是一个减法计数器，在连续加入时钟脉冲时，$Q_1 Q_0$ 的数值是从 11 到 00 递减的。在进行加法计数时，Y 信号是进位操作；在进行减法计数时，Y 信号是借位操作。

6.2.2　异步时序逻辑电路的分析

异步时序逻辑电路的分析与同步时序逻辑电路的分析方法基本相同。分析步骤如下。

① 写出驱动方程和输出方程；

② 写出状态方程；

③ 根据状态方程组和输出方程组，列出电路的状态表，画出状态图或时序图；

④ 逻辑功能描述。

由于异步时序逻辑电路没有统一的时钟信号，因此，在具体实施上与同步时序电路还是有区别的，主要体现在：异步时序逻辑电路需要考虑各个触发器的时钟方程，因此，在分析电路的状态转换时，要特别注意各触发器是否有有效的触发信号，只有在时钟输入端出现有效触发信号时，触发器才能动作，否则将保持原状态不变。下面举例说明异步时序逻辑电路的分析方法。

例 6.2.3　已知异步时序逻辑电路的逻辑图如图 6.2.7 所示，试分析它的逻辑功能。

解：在图 6.2.7 所示电路中，FF_1 的时钟未与输入 CP 脉冲源相连，因而是异步时序逻辑电路。

（1）CP 表达式

$CP_0 = CP_2 = CP, CP_1 = \overline{Q_0}$，采用上升沿触发。

仅当输入时钟脉冲 CP 引起 $\overline{Q_0}$ 发生由 0 至 1 的变化时，触发器 FF_1 可能根据 D 信号改变状态，否则 Q_1 保持原状态不变。

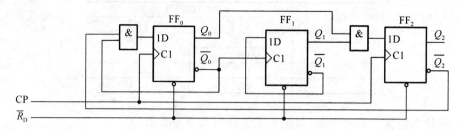

图 6.2.7　例 6.2.3 的时序电路

（2）根据逻辑图，列出驱动方程为

$$\begin{cases} D_0 = \overline{Q_0^n}\ \overline{Q_2^n} \\ D_1 = \overline{Q_1^n} \\ D_2 = Q_0^n Q_1^n \end{cases}$$

（3）将驱动方程代入 D 触发器特性方程，得到状态方程为

$$\begin{cases} Q_0^{n+1} = \overline{Q_0^n}\ \overline{Q_2^n} \\ Q_1^{n+1} = \overline{Q_1^n} \\ Q_2^{n+1} = Q_0^n Q_1^n \end{cases}$$

（4）根据状态方程列状态转换表，如表 6.2.3 所示。

表 6.2.3 所示状态表是由状态方程直接计算获得的。该状态表的计算简要说明如下：表中第一行，现态 $Q_2^n Q_1^n Q_0^n = 000$，先求出 Q_2^n 和 Q_0^n 的次态，得 $Q_2^{n+1} Q_0^{n+1} = 01$，$CP_1 = \overline{Q_0}$ 由 1 变 0，未出现有效触发边沿-上升沿，因此，Q_1 保持，即 $Q_1^{n+1} = Q_1^n = 0$。表中第二行，现态 $Q_2^n Q_1^n Q_0^n = 001$，先求出 Q_2^n 和 Q_0^n 的次态，得 $Q_2^{n+1} Q_0^{n+1} = 00$，$CP_1 = \overline{Q_0}$ 由 0 变 1，出现有效触发边沿-上升沿，因此，$Q_1^{n+1} = \overline{Q_1^n} = 1$。其余行以此类推。

（5）做状态转换图和时序图，如图 6.2.8 和 6.2.9 所示。

表 6.2.3　例 6.2.3 的状态表

Q_2^n	Q_1^n	Q_0^n	Q_2^{n+1}	Q_1^{n+1}	Q_0^{n+1}	CP_2	CP_1	CP_0
0	0	0	0	0	1	↑		↑
0	0	1	0	1	0	↑	↑	↑
0	1	0	0	1	1	↑		↑
0	1	1	1	0	0	↑	↑	↑
1	0	0	0	0	0	↑		↑

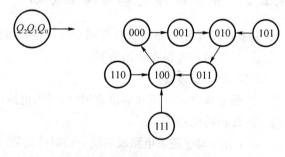

图 6.2.8　例 6.2.3 的状态图

由状态转换图可知，5 个状态 000～100 是在循环内，而其他的 3 个状态 101～111 最终在时钟作用下，都可以进入此循环，因此，该时序电路能够自启动。

（6）逻辑功能描述

由状态转换图和时序图可知，此电路为异步五进制加法计数器。

例 6.2.4　已知异步时序逻辑电路的逻辑图如图 6.2.10 所示，试分析它的逻辑功能。

解：在图 6.2.10 所示电路中，FF_1 和 FF_2 的时钟均未与输入 CP 脉冲源相连，因而是异步时序逻辑电路。

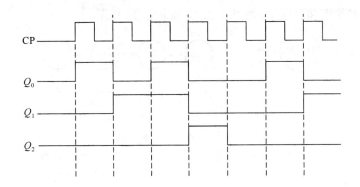

图 6.2.9　例 6.2.3 的时序图

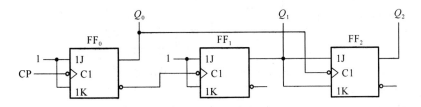

图 6.2.10　例 6.2.4 的时序电路

（1）CP 表达式

$CP_0 = CP$，$CP_1 = \overline{Q}_0$，$CP_2 = Q_0$，采用下降沿触发。

仅当输入时钟脉冲 CP 引起 $\overline{Q}_0$ 发生由 1 至 0 的变化时，触发器 FF_1 可能根据 J、K 信号改变状态，否则 Q_1 保持原状态不变。同理，仅当 Q_0 发生由 1 至 0 的变化时，触发器 FF_2 触发器才可能根据 J、K 信号改变状态，否则 Q_2 保持原状态不变。

（2）根据逻辑图，列出驱动方程为

$$\begin{cases} J_0 = K_0 = 1 \\ J_1 = K_1 = 1 \\ J_2 = K_2 = Q_1^n \end{cases}$$

（3）将驱动方程代入 JK 触发器特性方程，得到状态方程为

$$\begin{cases} Q_0^{n+1} = \overline{Q}_0^n \\ Q_1^{n+1} = \overline{Q}_1^n \\ Q_2^{n+1} = J_2 \overline{Q}_2^n + \overline{K}_2 Q_2^n \\ \qquad = Q_1^n \oplus Q_2^n \end{cases}$$

（4）根据状态方程列状态转换表，如表 6.2.4 所示。

表 6.2.4　例 6.2.4 的状态表

Q_2^n	Q_1^n	Q_0^n	Q_2^{n+1}	Q_1^{n+1}	Q_0^{n+1}	CP_2	CP_1	CP_0
0	0	0	0	1	1		↓	↓
0	0	1	0	0	0	↓		↓
0	1	0	0	0	1		↓	↓
0	1	1	1	1	0	↓		↓
1	0	0	1	1	1		↓	↓
1	0	1	1	0	0	↓		↓
1	1	0	1	0	1		↓	↓
1	1	1	0	1	0	↓		↓

（5）做状态转换图和时序图，如图 6.2.11 和 6.2.12 所示。

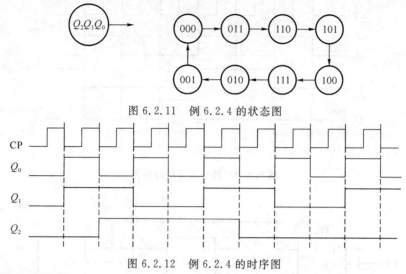

图 6.2.11　例 6.2.4 的状态图

图 6.2.12　例 6.2.4 的时序图

（6）逻辑功能描述。

由状态转换图和时序图可知，此电路为异步八进制计数器。

复习思考题

6.2.1　时序电路逻辑功能的描述方式有哪几种？请问读者能将其中任何一种描述方式转换为其他各种描述方式吗？

6.2.2　米利型和穆尔型时序电路在输出特性上有何不同？

6.2.3　为什么在分析异步时序电路的状态转换时，必须按信号作用的顺序对每个触发器进行逐个推导，才能确定电路的次态？

6.3　同步时序逻辑电路的设计

6.3.1　设计同步时序逻辑电路的一般步骤

时序电路设计又称为时序电路综合，其任务是根据给定的逻辑功能需求，选择适当的逻辑器件，设计出符合要求的时序电路。本节我们主要介绍简单时序电路的设计。所谓简单时序电路，是指用一组状态方程、驱动方程和输出方程就能完全描述其逻辑功能的时序电路。

同步时序逻辑电路设计过程框图如图 6.3.1 所示。

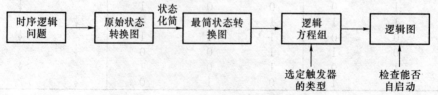

图 6.3.1　同步时序逻辑电路设计过程框图

下面对设计同步过程的主要步骤加以说明。

（1）由给定逻辑功能，得出电路的原始状态转换图

① 分析给定的逻辑问题，确定输入变量、输出变量数目和符号以及电路的状态数；

② 根据要求画出电路的原始状态转换图。

（2）状态化简

如果两个电路状态作为现态，在任何相同的输入所产生的输出及建立的状态均完全相同，则称这两个状态为等价状态。等价状态可以合并，这样设计的电路状态越少，电路越简。

（3）状态分配（也叫状态编码）

① 确定电路的状态编码的位数。电路的状态取决于触发器状态组合，触发器的数目 n 即状态编码的位数。n 与状态数 M 应满足

$$2^{n-1} < M \leqslant 2^n \tag{6.3.1}$$

② 进行状态编码。在"$M \leqslant 2^n$"的情况下，从 2^n 个状态中取 M 个状态的组合可以有多种不同的方案，而每个方案中 M 个状态的排列顺序又有许多种。如果编码方案选择得当，设计结果可以很简单。反之，编码方案选得不好，设计出来的电路就会复杂得多，这里面有一定的技巧。

（4）选定触发器的类型，求出电路的状态方程、驱动方程和输出方程

① 选定触发器的类型；

② 由状态转换图（或状态转换表）和选定的状态编码、触发器的类型，写出电路的状态方程、驱动方程和输出方程。

（5）根据得到的方程式画出逻辑图，并检查电路的自启动能力

有些同步时序电路设计中会出现没有用到的无效状态，当电路上电后有可能陷入这些无效状态而不能退出，因此，设计的最后一步应检查电路是否能进入有效状态，即是否具有自启动能力。如果不能自启动，则需修改设计。

下面通过具体例子进一步说明上述设计方法。

6.3.2　同步时序逻辑电路设计举例

例 6.3.1　用 JK 触发器设计一个七进制计数器。已知该计数器的状态图如图 6.3.2 所示。

解：（1）根据所给的状态图列出状态表，如表 6.3.1 所示。

表 6.3.1　例 6.3.1 的状态表

Q_2^n	Q_1^n	Q_0^n	Q_2^{n+1}	Q_1^{n+1}	Q_0^{n+1}	Y
0	0	0	$\times$	$\times$	$\times$	$\times$
0	0	1	1	0	0	0
0	1	0	1	0	1	0
0	1	1	0	0	1	1
1	0	0	0	1	0	0
1	0	1	1	1	0	0
1	1	0	1	1	1	0
1	1	1	0	1	1	0

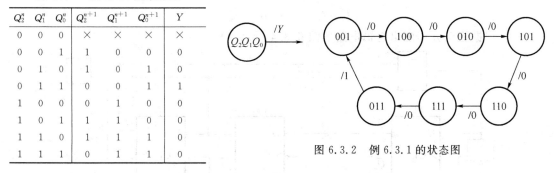

图 6.3.2　例 6.3.1 的状态图

（2）通过卡诺图化简，得到状态方程和输出方程。

根据图 6.3.3 所示的卡诺图得到各触发器的状态方程为

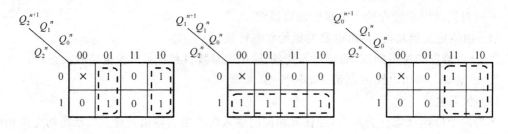

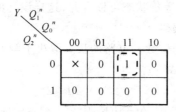

图 6.3.3 例 6.3.1 的卡诺图

$$\begin{cases} Q_2^{n+1} = \overline{Q}_1^n Q_0^n + Q_1^n \overline{Q}_0^n = Q_1^n \oplus Q_0^n \\ Q_1^{n+1} = Q_2^n \\ Q_0^{n+1} = Q_1^n \end{cases}$$

输出方程为

$$Y = \overline{Q}_2^n Q_1^n Q_0^n$$

（3）将上述 3 个状态方程分别与 JK 触发器特性方程 $Q^{n+1} = J\,\overline{Q}^n + \overline{K}Q^n$ 比较，得到有些驱动方程

$$\begin{cases} Q_2^{n+1} = \overline{Q}_1^n Q_0^n + Q_1^n \overline{Q}_0^n = Q_1^n \oplus Q_0^n (Q_2^n + \overline{Q}_2^n) \\ \qquad\quad = (Q_1^n \oplus Q_0^n) \cdot \overline{Q}_2^n + (Q_1^n \oplus Q_0^n) Q_2^n \\ Q_1^{n+1} = Q_2^n = Q_2^n (Q_1^n + \overline{Q}_1^n) \\ \qquad\quad = Q_2^n \overline{Q}_1^n + Q_2^n Q_1^n \\ Q_0^{n+1} = Q_1^n (Q_0^n + \overline{Q}_0^n) = Q_1^n \overline{Q}_0^n + Q_1^n Q_0^n \end{cases}$$

驱动方程为

$$\begin{cases} J_2 = Q_1^n \oplus Q_0^n & K_2 = \overline{Q_1^n \oplus Q_0^n} \\ J_1 = Q_2^n & K_1 = \overline{Q}_2^n \\ J_0 = Q_1^n & K_0 = \overline{Q}_1^n \end{cases}$$

（4）根据驱动方程画出逻辑电路如图 6.3.4 所示

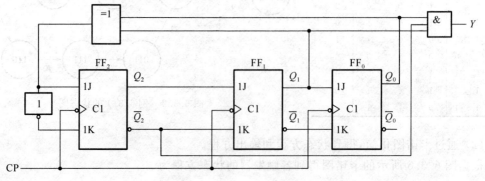

图 6.3.4 例 6.3.1 的逻辑电路

（5）检查自启动。

以上设计的时序电路包括 1 个无效状态：000。将这个无效状态代入状态方程求出次态。000 态的次态仍为 000，如果想电路自启动，必须是无效状态的次态应改为有效状态。若修改 Q_1^{n+1} 的卡诺图，如下图 6.3.5 所示，则电路的状态方程改为

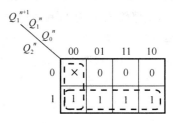

图 6.3.5　例 6.3.1 的修改 Q_1^{n+1} 的卡诺图

$$\begin{cases} Q_2^{n+1} = \overline{Q_1^n} Q_0^n + Q_1^n \overline{Q_0^n} = Q_1^n \oplus Q_0^n \\ Q_1^{n+1} = Q_2^n + \overline{Q_1^n}\, \overline{Q_0^n} \\ Q_0^{n+1} = Q_1^n \end{cases}$$

$$\begin{cases} Q_2^{n+1} = \overline{Q_1^n} Q_0^n + Q_1^n \overline{Q_0^n} = Q_1^n \oplus Q_0^n (Q_2^n + \overline{Q_2^n}) \\ \qquad = (Q_1^n \oplus Q_0^n) \cdot \overline{Q_2^n} + (Q_1^n \oplus Q_0^n) Q_2^n \\ Q_1^{n+1} = Q_2^n + \overline{Q_1^n}\, \overline{Q_0^n} = Q_2^n (Q_1^n + \overline{Q_1^n}) + \overline{Q_1^n}\, \overline{Q_0^n} \\ \qquad = (Q_2^n + \overline{Q_0^n}) \overline{Q_1^n} + Q_2^n Q_1^n \\ Q_0^{n+1} = Q_1^n (Q_0^n + \overline{Q_0^n}) = Q_1^n \overline{Q_0^n} + Q_1^n Q_0^n \end{cases}$$

驱动方程改为

$$\begin{cases} J_2 = Q_1^n \oplus Q_0^n & K_2 = \overline{Q_1^n \oplus Q_0^n} \\ J_1 = Q_2^n + \overline{Q_0^n} = \overline{\overline{Q_2^n} Q_0^n} & K_1 = \overline{Q_2^n} \\ J_0 = Q_1^n & K_0 = \overline{Q_1^n} \end{cases}$$

逻辑电路该为如图 6.3.6 所示。

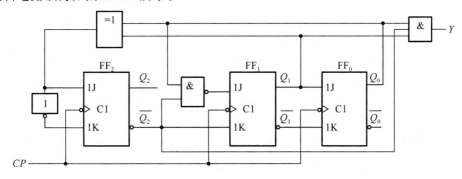

图 6.3.6　例 6.3.1 的修改后的逻辑图

它的完整状态转换图如图 6.3.7 所示。

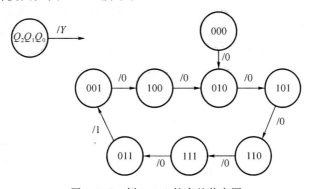

图 6.3.7　例 6.3.1 的完整状态图

例 6.3.2 设计一个串行数据检测器。要求当串行输入数据 X 连续输入 3 个或 3 个以上的 1 时,电路输出 Y 为 1,其他情况下输出为低电平 0。

解:(1) 给定的逻辑问题,画出原始的状态转换图。

设 S_0 为初始状态。该状态可以理解为电路处于复位状态。S_1 为已接受 1 的状态,S_2 为已接受 11 的状态,S_3 为接受 111 或 3 个以上 1 的状态。

为了建立状态图,从 S_0 开始,这时输入可能有 $X=0$ 和 $X=1$ 两种情况,若 $X=0$,则应保持 S_0 状态不变,若 $X=1$,则转向 S_1 状态,表明已接受到一个 1。当在 S_1 状态时,若 $X=0$,则回到 S_0 状态,若 $X=1$,则转向 S_2 状态,表明已接受到 11。当在 S_2 状态时,若 $X=0$,则回到 S_0 状态,若 $X=1$,则转向 S_3 状态,表明已接受到 111,输出 Y 置 1。当在 S_3 状态时,若 $X=0$,则回到 S_0 状态,若 $X=1$,则继续维持在 S_3 状态,表明已接受到 3 个以上 1,输出 Y 置 1。根据上述分析,得到如图 6.3.8 所示的原始状态转换图。

(2) 状态化简。比较一下 S_2 和 S_3 这两个状态便可发现,它们在同样的输入下有同样的输出,而且转换后得到同样的次态。因此,S_2 和 S_3 是等价状态,可以合并为一个。由状态图可以看出,S_2 和 S_3 为等价状态,可以合并成一个。其化简后状态图如图 6.3.9 所示。

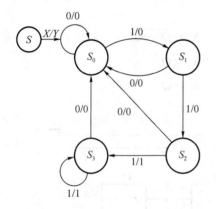

图 6.3.8 例 6.3.2 的原始状态图

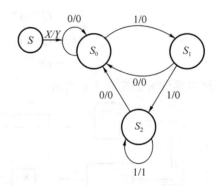

图 6.3.9 例 6.3.2 的化简的状态图

(3) 状态分配

化简后的状态有 3 个,可以用 2 位二进制代码组合(00,01,10,11)中的任意 3 个代码表示,用两个触发器组成电路。选取 00、01 和 10 分别代表 S_0、S_1 和 S_2,得到状态分配图,如图 6.3.10 所示。

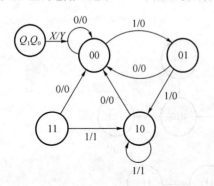

图 6.3.10 例 6.3.2 的状态分配后的状态图

(4) 选定触发器的类型,求出电路的状态方程、驱动方程和输出方程。

用小规模集成的触发器芯片设计时序电路时,选用逻辑功能较强的 JK 触发器可能得到较简化的组合电路。

由于电路的状态为 3 个,故 $M=3$,应取触发器的数目为 $n=2$。由状态图 6.3.10 得到的状态表如表 6.3.2 所示。由状态表画出电路次态和输出的卡诺图,如图 6.3.10 所示。

表 6.3.2　例 6.3.2 的状态表

X	Q_1^n	Q_0^n	Q_1^{n+1}	Q_0^{n+1}	Y	X	Q_1^n	Q_0^n	Q_1^{n+1}	Q_0^{n+1}	Y
0	0	0	0	0	0	1	0	0	0	1	0
0	0	1	0	0	0	1	0	1	1	0	0
0	1	0	0	0	0	1	1	0	1	0	1
0	1	1	×	×	×	1	1	1	×	×	×

通过卡诺图 6.3.11 化简,得到状态方程和输出方程为

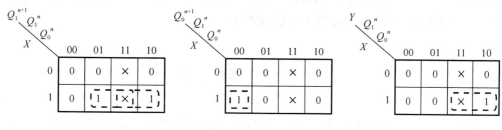

图 6.3.11　例 6.3.2 的卡诺图

$$\begin{cases} Q_1^{n+1} = XQ_0^n + XQ_1^n \\ Q_0^{n+1} = X\,\overline{Q_1^n}\,\overline{Q_0^n} \end{cases}$$

$$Y = XQ_1^n$$

将上述 2 个状态方程分别与 JK 触发器特性方程 $Q^{n+1} = J\,\overline{Q} + \overline{K}Q$ 比较,得到有些驱动方程

$$\begin{cases} Q_1^{n+1} = XQ_0^n + XQ_1^n = XQ_0^n(Q_1^n + \overline{Q_1^n}) + XQ_1^n \\ \qquad = XQ_0^n \cdot \overline{Q_1^n} + X \cdot Q_1^n \\ Q_0^{n+1} = X\,\overline{Q_1^n}\,\overline{Q_0^n} = X\,\overline{Q_1^n} \cdot \overline{Q_0^n} + \overline{1} \cdot Q_0^n \end{cases}$$

$$\begin{cases} J_1 = XQ_0^n \qquad K_1 = \overline{X} \\ J_0 = X\,\overline{Q_1^n} \qquad K_0 = 1 \end{cases}$$

(5)画出逻辑图,并检查自启动能力。

其对应的逻辑电路如图 6.3.12 所示

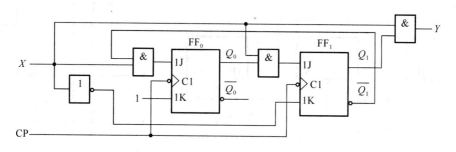

图 6.3.12　例 6.3.2 的逻辑图

最后检查自启动能力。当电路进入无效状态 11 后,由状态方程和输出方程可知,当 $X = 0$ 时,则次态为 00;当 $X = 1$ 时,则次态为 10,电路能自动进入有效序列。但从输出来看,如电路在无效状态 11,当 $X = 1$ 时,输出错误地出现 $Y = 1$。为此,需要对输出方程适当修改,即将图

6.3.10 中输出信号 Y 的卡诺图里无关项 $XQ_1^n Q_0^n$ 不画在包围内,则输出方程变为 $Y = XQ_1^n \overline{Q_0^n}$。根据此式对图 6.3.12 也做相应的修改即可。

复习思考题

6.3.1 什么是等价状态? 若状态 a 与 b 等价,状态 b 又与状态 c 等价,那么状态 a 与 c 等价吗?

6.3.2 同步时序电路中触发器的数目与状态数目有何关系? 与状态分配又有何关系?

6.3.3 如何检查同步时序电路的自启动能力?

6.4 计 数 器

所谓计数,就是统计时钟脉冲的个数。计数器不仅可以记录输入的脉冲个数,还可以实现分频、定时。计数器种类繁多,按数字增减趋势分为加法计数器、减法计数器和可逆计数器;按时钟引入方式分为同步计数器和异步计数器;按计数体制分为二进制计数器、N 进制计数器等。

6.4.1 异步二进制计数器

图 6.4.1 所示是一个 3 位异步二进制加法计数器的逻辑图。该电路由 3 个 JK 触发器构成,由于每个触发器 $J_i = K_i = 1$,因此,JK 触发器实际已经转化为 T' 触发器(计数型触发器)。同时,各 Q_0 端有与相邻高 1 位触发器的时钟输入端相连,因而每输入一个计数脉冲,FF_0 就翻转一次。当 Q_0 有 1 变 0(Q_0 的进位信号)时,FF_1 翻转。当 Q_1 有 1 变 0(Q_1 的进位信号)时,FF_2 翻转。显然,这是一个异步时序电路,它们的时序图如图 6.4.2 所示。

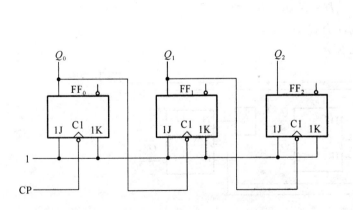

图 6.4.1 3 位二进制异步加计数器

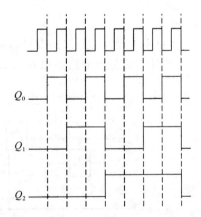

图 6.4.2 图 6.4.1 所示电路的时序图

根据图 6.4.2 所示时序图,可得到如图 6.4.3 所示电路的状态图。从状态图可以看出,每当输入一个 CP 脉冲,计数器的状态按二进制递增。每当输入 8 个 CP 脉冲,构成一个循环,因此,它是一个八进制加法计数器。

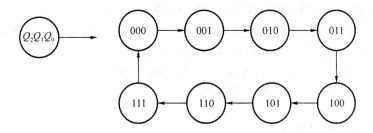

图 6.4.3　图 6.4.1 所示电路的状态图

图 6.4.4 所示是一个 3 位异步二进制减法计数器的逻辑图。该电路由 3 个 JK 触发器构成,由于每个触发器 $J_i=K_i=1$,因此,JK 触发器也转化为 T' 触发器。同时,各 $\overline{Q}$ 端有与相邻高 1 位触发器的时钟输入端相连,因而每输入一个计数脉冲,FF_0 就翻转一次。当 $\overline{Q}_0$ 有 0 变 1(Q_0 的借位信号)时,FF_1 翻转。当 $\overline{Q}_1$ 有 0 变 1(Q_1 的借位信号)时,FF_2 翻转。它们的时序图如图 6.4.5 所示的。

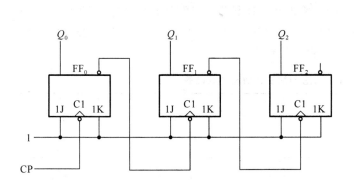

图 6.4.4　3 位二进制异步加计数器

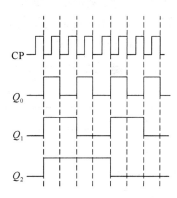

图 6.4.5　图 6.4.4 所示电路的时序图

根据图 6.4.5 所示时序图,可得到如图 6.4.6 所示电路的状态图。从状态图可以看出,每当输入一个 CP 脉冲,计数器的状态按二进制递减。每当输入 8 个 CP 脉冲,构成一个循环,因此,它是一个八进制减法计数器。

根据异步二进制减法计数器和异步二进制加法计数器电路图,不难分析异步二进制计数器构成的一般规律:首先将构成计数器的触发器先转化为 T' 触发器,然后把低位触发器的一个输出端接到高位触发器的时钟输入端。在采用下降沿动作的 T' 触发器时,加法计数器 Q 端为输出端,减法计数器以 $\overline{Q}$ 端为输出端。而在采用上升沿动作的 T' 触发器时,情况正好相反,加法计数器以 $\overline{Q}$ 端为输出端,减法计数器以 Q 端为输出端。

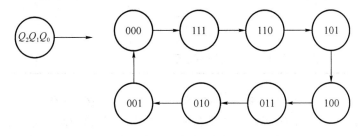

图 6.4.6　图 6.4.4 所示电路的状态图

从图 6.4.2 和 6.4.5 所示时序图可以看出, Q_0 的周期是 CP 脉冲周期的 2 倍, Q_1 的周期是 CP 脉冲周期的 4 倍, Q_2 的周期是 CP 脉冲周期的 8 倍, 也就是说, Q_0、Q_1、Q_2 实现了对 CP 脉冲的二分频、四分频和八分频, 计数器可以实现分频功能。

如果 CP 脉冲的频率十分稳定, 或者说 CP 脉冲的周期是一个常数, 则计数器的计数值反映时间长短, 因此, 计数器还可以实现定时功能。

6.4.2 同步二进制计数器

异步二进制计数器的原理、结构简单除了触发器, 不需要任何其他元件。但由于各触发器的翻转时间有延迟, 对于一个 N 位二进制异步计数器来说, 从一个计数脉冲开始作用到第一个触发器, 到第 N 个触发器翻转达到稳定状态, 需要经历的时间为 $N \times t_{Pd}$ (这里的 t_{Pd} 是指 T' 触发器时钟输入和状态输出之间的延时, 参见 5.7 节中的有关内容), 可见, 异步二进制计数器的速度较慢。在同步计数器中, 由于计数脉冲 CP 同时接于各触发器的时钟脉冲输入端, 根据当前计数器状态, 利用组合逻辑控制, 当计数脉冲 CP 到来时, 所有触发器的同时翻转, 都比计数脉冲 CP 的作用时间滞后一个 t_{Pd}。因此, 输出状态比异步二进制计数器稳定, 其工作速度一般高于异步计数器。这里以 4 为二进制加法计数器为例, 导出同步二进制加法计数器的构成规律。表 6.4.1 所示为 4 位二进制加法计数器的状态表。

表 6.4.1 4 位二进制加法计数器的状态表

计数顺序	电路状态				低位进位
	Q_3	Q_2	Q_1	Q_0	
0	0	0	0	0	0
1	0	0	0	1	0
2	0	0	1	0	0
3	0	0	1	1	0
4	0	1	0	0	0
5	0	1	0	1	0
6	0	1	1	0	0
7	0	1	1	1	0
8	1	0	0	0	0
9	1	0	0	1	0
10	1	0	1	0	0
11	1	0	1	1	0
12	1	1	0	0	0
13	1	1	0	1	0
14	1	1	1	0	0
15	1	1	1	1	1
16	0	0	0	0	0

观察表 6.4.1 可以看出, Q_0 每来一个 CP 脉冲就翻转一次; Q_1 只有当 Q_0 为 1 时, 才能在下一个 CP 脉冲边沿到达时翻转, 否则状态保持不变; Q_2 只有当 Q_0、Q_1 同时为 1 时, 才能在下一个 CP 脉冲边沿到达时翻转, 否则状态保持不变; Q_3 只有当 Q_0、Q_1 和 Q_2 同时为 1 时, 才能在下一个 CP 脉冲边沿到达时翻转, 否则状态保持不变。

T 触发器的特性方程为 $Q^{n+1}=T\overline{Q^n}+\overline{T}Q^n$。当 $T=1$ 时，$Q^{n+1}=\overline{Q^n}$，每来一个 CP 脉冲就翻转一次；当 $T=0$ 时，$Q^{n+1}=Q^n$，状态保持不变。可见，可选用 T 触发器来构成同步二进制加法计数器。

根据表 6.4.1 所示的状态表，可以确定计数器各 T 触发器的驱动方程为

$$\begin{cases} T_0=1 \\ T_1=Q_0 \\ T_2=Q_0Q_1 \\ T_3=Q_0Q_1Q_2 \end{cases}$$

由此得到如图 6.4.7 所示 4 位同步二进制加计数器的逻辑图。CO 信号为进位输出，当计数器的状态处于 1111 时，CO 信号产生一个正脉冲。图 6.4.8 所示为 4 位同步二进制加计数器的时序图。

推而广之，可以得到 N 为同步二进制加法计数器的构成规律：

$$\begin{cases} T_0=1 \\ T_i=Q_{i-1}Q_{i-2}\bullet\cdots\bullet Q_2Q_1 \quad (i=1,2,\cdots,N-1) \end{cases} \tag{6.4.1}$$

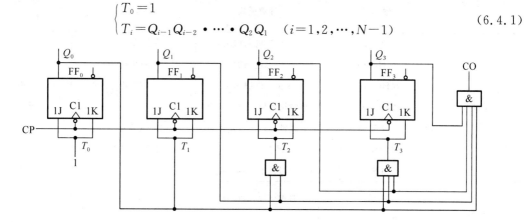

图 6.4.7　4 位二进制同步加法计数器

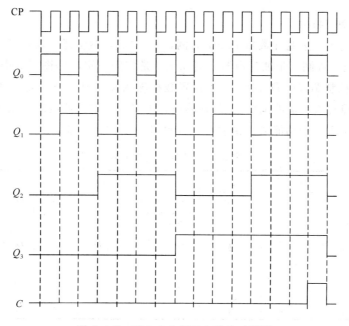

图 6.4.8　图 6.4.7 所示电路的时序图

如果将图 6.4.7 所示电路中 T 触发器的驱动方程组改为

$$\begin{cases} T_0 = 1 \\ T_i = \overline{Q_{i-1}} \, \overline{Q_{i-2}} \cdot \cdots \cdot \overline{Q_2} \, \overline{Q_1} \quad (i=1,2,\cdots,N-1) \end{cases} \tag{6.4.2}$$

则可以得到 N 为同步二进制减法计数器。即每输入一个计数脉冲,计数器 $Q_3 Q_2 Q_1 Q_0$ 的状态将按二进制编码递减。读者可自行分析 4 位同步二进制减计数器的状态表和时序图。

6.4.3 集成计数器

目前,集成计数器在一些简单小型数字系统中仍被广泛应用,因为它们具有体积小、功耗低、功能灵活等优点。集成计数器的类型很多,下表例举了若干集成计数器产品。

表 6.4.3 几种常见的集成计数器

CP 脉冲引入方式	型 号	计数模式	清零方式	预置数方式
同步	74161	4 位二进制加法	异步(低电平)	同步
	74HC161	4 位二进制加法	异步(低电平)	同步
	74HCT161	4 位二进制加法	异步(低电平)	同步
	74LS191	单时钟 4 位二进制可逆	无	异步
	74LS193	双时钟 4 位二进制可逆	异步(高电平)	同步
	74160	十进制加法	异步(高电平)	同步
	74LS190	单时钟十进制可逆	无	异步
异步	74LS293	双时钟 4 位二进制加法	异步	异步
	74LS290	二-五-十进制加法	异步	异步

1. 集成计数器 74161

下面以集成同步二进制计数器 74161 为例,介绍集成计数器逻辑功能和使用方法。

74161 是 4 位二进制同步加计数器。图 6.4.9 是它的逻辑电路图。其中,R_D 是异步清零端,LD 是预置数控制端,D_0、D_1、D_2、D_3 是预置数据输入端,EP 和 ET 是计数使能(控制)端,RCO($=ET \cdot Q_3 Q_2 Q_1 Q_0$)是进位输出端,它的设置为多片集成计数器的级联提供了方便。

表 6.4.4 是 74161 的功能表。由表可知,74161 具有以下功能。

表 6.4.4 74161 的功能表

清零	预置	使能		时钟	预置数据输入				输 出			
R_D	LD	EP	ET	CP	D_0	D_1	D_2	D_3	Q_0	Q_1	Q_2	Q_3
0	×	×	×	×	×	×	×	×	0	0	0	0
1	0	×	×	⌐	D_0	D_1	D_2	D_3	D_0	D_1	D_2	D_3
1	1	0	×	×	×	×	×	×	保			持
1	1	×	0	×	×	×	×	×	保			持
1	1	1	1	⌐	×	×	×	×	计			数

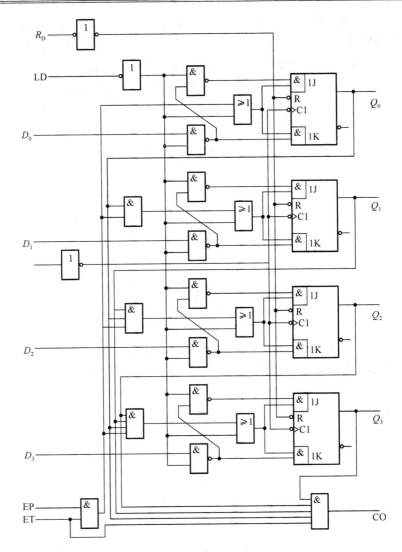

图 6.4.9　4 位同步二进制计数器 74161 的逻辑图

① 异步清零功能。

当 $R_D=0$ 时,不管其他输入端的状态如何,4 个 JK 触发器全部清零。由于这一清零操作不需 CP 的配合,所以称为异步清零。

② 同步并行预置数功能。

在 $R_D=1$ 的条件下,当 LD=0、且有时钟脉冲 CP 的上升沿作用时,D_0、D_1、D_2、D_3 输入端的数据将分别被 $Q_0 \sim Q_3$ 所接收。由于这个置数操作必须有 CP 时钟上升沿配合,又有 $D_0 \sim D_3$ 的数据同时置入,所以称为同步并行预置。

③ 保持功能。

在 $R_D=LD=1$ 的条件下,当 $ET \cdot EP=0$,即两个计数使能端中有 0 时,不管有无 CP 脉冲作用,计数器都保持原有状态不变(停止计数)。需要说明的是,当 EP=1,ET=1 时进位输出 RCO 也保持不变;而当 ET=0 时,不管 EP 状态如何,进位输出 RCO=0。

④ 同步二进制加法计数功能。

当 $R_D=LD=EP=ET=1$ 时,74161 处于计数状态。

74161 逻辑图形符号如图 6.4.10 所示。高速 CMOS 集成 74HC161,74HCT161 的逻辑

功能、外形和尺寸、引脚排列顺序等于 74161 完全相同。

2. N 进制计数器

用现有的 M 进制集成计数器构成 N 进制计数器时，如果 $M > N$，则只需一片 M 进制计数器；如果 $M < N$，则需用多片 M 进制计数器。下面结合例题分别介绍这两种情况的实现方法。

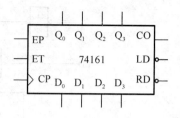

图 6.4.10 74161 的逻辑符号

若已有 M 进制集成计数器（如 74161），现在要实现 N 进制计数器

（1）$M > N$ 的情况

在 M 进制计数器的顺序计数过程中，若设法使之跳过 $M-N$ 个状态，就可以得到 N 进制计数器了，其方法有清零法（复位法）和置数法（置位法）。

① 清零法。

清零法适用于清零输入端的计数器，如 74161 有异步清零端，在计数过程中，不管其输出处于什么状态，只要在异步清零端加一低电平，使 $R_D = 0$，74161 的输出状态马上变为 0000。

例 6.4.1 用 74161 构成五进制加计数器。

解：五（$N=5$）进制计数器有 10 个状态，而 74161 在计数过程中有 16（$M=16$）个状态，因此属于 $M > N$ 情况。此时必须设法跳过 $M-N(=16-5=11)$ 个状态。

图 6.4.11(a) 所示的五进制计数器，就是借助 74161 的异步清零功能实现的。图 6.4.10(b) 所示是其主循环状态图。由图可知，74161 从 0000 状态开始计数，当计数器的输出（$Q_3 Q_2 Q_1 Q_0$）进入 0101，与非门输出低电平，反馈给 R_D 端，使计数器的状态 $Q_3 Q_2 Q_1 Q_0$ 变为 0000。此刻，产生清零信号的条件已消失，R_D 端随之变为高电平，74161 重新从 0000 状态开始新的计数周期。这样就跳过了 0101～1111 十一个状态，构成五进制计数器。需要说明的是，电路是在进入 0101 状态后，才立即被置成 0000 状态的，即 0101 状态会在极短的瞬间出现，如图 6.4.11(b) 所示。因此，电路实际上只有 0000～0100 五个有效状态。根据状态图，可画出图 6.4.12 所示的时序图。由于 0101 状态的瞬间出现，在时序图上出现毛刺，这是异步清零法的不足之处。

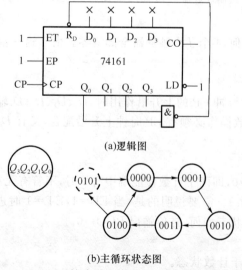

(a)逻辑图

(b)主循环状态图

图 6.4.11 用反馈清零法将 74161 接成五进制计数器

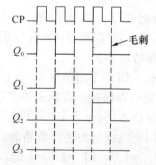

图 6.4.12 例 6.4.1 的时序图

具有同步清零功能的 M 进制集成计数器也可用反馈清零法构成 N 进制计数器。这里不再举例,读者可自行分析两者的差异。

② 置数法。

有预置数功能的计数器可用此方法构成 N 进制计数器,利用 74161 的同步预置数构成五进制计数器。

图 6.4.13(a) 和图 6.4.14(a) 所示的电路,都是借助 74161 的同步预置功能,采用反馈置数法构成五进制加计数器的。其中图 6.4.13(a) 所示电路的接法是当计数器输出 $Q_3Q_2Q_1Q_0 = 0100$ 时,非门输出低电平,反馈至 LD 端,在下一个 CP 脉冲上升沿到达以后,就不再实现加 1 计数,而是实现同步置数,使 $Q_3Q_2Q_1Q_0$ 变为 0000。图 6.4.13(b) 所示是图 6.4.13(a) 所示电路的状态图。其中 0001~0100 这 4 个状态是 74161 进行加 1 计数实现的,0000 是由反馈(同步)置数得到的。

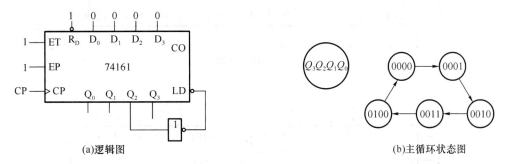

图 6.4.13　用反馈置数法将 74161 接成五进制计数器

图 6.4.14 所示为利用"同步置数"功能构成五进制加法计数器的另一种电路的接法。当计数器输出 $Q_3Q_2Q_1Q_0 = 1111$ 时,CO=1 产生进位信号,经反相器输出低电平,反馈至 LD 端,实现同步置数,使 $Q_3Q_2Q_1Q_0$ 变为 1011。图 6.4.14(b) 所示是图 6.4.14(a) 所示电路的状态图。其中 1100~1111 这 4 个状态是 74161 进行加 1 计数实现的,1011 是由反馈(同步)置数得到的。具有异步置数功能的 M 进制集成计数器也可用反馈置数法构成 N 进制计数器。读者可自行分析它与上述同步置数计数器的差异。

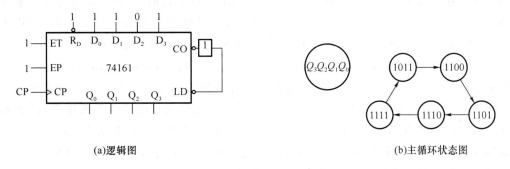

图 6.4.14　用反馈清零法将 74161 接成十进制计数器另一种电路

(2) $M < N$ 的情况

这种情况下,必须用多片 M 进制计数器组合起来,才能构成 N 进制计数器。连接方式有串行进位方式、并行进位方式、整体清零方式和整体置数方式。

在串行进位方式中,以低位片的进位信号作为高位片的时钟输入信号。在并行进位方式中,以低位片的进位输出信号作为高位片的使能输入信号,两片的计数脉冲接在同一计数输入脉冲信号上。

若 N 进制可分解成两个因数 N_1、N_2(N_1 和 N_2 均小于 M)相乘,即 $N = N_1 \times N_2$,采用串行进位或并行进位方式将两个计数器连接起来,构成 N 进制的计数器。

例 6.4.2 试利用串行进位方式和并行进位方式由 74161 构成 256 进制计数器。

解:因为 $N = (256) > M (= 16)$,且 $256 = 16 \times 16$,所以要用两片 74161 构成此计数器。片与片之间的连接方式有并行进位和串行进位两种,其实现电路如图 6.4.15 所示。

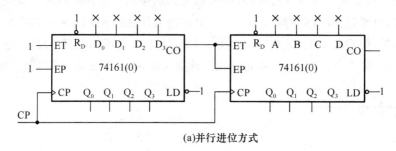

(a)并行进位方式

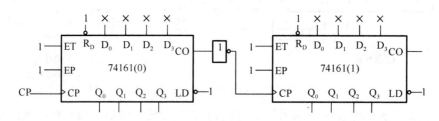

(b)串行进位方式

图 6.4.15 例 6.4.3 的逻辑电路图

图 6.4.15(a)所示电路是并行进位方式的接法。以 74161(0)片的进位输出 CO 作为 74161(1)片的计数使能 EP 和 ET 输入,每当 74161(0)片计数状态为 1111 时,CO 变为 1,这时 74161(1)片工作在允许计数工作状态。下一个 CP 脉冲到达时,74161(0)片计数状态变为 0000,74161(1)片的计数状态加 1,可见,74161(0)片每经过 16 次加法计数,74161(1)片才进行了一次加法计数,因此 74161(0)片和 74161(1)片构成了 256 进制加法计数器。

图 6.4.15(b)所示电路是串行进位方式的连接方法。两片 74161 的 EP 和 ET 恒为 1,都工作在计数状态。74161(0)片进位输出通过反相器后作为 74161(1)片的计数脉冲输入。当 74161(0)片的就是状态由 1111 变为 0000 时,进位输出 CO 由高电平变为低电平,经反相器后,在 74161(1)片的时钟输入端产生一个上升沿,4161(1)片的计数状态加 1。由于 74161(0)片和 74161(1)片不采用同一时钟信号,因此,构成了 256 进制加法计数器属于异步计数器。

例 6.3.3 试利用两片 74161 构成 100 进制计数器。

解:

方法一:通过并行进位方式构成 256 进制计数器,再通过"同步置数"法构成 100 进制计数器,其逻辑电路如图 6.4.16(a)所示。当 256 进制计数器计到 01100011 状态时,与非门输出端产生低电平的置位信号,再来一个计数脉冲,计数器状态回到 00000000,从而实现了 100 进制计数器。

　　方法二:通过串行进位方式构成 256 进制计数器,再用"异步清零"法构成 100 进制计数器,其逻辑电路如图 6.4.16(b)所示。当 256 进制计数器计到 01100100 状态时,与非门输出端产生低电平的清零信号,计数器状态立即回到 00000000,从而实现了 100 进制计数器。

　　方法三:当 N 可分解成 N_1 和 N_2(N_1 和 N_2 均小于 16)的因数相乘时,即 $N=N_1\times N_2$,可将两个计数器分别接成 N_1 进制计数器和 N_2 进制计数器,然后再将两个计数器级联起来,其逻辑电路如图 6.4.17 所示。因此,100 进制计数器可由两个十进制计数器级联而成。通过置数法将 74161(0) 和 74161(1) 分别构成十进制的计数器,然后利用通过串行进位方式构成 100 进制计数器。

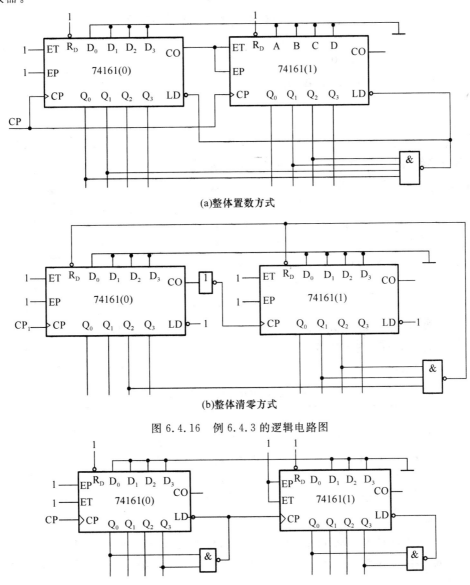

(a)整体置数方式

(b)整体清零方式

图 6.4.16　例 6.4.3 的逻辑电路图

图 6.4.17　例 6.4.3 的逻辑电路图

　　需要指出的是,采用方法一和方法二实现的 100 进制计数器的输出为二进制数,而采用方法三实现的 100 进制计数器输出为 8421BCD 码。

复习思考题

6.4.1　能否用具有同步清零功能的二进制计数器采取反馈清零法来构成 N 进制计数器?

6.4.2　计数器的同步清零方式和异步清零方式有什么不同? 同步预置数方式和异步预置数方式有何不同?

6.5　寄存器和移位寄存器

6.5.1　寄存器和移位寄存器

1. 寄存器

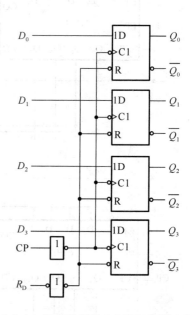

寄存器是用来存储二进制代码的电路。它的主要组成部分是触发器。一个触发器能存储 1 位二进制代码,要存储 n 位二进制代码,就需要用 n 个触发器,所以寄存器实际上是若干触发器的集合。

一个 4 位的集成寄存器 74LS175 的逻辑电路图如图 6.5.1 所示。其中, R_D 是异步清零控制端。在往寄存器中寄存数据或代码之前,必须先将寄存器清零,否则有可能出错。 $D_0 \sim D_3$ 是数据输入端,在 CP 脉冲上升沿作用下, $D_0 \sim D_3$ 端的数据被并行的存入寄存器。输出数据可以并行从 $Q_0 \sim Q_3$ 端引出,也可以并行从 $\overline{Q}_0 \sim \overline{Q}_3$ 端引出反码输出。74LS175 的功能见表 6.5.1。

图 6.5.1　集成寄存器 74LS175 逻辑电路图

表 6.5.1　74LS175 的功能表

输　入						输　出			
R_D	CP	D_0	D_1	D_2	D_3	Q_0	Q_1	Q_2	Q_3
L	×	×	×	×	×	L	L	L	L
H	↗	1D	2D	3D	4D	1D	2D	3D	4D
H	H	×	×	×	×	保　　　持			
H	L	×	×	×	×				

2. 移位寄存器

移位寄存器不仅具有数码存储功能,还具有移位的功能,即在移位脉冲的作用下,依次左移或右移。故移位寄存器除了寄存代码外,还可以实现数据的串行－并行转换、数值运算以及数据处理等。

（1）移位寄存器的工作原理

图 6.5.2 所示电路是由边沿触发方式的 D 触发器组成的 4 位单向右移移位寄存器逻辑图。串行二进制数据从输入端 D_1 输入,左边触发器的输出端作为右边触发器的输入,从逻辑图可知,各 D 触发器的驱动方程为

$$\begin{cases} D_0 = D_1 \\ D_1 = Q_0 \\ D_2 = Q_1 \\ D_3 = Q_2 \end{cases} \tag{6.5.1}$$

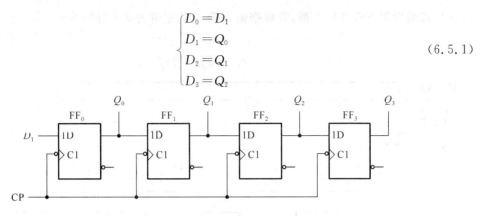

图 6.5.2　用 D 触发器构成的 4 位单向右移位寄存器

在 CP 脉冲下降沿到来的时刻,单向右移寄存器中每个触发器中的内容移入右边的触发器。值得注意的是,由于逻辑符号规定最低有效位(LSB)到最高位(MSB)的排列顺序为从左到右,因此移位寄存器的右移定义为从数据低位移向数据高位,而左移定义为从数据高位移向数据低位,与计算机指令系统中的左移、右移指令的规定刚好相反。

设移位寄存器的初始状态 $Q_0 Q_1 Q_2 Q_3 = 0000$,现将外部串行数据 $B_3 B_2 B_1 B_0$(1101)通过 4 次右移存入寄存器的过程说明如下:第 1 个 CP 脉冲的下降沿后,第 1 位数据 B_0 由数据输入端 D_1 移入 FF_0,$Q_0 = 1$;第 2 个 CP 脉冲的下降沿后,第 2 位数据 B_1 由数据输入端 D_1 移入 FF_0,$Q_0 = 0$,$Q_1 = 1$,…,以此类推,图 6.5.3 不是了各触发器输出端在移位过程中的波形。经过 4 个 CP 脉冲以后,串行数据 1101 分别出现在 4 个触发器的输出端 $Q_0 \sim Q_3$,从而将串行输入的数据转换成并行输出(即同时从 $Q_0 \sim Q_3$ 输出),这就是所谓的串行/并行转换。另外,从图 6.5.3 的波形图中也可以看到,在 4、5、6、7 个 CP 脉冲下降沿后,Q_3 的输出端分别为 1(B_0)、0(B_1)、1(B_2)、1(B_3),这样又把寄存器中的并行数据转化为串行数据从 Q_3 输出,从而实现并行/串行转换。

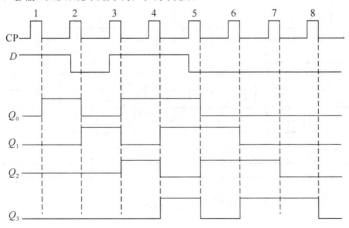

图 6.5.3　各触发器输出端在移位过程中的波形

(2) 双向移位寄存器

让右边触发器的输出作为左邻触发器的数据输入,则可构成左向移位寄存器。若再增添一些控制门,则可构成既能右移(由低位向高位)、又能左移(由高位向低位)的双向移位寄存器。如图 6.5.4 所示的是双向移位寄存器的一种方案,它是利用边沿 D 触发器组成的,每个触发器的数据输入端 D 同与或非门组成的转换控制门相连,移位方向取决于移位控制端 S 的

状态。以触发器 FF_0、FF_1 为例,其数据输入端 D 的逻辑表达式分别为

$$D_0 = \overline{SD_{IR} + \overline{S}\,\overline{Q_1}}$$

$$D_1 = \overline{SQ_0 + \overline{S}\,\overline{Q_2}} \tag{6.5.2}$$

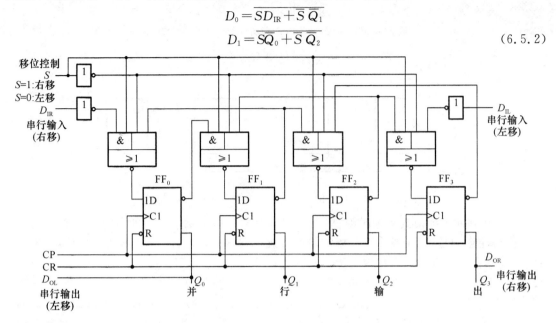

图 6.5.4　用 D 触发器构成的 4 位双向移位寄存器

当 $S=1$ 时,$D_0=D_{SR}$,$D_1=Q_0$,即 FF_0 的 D_0 端与右移串行输入端 D_{SR} 连通,FF_1 的端与 D_0 相通,在时钟脉冲 CP 作用下,由 D_{SR} 端输入的数据将作右向移位;反之,$S=0$ 时,$D_0=Q_1$,$D_1=Q_2$,在时钟脉冲 CP 作用下,Q_2、Q_1 的状态将作左向移位。同理,可以分析其他两位触发器间的移位情况。

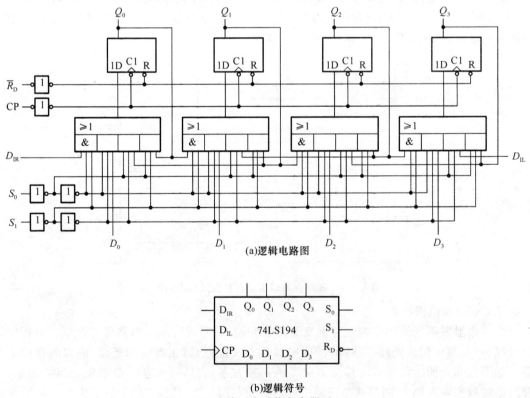

(a)逻辑电路图

(b)逻辑符号

图 6.5.5　4 位双向移位寄存器 74LS194

集成移位寄存器 74LS194 由 4 个 D 触发器和 4 个 4 选 1 的数据选择器构成。逻辑电路图和逻辑符号如图 6.5.5(a)、(b)所示。其中：D_{IR} 是数据右移串行输入端，D_{IL} 是数据左移串行输入端，$D_0 \sim D_3$ 是数据并行输入端，$Q_0 \sim Q_3$ 是数据并行输出端，S_1、S_0 是工作状态控制端。S_1、S_0 的状态组合可以完成 4 种控制功能，如表 6.5.2 所示。

表 6.5.2　74LS194 双向移位寄存器控制端的逻辑功能

控制信号		功能
S_1	S_0	
0	0	保　持
0	1	右　移
1	0	左　移
1	1	并行置数

74LS19 其功能表如表 6.5.3 所示。由表可知，74161 具有以下功能：第 1 行表示寄存器异步清零。R_D 是异步清零输入端。第 2 行为保持状态。第 3 行表示为并行同步预置数状态。第 4、5 行表示为串行输入左移；第 6、7 行表示为串行输入右移。

表 6.5.3　74LS194 的功能表

序号	清零 $\overline{R}_D$	输　入									输　出			
		控制信号		串行输入		时钟脉冲 CP	并行输入				Q_0	Q_1	Q_2	Q_3
		S_1	S_0	右移 D_{IR}	左移 D_{IL}		D_0	D_1	D_2	D_3				
1	L	$\times$	$\times$	$\times$	$\times$	$\times$	$\times$	$\times$	$\times$	$\times$	L	L	L	L
2	H	L	L	$\times$	$\times$	$\times$	$\times$	$\times$	$\times$	$\times$	Q_0^n	Q_1^n	Q_2^n	Q_3^n
3	H	H	H	$\times$	$\times$	$\int$	D_0	D_1	D_2	D_3	D_0	D_1	D_2	D_3
4	H	H	L	$\times$	H	$\int$	$\times$	$\times$	$\times$	$\times$	Q_1^n	Q_2^n	Q_3^n	H
5	H	H	L	$\times$	L	$\int$	$\times$	$\times$	$\times$	$\times$	Q_1^n	Q_2^n	Q_3^n	L
6	H	L	H	H	$\times$	$\int$	$\times$	$\times$	$\times$	$\times$	H	Q_0^n	Q_1^n	Q_2^n
7	H	L	H	L	$\times$	$\int$	$\times$	$\times$	$\times$	$\times$	L	Q_0^n	Q_1^n	Q_2^n

有时要求在移位过程中数据不要丢失，仍然保持在寄存器中。此时，只要将移位寄存器的最高位的输出端接至最低位的输入端，或将最低位的输出端接至最高位的输入端，即将移位寄存器的首尾相连就可实现上述功能。这种寄存器称为循环移位寄存器，它可以作为计数器用，称为环形计数器。

6.5.2　移位寄存器型计数器

1. 环形计数器

用一个 n 位的移位寄存器所构成的最简单的具有 n 种状态的计数器，称为环形计数器。图 6.5.6 所示为用 74LS194 构成的环形计数器。将 74LS194 接成具有左移功能，当 S 端加一正脉冲信号（可视为复位信号）时，寄存器内容 $Q_0 Q_1 Q_2 Q_3$ 被置位 0001，然后，每来一个 CP 脉冲，74LS194 中的数据就左移

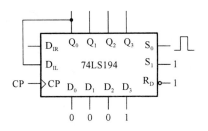

图 6.5.6　由 74LS194 构成的环形计数器

一位，Q_0 的数据通过 D_{IL} 端移入 Q_3，因此，$Q_0Q_1Q_2Q_3$ 的下一个状态依次为 0010，0100，1000，0001，寄存器一直在这 4 个状态之间循环。如图 6.5.7 所示。

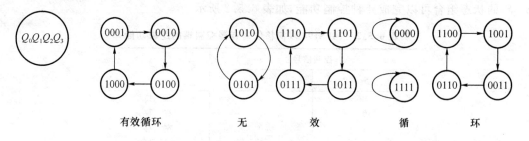

图 6.5.7　图 6.5.6 电路状态转换图

此电路有几种无效循环，而且一旦脱离有效循环，则不会自动进入到有效循环中，故此环形计数器不能自启动。为了能够自启动，与图 6.5.6 所示电路相比，加了一个反馈逻辑电路，如图 6.5.8 所示。

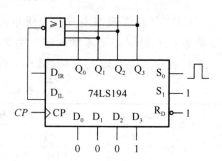

则可画出它的状态转换图，如图 6.5.9 所示。

图 6.5.8　能自启动的环形计数器

2. 扭环形计数器

把 n 位移位寄存器的串行输出取反，反馈到串行输入端，就构成了具有 $2n$ 种状态的计数器，这种计数器称为扭环形计数器，也称约翰逊（Jonhnson）计数器。图 6.5.10 所示为由 74LS194 构成的扭环形计数的逻辑图，其状态图如图 6.5.11 所示。

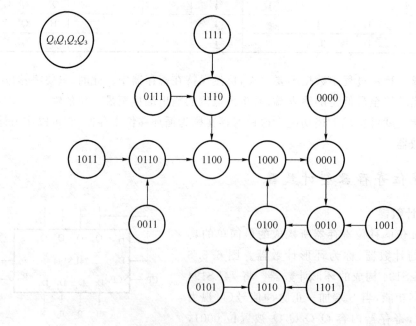

图 6.5.9　图 6.5.8 电路状态转换图

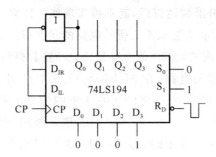

图 6.5.10 由 74LS194 构成的扭环形计数器

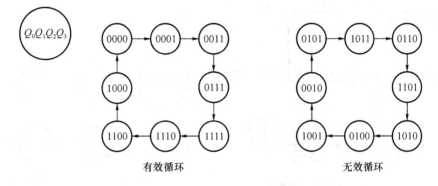

有效循环　　　　　　　　　无效循环

图 6.5.11 图 6.5.10 电路状态转换图

一个 n 位的扭环计数器有 $2^n - 2n$ 个无效状态，因此，也存在自启动的问题。从图 6.5.11 电路状态转换图看出，图 6.5.10 的扭环计数器无自启动能力。图 6.5.12 所示为一具有自启动能力的扭环计数器，每当电路的状态为 $0 \times \times 0$ 时，下一个状态就通过 74LS194 置数功能进入 0001，从而进入有效循环，实现自启动。

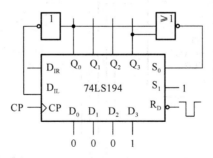

图 6.5.12 能自启动的扭环形计数器

6.6 用 Multisim 11.0 分析时序逻辑电路

下面我们就通过一个例题说明如何具体使用 Multisim 11.0 分析时序逻辑电路。

【例 6.6.1】 分析图 6.6.1 所示的计数器电路逻辑功能。

解：首先分析图 6.6.1 可知，该计数器电路是利用 74LS161 的同步预置功能，采用反馈置数法构成六进制加计数器的。当计数器输出 $Q_3 Q_2 Q_1 Q_0 = 0101$ 时，非门输出低电平，反馈至

LD 端,在下一个 CP 脉冲上升沿到达以后,就不再实现加 1 计数,而是实现同步置数,使 $Q_3 Q_2 Q_1 Q_0$ 变为 0000。图 6.6.2 所示是图 6.6.1 所示电路的状态图。其中 0001～0101 这 5 个状态是 74LS161 进行加 1 计数实现的,0000 是由反馈(同步)置数得到的。

然后,根据图 6.6.1 所示的电路,在 Multisim 11.0 中选用 TTL 器件库中的 74LS161、反相器 74LS04 以及与非门 74LS40 搭建图 6.6.1 中的仿真电路,并接入信号发生器 XFG1 和逻辑分析仪 XLA1,如图 6.6.3 所示(按本书中的规定画法,图 6.6.2 中 74LS161 的 CLK 输入端不应有小圆圈)。图 6.6.3 中的 Q_A、Q_B、Q_C、Q_D 与图 6.6.1 中的 Q_0、Q_1、Q_2、Q_3 是对应关系。

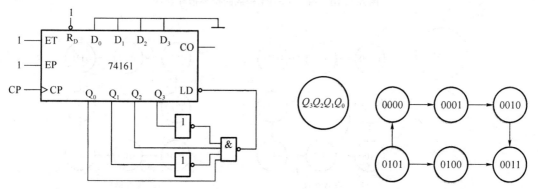

图 6.6.1　例 6.6.1 的时序逻辑电路　　　　图 6.6.2　例 6.6.1 的状态图

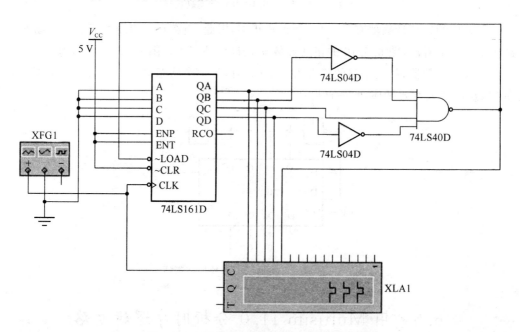

图 6.6.3　用 Multisim 11.0 搭建的仿真电路

利用 Multisim 11.0 中的逻辑分析仪对计数器的时钟波形和输出波形进行观测,得图 6.6.4 所示的波形图。分析波形图可见,每 6 个时钟周期输出波形就重复一遍。因此,这是一个六进制计数器。

由此可知,用 Multisim 11.0 得到的仿真结果与理论分析结果是一致的。

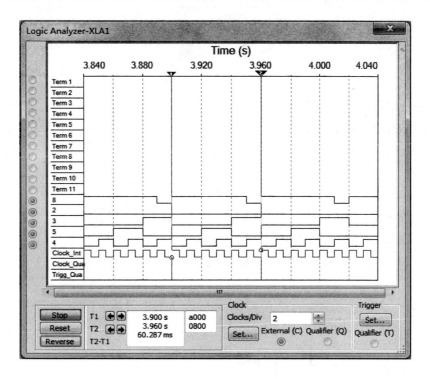

图 6.6.4　用逻辑分析仪观测仿真电路的波形图

本 章 小 结

　　时序逻辑电路一般由组合电路和存储电路两部分构成。它们在任一时刻的输出不仅是当前输入信号的函数,而且还与电路原来的状态有关。时序逻辑电路有不同的分类方法,按触发器是否采用统一的时钟信号可分为同步时序逻辑电路和异步时序逻辑电路;按输出信号是否与输入信号有关可分为摩尔型时序逻辑电路(摩尔型状态机)和米里型时序逻辑电路(米里型状态机)。

　　通常用于描述时序电路逻辑功能的方法有逻辑方程组(由状态方程、驱动方程和输出方程组成)、状态转换表、状态转换图和时序图等几种。其中逻辑方程组是和具体电路结构直接对应的一种表达方式。在分析时序电路时,一般首先是从电路图写出方程组;在设计时序电路时,也是从方程组才能最后画出逻辑图。状态转换表、时序图和状态转换图能直观反映电路状态变化序列全过程,能使电路的逻辑功能一目了然。

　　时序电路的分析,首先按照给定电路到出各逻辑方程组、进而列出状态表、画出状态图和时序图,最后分析得到电路的逻辑功能。同步时序电路的设计,首先根据逻辑功能的需求,导出原始状态图或原始状态表,有必要时需进行状态化简,继而对状态进行编码,然后根据状态表导出激励方程组和输出方程组,最后画出逻辑图完成设计任务。

　　常用的时序逻辑电路模块主要有计数器和寄存器两种。4 位二进制集成计数器 74161 和 4 位集成移位寄存器 74LS194 是两种典型的集成时序模块,在理解电路结构、逻辑功能的基础上,熟练掌握其使用方法和典型应用。

习　题

6.1　分析图题 6.1 示电路,要求:

(1) 写出 JK 触发器的状态方程;

(2) 用 X、Y、Q^n 作变量,写出 P 和 Q^{n+1} 的函数表达式;

(3) 列出真值表,说明电路完成何种逻辑功能。

6.2　试分析图题 6.2(a)所示时序电路,画出其状态表和状态图。设电路的初始状态为 0,试画出在图题 6.2(b)所示波形作用下,Q 和 Z 的波形图。

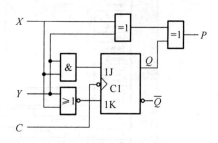

图题 6.1

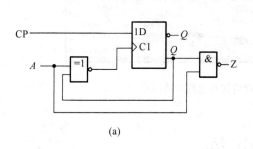

(a)

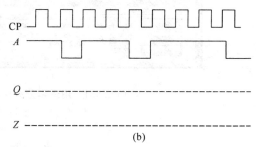

(b)

图题 6.2

6.3　分析图题 6.3 时序电路的逻辑功能,写出电路的驱动方程、状态方程和输出方程,画出电路的状态转换图和时序图。

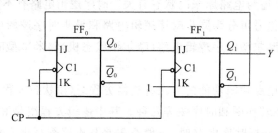

图题 6.3

6.4　试画出图题 6.4(a)所示时序电路的状态图,并画出对应于 CP 的 Q_1、Q_0 和输出 Z 的波形,设电路的初始状态为 00。

6.5　作出如图题 6.5 所示同步时序逻辑电路的状态转换图。

6.6　同步时序电路如图题 6.6 所示。

(1) 试分析图中虚线框电路,画出 Q_0、Q_1、Q_2 波形,并说明虚线框内电路的逻辑功能。

(2) 若把电路中的 Y 输出和置零端 $\overline{R}_D$ 连接在一起,试说明当 $X_0 X_1 X_2$ 为 110 时,整个电路的逻辑功能。

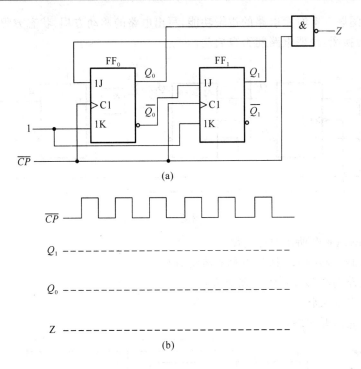

(a)

(b)

图题 6.4

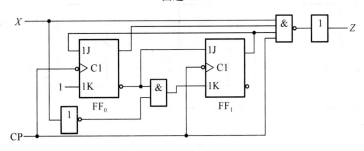

图题 6.5

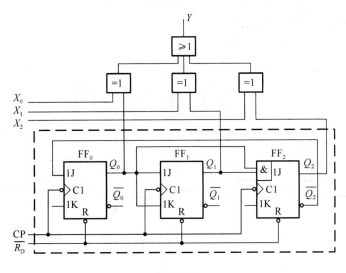

图题 6.6

6.7 分析图题 6.7 时序电路的逻辑功能,写出电路的驱动方程、状态方程和输出方程,画出电路的状态转换图,说明电路能否自启动。

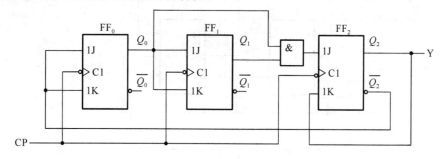

图题 6.7

6.8 分析图题 6.8 所示时序电路。

(1) 写出各触发器的 CP 信号方程和激励方程。

(2) 写出电路的状态方程组和输出方程。

(3) 画出状态表及状态图。

(4) 画出电路的时序图。

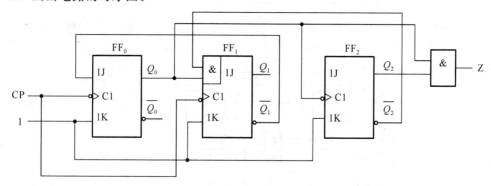

图题 6.8

6.9 用 JK 触发器组成的计数器电路如图题 6.9 所示。

(1) 写出各触发器输入端的逻辑表达式。

(2) 这是何种形式、几进制的计数器?

(3) 画出在 CP 作用下各输出端 Q_0、Q_1、Q_2、Q_3 的波形,并说明它是几进制计数器。

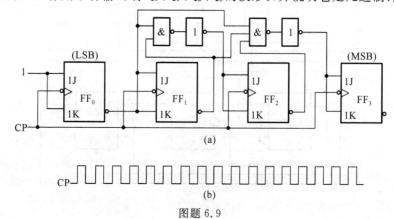

(a)

(b)

图题 6.9

6.10 一逻辑电路如图题 6.10 所示,试画出时序电路部分的状态图,并画出在 CP 作用下 2-4 译码器 74LS139 输出 $\overline{Y_0}$、$\overline{Y_1}$、$\overline{Y_2}$、$\overline{Y_3}$ 的波形,设 Q_1、Q_0 的初态为 0。2 线-4 线译码器的逻辑功能为:当 $\overline{EN}=0$ 时,电路处于工作状态,$\overline{Y_0}=\overline{\overline{A_1}\ \overline{A_0}}$,$\overline{Y_1}=\overline{\overline{A_1}A_0}$,$\overline{Y_2}=\overline{A_1\ \overline{A_0}}$,$\overline{Y_3}=\overline{A_1A_0}$。

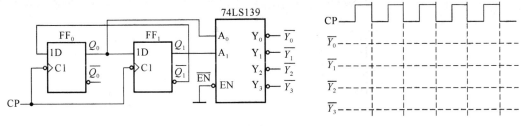

图题 6.10

6.11 电路如图题 6.11 所示。

(1) 分析当控制端 $X=0$ 和 $X=1$ 时电路的工作状态。写出各触发器的状态方程、画出状态转换图。

(2) 指出该电路所完成的逻辑功能。

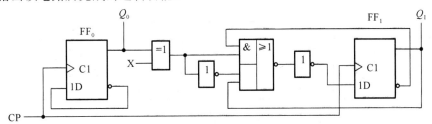

图题 6.11

6.12 图题 6.12 示为计数器电路。

(1) 写出各触发器的状态方程和电路的输出方程;

(2) 画出状态转换图;

(3) 说明其为什么形式的计数器,能否自启动。

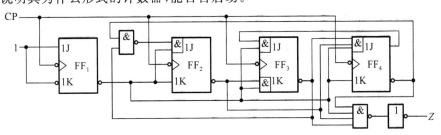

图题 6.12

6.13 试画出图题 6.13 示计数器在时钟脉冲 CP 作用下输出端的波形图。假设初始状态 $Q_3Q_2Q_1Q_0=0000$,并说明它是几进制计数器。

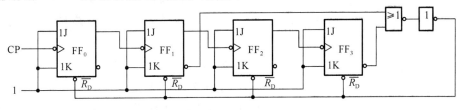

图题 6.13

6.14 电路如图题 6.14 所示,假设初始状态 $Q_2Q_1Q_0=000$。

(1) 若不考虑 FF_2,试分析 FF_0、FF_1 构成几进制计数器。

(2) 说明整个电路为几进制计数器。列出状态转换表,画出在 CP 作用下的输出波形图。

(3) 画出对应于各组二进制数码的译码电路,要求对应于一组数码,只有一个输出端为1。

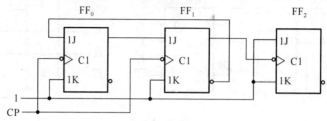

图题 6.14

6.15 电路如图题 6.15 所示,画出其状态转换图,并说明此电路为:(1)几进制计数器;(2)能否自启动;(3)同步还是异步计数器;(4)若各 JK 触发器传输延迟时间均为 t_{pd},则此电路从某一状态变换为下一状态时最多需多长时间。

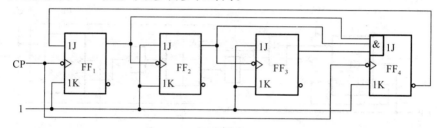

图题 6.15

6.16 试用如图题 6.16(a)所示 JK 触发器及与非门设计一个同步时序逻辑电路,其状态转换如图题 6.16(b)所示,要求电路最简。图题 6.16 中,M 表示输入,C 表示输出。

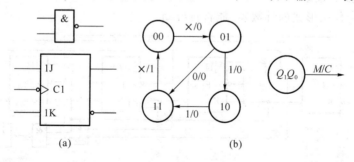

图题 6.16

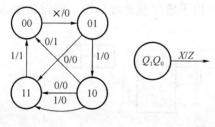

图题 6.17

6.17 试用主从 JK 触发器及门电路设计一个同步时序逻辑电路,其状态转换图如图题 6.17 所示。X 表示输入,Z 表示输出。要求电路最简,门电路种类不限。

6.18 试设计一个同步时序逻辑电路,当输入信号 $X=0$ 时,按二进制规律递增计数;当 $X=1$ 时,按循环码计数,其状态转换图如图题 6.18(a)所示。要求用两个如图题 6.18(b)所示 JK 触发器及若干与或非门实现,且电路最简。

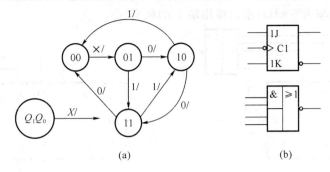

图题 6.18

6.19 设计一个串行数据检测电路。当连续出现四个和四个以上的 1 时,检测输出信号为 1,其余情况下的输出信号为 0。

6.20 试用上升沿触发的 D 触发器和门电路设计一个同步三进制减计数器。

6.21 试用上升沿触发的 D 触发器及门电路组成 3 位同步二进制加计数器,画出逻辑图。

6.22 试用上升沿触发边沿 JK 触发器设计一个同步计数器。要求计数器按 2,7,5,6,2,……的顺序计数,电路最简。并说明能否自启动。

6.23 根据同步二进制计数器的构成规律,用上升沿触发 T 触发器和与非门设计 8 进制加减计数器,当 $M=0$ 时为加法计数器,当 $M=1$ 时为减法计数器,并要有进位和借位输出信号。画出电路。

6.24 用 JK 触发器和门电路设计一个 4 位格雷码计数器,它的状态转换表应如表题 6.24 所示。

表题 6.24

计数顺序	电路状态				进位输出
	Q_3	Q_2	Q_1	Q_0	C
0	0	0	0	0	0
1	0	0	0	1	0
2	0	0	1	1	0
3	0	0	1	0	0
4	0	1	1	0	0
5	0	1	1	1	0
6	0	1	0	1	0
7	0	1	0	0	0
8	1	1	0	0	0
9	1	1	0	1	0
10	1	1	1	1	0
11	1	1	1	0	0
12	1	0	1	0	0
13	1	0	1	1	0
14	1	0	0	1	0
15	1	0	0	0	1
16	0	0	0	0	0

6.25 由四位二进制计数器 74161 及门电路组成的时序电路如图题 6.25 所示。要求:
(1) 分别列出 $X=0$ 和 $X=1$ 时的状态图;
(2) 指出该电路的功能。

6.26 由四位二进制计数器 74161 组成的时序电路如图题 6.26 所示。列出电路的状态表,假设 CP 信号频率为 5 kHz,求出输出端 Y 的频率。

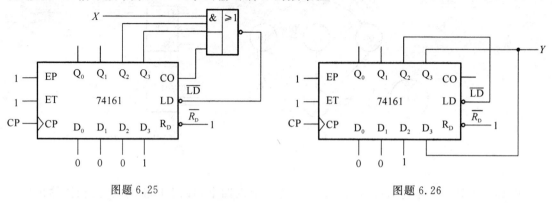

图题 6.25   图题 6.26

6.27 用 74161 及门电路组成五进制计数器。

(1) 用异步清零法。

(2) 用同步置数法。

6.28 如图题 6.28 所示为由计数器和数据选择器构成的序列信号发生器,74161 为四位二进制计数器,74LS151 为 8 选 1 数据选择器。请问:

(1) 74161 接成了几进制的计数器?

(2) 画出输出 CP、Q_0、Q_1、Q_2、L 的波形(CP 波形不少于 10 个周期)。

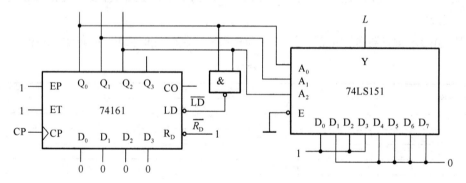

图题 6.28

6.29 试分析如图题 6.29 所示电路的逻辑功能。图中 74LS160 为十进制同步加法计数器,其功能如表题 6.29 所示。

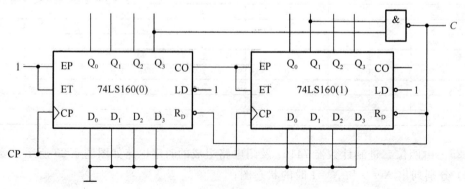

图题 6.29

表题 6.29　74LS160 功能表

CP	$\overline{R_D}$	$\overline{LD}$	EP	ET	工作状态
×	0	×	×	×	置　零
↑	1	0	×	×	预置数
×	1	1	0	1	保　持
×	1	1	×	0	保持(但 CO＝0)
↑	1	1	1	1	计　数

6.30　试分析图题 6.30 所示电路,画出它的状态图,说明它是几进制计数器。

6.31　试分析图题 6.31 所示电路,画出它的状态图,说明它是几进制计数器。(74HCT163 是具有同步清零功能的 4 位同步二进制加计数器,其他功能与 74161 相同)

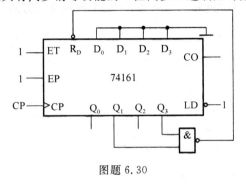

图题 6.30

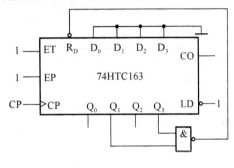

图题 6.31

6.32　试分析图题 6.32 所示电路,画出它的状态图,说明它是几进制计数器。

6.33　分析图题 6.33 中集成芯片 74161 构成几进制计数器。要求:画出状态转换图。

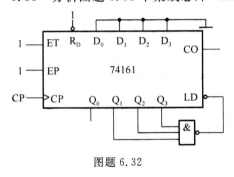

图题 6.32

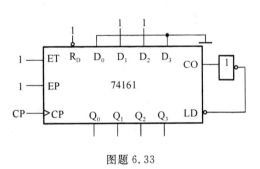

图题 6.33

6.34　中规模集成计数器 74LS193 引脚图和逻辑符号、功能表分别如图题 6.34 和表题 6.34 所示,其中 $\overline{CO}$ 和 $\overline{BO}$ 分别为进位和借位输出。

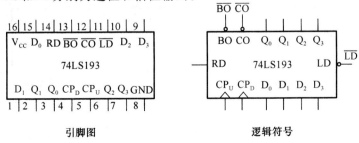

引脚图　　　　　　　　　逻辑符号

图题 6.34

（1）请画出进行加法计数实验时的实际连接电路。

（2）试通过外部的适当连线，将 74LS193 连接成 8421BCD 码的十进制减法计数器。

表题 6.34

输 入								输 出			
R_D	$\overline{LD}$	CP_U	CP_D	D_3	D_2	D_1	D_0	Q_3	Q_2	Q_1	Q_0
1	×	×	×	×	×	×	×	0	0	0	0
0	0	×	×	d_3	d_2	d_1	d_0	d_3	d_2	d_1	d_0
0	1	↑	1	×	×	×	×	4 位二进制加计数			
0	1	1	↑	×	×	×	×	4 位二进制减计数			

6.35　试分析图题 6.35 所示电路，说明它是多少进制的计数器，采用了何种进位方式。

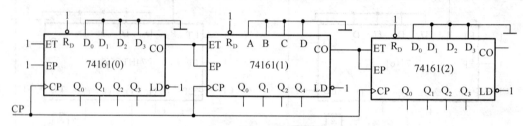

图题 6.35

6.36　试分析图题 6.36 所示电路，说明它是多少进制的计数器。

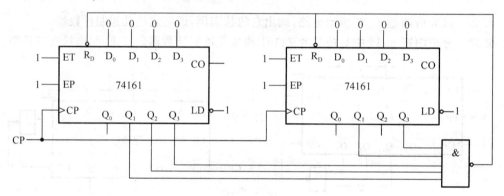

图题 6.36

6.37　试分析图题 6.37 所示电路，说明它是多少进制的计数器。

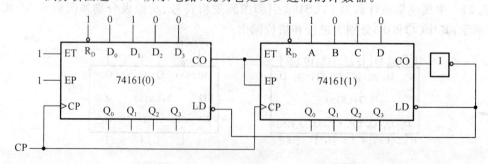

图题 6.37

6.38　分析如图题 6.38 所示电路,画出状态转换图和时序图,并说明 CP 和 Q_2 是几分频。

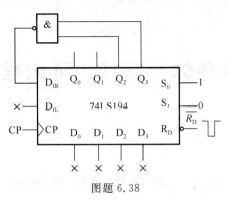

图题 6.38

第7章　半导体存储器和可编程逻辑器件

7.1　半导体存储器概述

存储器是用来存储数据和程序的"记忆"装置,是数字系统不可缺少的组成部分。存储器按存储介质可分为半导体存储器、磁表面存储器、光表面存储器等。其中半导体存储器是目前应用最广泛的存储器件。

半导体存储器是一种能存储大量二值数据的半导体器件。一般来说,它是由许许多多存储单元组成的。每个存储单元能存储一位二进制数据,而且都有唯一的地址代码加以区分。

7.1.1　半导体存储器的性能指标

存储器的性能指标反映了计算机对它们的要求。通常把存储容量和存取速度作为衡量存储器性能的重要指标。

1. 存储容量

存储容量是存储器的首要性能指标,因为存储容量越大,系统能够保存的信息量就越多,相应计算机系统的功能就越强。

存储容量是指存储器可以存储的二进制信息总量。一般有以下两种表示方法。

① 位容量:是指一个存储芯片能存储多少位二进制信息,即

$$位容量 = 存储单元数 \times 每单元的位数$$

② 单元容量:是指一个存储芯片能存储多少字节的二进制信息,即有多少个字节单元。

$$位容量 = 单元容量 \times 8$$

一般在芯片的技术参数描述中,用位容量来表示,如某芯片型号为 27C64,表示其容量为 64 KB 位。而在组成存储系统后,经常用单元容量来描述,如某计算机的内存为 128 MB,8086 系统的寻址空间是 1MB,都指的是单元容量。

存储容量越大越好,目前动态存储器的容量已经达到 10^9 位/片。

2. 存取速度

存取速度直接决定了整个微机系统的运行速度,也是存储器系统的重要性能指标。

存取速度可以用存取时间和存取周期来衡量。

① 存取时间:是指完成一次存储器读(或写)操作所需要的时间,故又称读写时间。具体是指从存储器接收到寻址地址开始,到取出或存入数据为止所需要的时间。

② 存取周期:是连续进行读(或写)操作的所需的最小时间间隔。存取周期越短越好。目前高速随机存储器的存取周期仅 10 ns 左右。

除此之外,存储器的性能指标还有功耗、价格、集成度等。

7.1.2　半导体存储器的分类

半导体存储器有多种分类方法。按信息的存取方式分类,可分为只读存储器(ROM)和随机存取存储器(RAM)两大类。

只读存储器在正常工作时,其内存数据只能读出,而不能快速地随时修改或重新写入。但它电路比较简单,集成度较高,成本较低,而且不怕断电,即使断电,内部数据也不会丢失。因此 ROM 是非易失性存储器,用于存放一些不变的数据,如一些重要的常数、系统管理程序等。根据是否允许用户对 ROM 写入数据,又可将 ROM 分为掩模 ROM(或固定 ROM)和可编程 ROM。可编程 ROM 又可分为一次可编程的 ROM(PROM)和可擦除可编程的 ROM(EPROM)。而可擦除可编程 ROM 又可细分为光可擦除可编程的 ROM(UVEPROM)、电可擦除可编程的 ROM(E^2PROM)和闪速存储器(Flash Memory)等。

随机存取存储器又叫做读/写存储器,在正常工作时可以随时快速地向存储器任意存储单元写入数据或从任意存储单元读出数据。但在断电后,它中的信息会丢失,即具有易失性。根据存储信息原理的不同,又将随机存取存储器分为静态存储器(SRAM,以触发器原理寄存信息)和动态存储器(DRAM,以电容充放电原理寄存信息)。

另外,按制造工艺的不同分类,半导体存储器又可分为双极型和 MOS 型两大类。双极型存储器集成度低,功耗大,价格高但速度快,主要用于存储容量不大而对速度要求较高的场合;MOS 型存储器集成度高,功耗低,价格低但速度较慢,主要用于对存储容量要求较高的场合。MOS 型存储器还可进一步分为 NMOS(N 沟道 MOS)、HMOS(高密度 MOS)、CMOS(互补型MOS)等不同工艺产品。其中,CMOS 电路具有功耗低、速度快的特点,在大容量的存储器中得到广泛的应用。

7.2　只读存储器 ROM

ROM 是一种存放固定不变二进制数码的存储器,用来存储永久性数据。其中的数据一般由专用的装置写入,数据一旦写入,不能随意改写,也不会因断电而消失。

7.2.1　ROM 的基本结构及工作原理

1. ROM 的基本结构

ROM 的结构比较简单,如图 7.2.1 所示。它主要包含地址译码器、存储矩阵和输出缓冲器三部分。

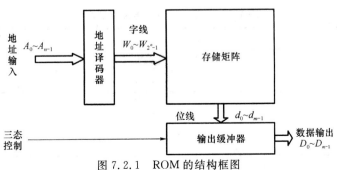

图 7.2.1　ROM 的结构框图

（1）存储矩阵

存储矩阵是 ROM 的核心部件与主体,是由许多存储单元组成的。每个存储单元只能存储 1 位二进制数,若干个存储单元可构成一个"字",每个"字"中所包含的存储单元的个数称为字长。存储单元的个数就是 ROM 存储矩阵的存储容量。存储单元可以用二极管构成,也可以用双极型三极管构成,更多的是由 MOS 场效应管构成。存储矩阵有 m 条输出线,称为"位线"。

（2）地址译码器

地址译码器是一个二进制译码器,有 n 条地址输入线 $A_0 \sim A_{n-1}$,2^n 条译码输出线 $W_0 \sim W_{2^n-1}$。$W_0 \sim W_{2^n-1}$ 是存储矩阵的输入线,称为"字线"。它与存储矩阵中的一个"字"相对应。因此,每当给定一组输入地址时,译码器只有一条输出字线被选中,该字线可以在存储矩阵中找到一个相应的"字",并将字中的 m 位信息 $d_0 \sim d_{m-1}$ 通过"位线"送至输出缓冲器。

（3）输出缓冲器

输出缓冲器又叫数据读出电路,一般采用三态门构成,以便与系统的数据总线相连接。它的作用:一是通过使能端实现对输出数据的三态控制,即当有数据读出时,可以有足够的能力驱动数据总线,而没有数据输出时,输出高阻态不会对数据总线产生影响;二是能够提高 ROM 带负载的能力;三是可以将输出的高、低电平变换为标准的逻辑电平。

2. 工作原理

以图 7.2.2(a)所示二极管 ROM 电路为例说明 ROM 的工作原理。

图中的地址译码器实际上是由 4 个二极管与门组成。它有 2 根地址线 A_1 和 A_0,经译码输出 4 根字线 $W_0 \sim W_3$,每根字线存储 4 位二进制数。每输入一个地址,4 根字线 $W_0 \sim W_3$ 中会有一个为高电平,其余为低电平。其输入输出表达式为

$$W_0 = \overline{A_1}\,\overline{A_0} \qquad W_1 = \overline{A_1}A_0 \qquad W_2 = A_1\,\overline{A_0} \qquad W_3 = A_1 A_0$$

存储矩阵实际上是由 4 个二极管或门组成。当 $W_0 \sim W_3$ 中的某根字线上是高电平信号时,其上存储的 4 位二进制数就会通过 $d_0 \sim d_3$ 4 根位线输出。其输入输出表达式为

$$d_0 = W_0 + W_1 \qquad d_1 = W_1 + W_3 \qquad d_2 = W_0 + W_2 + W_3 \qquad d_3 = W_1 + W_3$$

输出缓冲器是由 4 个三态门构成的电路,$\overline{EN}$ 为输出使能端。当 $\overline{EN} = 0$ 时,三态门选通,$d_0 \sim d_3$ 4 根位线上的数据被送到输出端 $D_0 \sim D_3$;当 $\overline{EN} = 1$ 时,三态门处于高阻状态,存储器与输出端隔离。

工作过程:① 当 $A_1 A_0 = 00$ 时,$W_0 = 1$,$W_1 = W_2 = W_3 = 0$,则 $d_0 = d_2 = 1$,$d_1 = d_3 = 0$,所以 $D_3 D_2 D_1 D_0 = 0101$;②当 $A_1 A_0 = 01$ 时,$W_1 = 1$,$W_0 = W_2 = W_3 = 0$,则 $d_0 = d_1 = d_3 = 1$,$d_2 = 0$,所以 $D_3 D_2 D_1 D_0 = 1011$;③当 $A_1 A_0 = 10$、$A_1 A_0 = 11$ 时,原理同上。

图 7.2.2(a)所示 ROM 电路的存储内容如表 7.2.1 所示。

表 7.2.1　图 7.2.2(a)电路存储内容

地址输入		字线				位输出			
A_1	A_0	W_3	W_2	W_1	W_0	D_3	D_2	D_1	D_0
0	0	0	0	0	1	0	1	0	1
0	1	0	0	1	0	1	0	1	1
1	0	0	1	0	0	0	1	0	0
1	1	1	0	0	0	1	1	1	0

　　由以上分析不难看出,字线与位线交叉处相当于一个存储单元。交叉处若接有二极管,则相当于存储单元存有 1 值,否则为 0 值。交叉点的数目也就是存储单元数。根据 7.1 节所述存储容量的定义,存储单元的数目就是存储器的存储容量,并写成"(字数)×(位数)"的形式。例如,图 7.2.2(a) 中 ROM 的存储容量表示成"4×4 位"。

　　ROM 电路也常用图 7.2.2(b)所示的简化方法表示,称作 ROM 的点阵图。

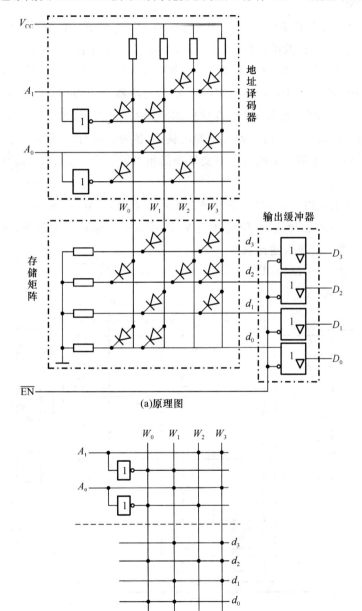

(a)原理图

(b)点阵图

图 7.2.2　二极管 ROM 电路

7.2.2 几种不同类型的 ROM

不管是哪种类型的 ROM,它们的基本结构都是由地址译码器、存储矩阵和输出缓冲器三部分组成,其区别主要在于存储单元的构成。

1. 固定 ROM

固定 ROM 又称作掩模 ROM,其内部所存储的内容是在出厂时采用掩模工艺按用户的要求予以固化,用户是无法修改的。图 7.2.2 所示电路实际上是由二极管构成的固定 ROM 电路。除此之外,还可以用双极型三极管构成,更普遍的是由 MOS 场效应管构成。当采用 MOS 工艺制作 ROM 时,译码器、存储矩阵和输出缓冲器全用 MOS 管组成。图 7.2.3 是用 MOS 管组成的"4×4 位"固定 ROM 的存储矩阵原理图。图中用 N 沟道增强型 MOS 管代替了图 7.2.2 中的二极管。其左边一列管子为负载管,各管栅极与漏极都连接 V_{DD},总是处于导通状态,可等效为一个电阻。字线与位线交叉处仍相当于一个存储单元,以有或无 MOS 管表示存储信息 1 或 0。

存储矩阵实际上是由 4 个 MOS 管或非门组成。当 $W_0 \sim W_3$ 中的某根字线上是高电平信号时,与之相接的 MOS 管导通,并使与这些 MOS 管漏极相连的位线为低电平,经输出缓冲器反相后,输出高电平。其输入输出表达式为

$$D_0 = \overline{W_0 + W_1} \qquad D_1 = \overline{W_1 + W_3} \qquad D_2 = \overline{W_0 + W_2 + W_3} \qquad D_3 = \overline{W_1 + W_3}$$

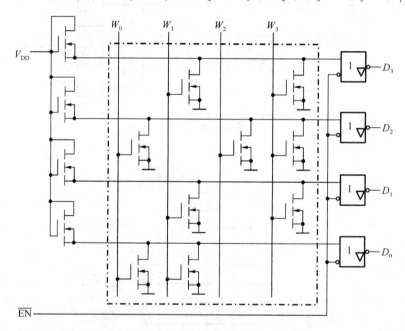

图 7.2.3　MOS 管 ROM 的存储矩阵原理图

图 7.2.3 存储矩阵的存储内容同表 7.2.1。

2. 可编程 ROM

可编程 ROM 具有用户可编程的特点。按照能否重写,可编程 ROM 又可分为一次可编程 ROM(PROM)和可擦除可编程 ROM(EPROM)。

（1）一次可编程 ROM(PROM)

顾名思义，一次可编程的 ROM 就是只允许用户根据自己的需要写入一次，不可擦除重写。其结构与固定 ROM 相似，不同之处在于 PROM 的存储矩阵是由带快速熔丝的存储单元组成，熔丝通常用很细的多晶硅导线或低熔点的合金丝制成。如图 7.2.4 所示。每个存储单元由一只三极管构成，出厂时每个三极管的发射极都接有熔丝，相当于全部存储单元都为 1。编程时，首先输入需要写入 0 的存储单元的地址代码，使相应的字线为高电平，然后在编程单元的位线上加入高电压脉冲，使该位线上读写放大器中的稳压管 D_Z 导通，反相器反相后使 A_W 输出低电平，有较大的脉冲电流流过熔丝，将其烧断。由于熔丝烧断后不能恢复，所以 PROM 只能编程一次。

（2）可擦除可编程 ROM(EPROM)

可擦除可编程 ROM(EPROM)也是由用户根据自己的需要将信息写入存储单元。与 PROM 不同的是，可擦除可编程 ROM 中的存储信息可以擦除重写。

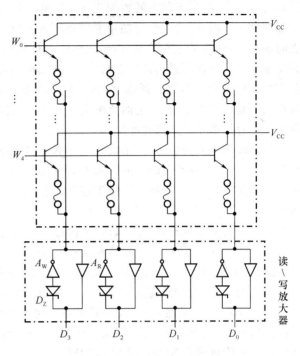

图 7.2.4　PROM 的结构原理图

根据擦除数据的方式不同，可擦除可编程 ROM 又可分为光可擦除可编程 ROM(UVEPROM)、电可擦除可编程 ROM(E^2PROM)和闪速存储器(Flash Memory)等。

① UVEPROM。UVEPROM 是用紫外线(或 X 射线)照射进行擦除的。它的存储单元采用 N 沟道增强型叠栅注入 MOS 管(简称 SIMOS 管)构成，其结构如图 7.2.5 所示。与普通的 N 沟道增强型 MOS 管相比，SIMOS 管在二氧化硅(SiO_2)绝缘层内埋入一个栅极，称为浮栅(G_f)，用来长期保存注入电荷。控制栅(G_c)与字线(W_i)相连，用来控制数据的读出和写入。使用 SIMOS 管的存储单元如图 7.2.6 所示。

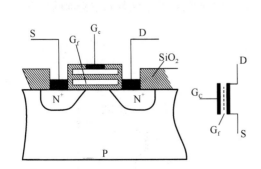

图 7.2.5　SIMOS 管的结构和符号

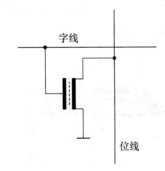

图 7.2.6　SIMOS 管构成的存储单元

UVEPROM 存储信息是利用 SIMOS 管的浮栅上是否注入负电荷来表示的。当浮栅上未注入负电荷时,给控制栅加上正常的高电平(+5 V),SIMOS 管导通,漏极输出为低电平,相当于存入的数据为 0;而当浮栅上注入了负电荷时,则衬底表面感应的是正电荷,这使得 SI-MOS 管的开启电压变高,如果给控制栅加上正常的高电平,SIMOS 管仍处于截止状态,漏极输出为高电平,相当于存入的数据为 1。在出厂时,所有存储单元的浮栅中均无电荷,相当于全部存储了数据 0。当某个存储单元需要写入 1 时,在该存储单元的 SIMOS 管的漏极和源极之间加入 20~25 V 左右的电压,可使漏极和衬底间的 PN 结发生雪崩击穿,从而产生大量的高能电子。同时在控制栅极加上约 25 V 的高电压,则在栅极电压的作用下,一些高能电子就会穿过 SiO$_2$ 绝缘层堆积在浮栅上,从而使浮栅带有负电荷。当去掉高电压后,由于浮栅被密封在二氧化硅绝缘层内,其上的负电荷没有放电通路,所以能够长期保存。编程时,将所有需写入 1 的存储单元全部依此操作即可。

当要擦除写入的信息时,用紫外线或 X 射线照射 SIMOS 管,则二氧化硅绝缘层中将产生电子－空穴对,为浮栅上的负电荷提供泄放通道,使浮栅放电,从而恢复编程前的状态。擦除时间一般需要 15~30 分钟。为便于擦除操作,UVEPROM 集成芯片的封装外壳上都装有透明的石英盖板。需要注意的是,由于阳光和日光灯照射也会引起片内数据的丢失,所以在数据写好后应将石英盖板遮蔽,这样数据可保存 10 年以上。

UVEPROM 数据的写入和擦除都是使用编程器和擦除器来完成的。擦除为一次全部擦除,而且当擦除次数达到一定时,绝缘层会被永久性击穿,芯片将被损坏,因此应尽可能减少重写次数。

典型的 UVEPROM 芯片有 EPROM2716(2K×8 位)、2732(4K×8 位)、2764(8K×8 位)等。

② E^{2}PROM。虽然 UVEPROM 具备了可擦除重写的功能,但擦除必须使用专用设备,存在擦除操作复杂、擦除速度慢、不能在线进行、只能整片擦除等缺点。为克服这些缺点,又研制出了电可擦除可编程 ROM,即 E^{2}PROM。

E^{2}PROM 的存储单元采用浮栅隧道氧化层 MOS 管(简称 Flotox 管)构成,其结构如图 7.2.7 所示。与 SIMOS 管相比,Flotox 管的浮栅与漏区之间的交叠处有一个约 20 nm 的极薄氧化层区域,称为隧道区。当隧道区的电场强度足够大时,漏区与浮栅之间便出现导电隧道,在电场的作用下,电子通过隧道形成电流,这种现象称为隧道效应。使用 Flotox 管的存储单元如图 7.2.8 所示。其中 T1 管是 Flotox 管,而 T2 管是普通 N 沟道增强 MOS 管,该管的作用是选通。

同 SIMOS 管一样,Flotox 管也是利用浮栅上是否注入负电荷来表示存储数据的 1 和 0。编程前,浮栅上没有注入负电荷,相当于存储数据为 0。当需要写入数据 1 时,将漏极、源极接地,控制栅加上 20 V 左右的正脉冲电压,隧道区将产生强电场,由于隧道效应的存在,使漏区的电子通过隧道到达浮栅,从而使浮栅带有负电荷。当需要擦除信息时,将控制栅、源极接地,漏极加 20 V 左右正脉冲电压,则浮栅上的电子在电场的作用下通过隧道放电,回到漏区,管子恢复到编程前的状态,从而达到擦除数据的目的。

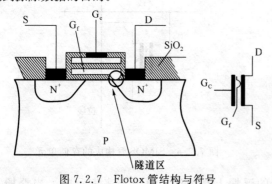

图 7.2.7 Flotox 管结构与符号　　　　　图 7.2.8 Flotox 管构成的存储单元

与 UVEPROM 的整片擦除不同,E^2PROM 的擦除是以字为单位进行的,而且擦除过程就是改写过程。因而速度更快,一般只需几十秒或更短。E^2PROM 可以随时在线改写,改写操作可重复一万次以上,存储在浮栅的电荷可保存约 20 年左右。

典型的 E^2PROM 芯片有 E^2PROM2816/2816A(2K x8 位)、2817/2817A(2K x8 位)、2864/2864A(8K x8 位)等。

③ Flash Memory。Flash Memory(闪速存储器,简称闪存)是一种长寿命的电擦除非易失型存储器。它既有 UVEPROM 结构简单、编程可靠的优点,又有 E^2PROM 利用隧道效应擦除的快捷特性,而且集成度可以做得很高,又能在线电擦除等特点。

Flash Memory 的存储单元采用快闪叠栅 MOS 管构成,其结构如图 7.2.9 所示。它与 SI-MOS 管的结构很相似,两者最大的区别是快闪叠栅 MOS 管的浮栅与衬底间的氧化物绝缘层厚度更薄(在 SIMOS 管中这个氧化层的厚度一般为 30~40 nm,而在快闪叠栅 MOS 管中仅为 10~15 nm),而且浮栅与源区之间的重叠部分面积极小,因而浮置栅与源区间的电容比浮置栅与控制栅间的电容小的多。当控制栅和源极之间加上电压时,大部分降落在浮置栅与源极之间电容上,这有利于产生隧道效应。使用快闪叠栅 MOS 管的存储单元如图 7.2.10 所示。

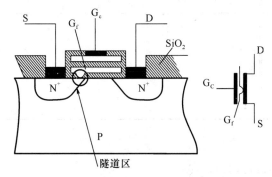
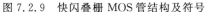
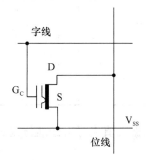

图 7.2.9　快闪叠栅 MOS 管结构及符号　　　　图 7.2.10　快闪叠栅 MOS 管构成的存储单元

Flash Memory 中数据的擦除和写入是分开进行的。写入时,叠栅 MOS 管的漏极接一个 6 V 左右的高电压,V_{SS} 接 0 V,同时在控制栅上加一个 12 V、宽度为 10 μs 的正脉冲,这时,漏极和源极之间出现雪崩击穿,部分速度高的电子就穿过氧化层到达浮置栅,给浮置栅充有负电荷;当浮置栅充电后,需要 7 V 以上的控制栅电压才能使漏、源极之间形成导电沟道,正常的电压不能使它导通,相当于写入了数据 1。擦除时,控制栅接 0 电平,同时在源极 V_{SS} 加入幅度为 12 V、宽度为 100 ms 的正脉冲,这时在浮置栅与源极之间将出现隧道效应,使浮置栅上的电荷经过隧道区释放;浮置栅电荷放掉之后,控制栅只要 2 V 左右的电压就能在源极在漏极之间形成导电沟道,所以正常电压就能使它导通,相当于写入数据为 0。

由于片内所有叠栅的栅极是连在一起的,所以全部存储单元同时被擦除。一般整片擦除只需要几秒钟,而且重复写入次数在 100 万次左右。

典型的闪存芯片有 29C010(128K x8 位)、29LV020(256K x8 位)、29F040(512K x8 位)等。

7.2.3　用 ROM 实现组合逻辑函数

由 ROM 的存储矩阵可知,它就是一个或门阵列,因此 ROM 是组合逻辑电路。译码器是与阵列,提供全部地址码最小项,或阵列则产生最小项的或运算,所以用 ROM 可以实现标准与或逻辑函数,而任何组合逻辑函数均可化为标准与或式,都可用 ROM 实现。用 ROM

实现逻辑函数的一般步骤如下。

① 根据逻辑函数的输入、输出变量数目,确定 ROM 的容量,选择合适的 ROM。

② 写出逻辑函数的最小项表达式,画出 ROM 的点阵图。

③ 根据点阵图对 ROM 进行编程。

例 7.2.1 试用 ROM 实现三变量 A、B、C 的下列函数:与非,或非,异或,与或非。

解:(1)用 Y_0、Y_1、Y_2、Y_3 分别表示三变量 A、B、C 的与非、或非、异或、与或非。依题意有

$$Y_0 = \overline{ABC}$$

$$Y_1 = \overline{A+B+C}$$

$$Y_2 = A \oplus B \oplus C$$

$$Y_3 = \overline{AB+AC+BC}$$

可见,有三位输入 A、B、C,有四位输出 Y_0、Y_1、Y_2、Y_3,故选 $2^3 \times 4$ 的 ROM。

(2)① 列出函数真值表,如表 7.2.2 所示。

表 7.2.2 函数真值表

A	B	C	Y_0	Y_1	Y_2	Y_3	A	B	C	Y_0	Y_1	Y_2	Y_3
0	0	0	1	1	0	1	1	0	0	1	0	1	1
0	0	1	1	0	1	1	1	0	1	1	0	0	0
0	1	0	1	0	1	1	1	1	0	1	0	0	0
0	1	1	1	0	0	0	1	1	1	0	0	1	0

② 根据真值表写出标准与或式:

$$Y_0 = \sum m(0,1,2,3,4,5,6)$$

$$Y_1 = \sum m(0)$$

$$Y_2 = \sum m(1,2,4,7)$$

$$Y_3 = \sum m(0,1,2,4)$$

(3)画出 ROM 点阵图如图 7.2.11 所示。

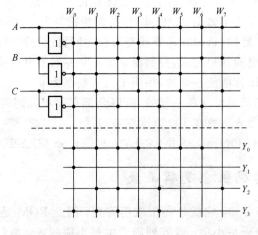

图 7.2.11 ROM 点阵图

复习思考题

7.2.1　ROM 主要包括哪几部分？各部分有什么特点。

7.2.2　简述 PROM、EPROM 和 E²PROM 的相同点和不同点。

7.3　随机存取存储器 RAM

RAM 是另一大类半导体存储器，也称随机读/写存储器。它在工作时可以随时从任何一个指定地址读出数据，也可以随时将数据写入任何一个指定的存储单元。但 RAM 不能断电，否则存储的信息将丢失。因此，RAM 是易失性存储器，只能用于存放一些临时数据和中间处理结果，如计算机中的内存等。

RAM 又分为静态 RAM（SRAM）和动态 RAM（DRAM）两种。静态随机存储器 SRAM 只要不断电，数据不丢失；动态随机存储器 DRAM 通电时要不断对存储的数据进行刷新，否则数据丢失。

7.3.1　RAM 的基本结构和工作原理

1. RAM 的基本结构

RAM 由地址译码器、存储矩阵和读/写控制电路三部分组成，如图 7.3.1 所示。

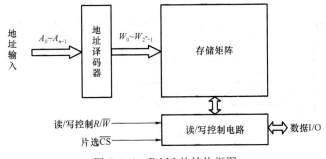

图 7.3.1　RAM 的结构框图

（1）存储矩阵

同 ROM 的存储矩阵类似，RAM 的存储矩阵也是由许多存储单元构成，每个存储单元存放一位二进制数，"0"或"1"。不同的是，RAM 存储单元的数据不是预先固定的，而是由外部信息根据工作需要随时写入的。要存储这些信息，RAM 存储单元必须用具有记忆功能的电路，如触发器等电路构成。

（2）地址译码器

地址译码器的作用是对外部输入的地址码进行译码，以便唯一地选择存储矩阵中的一个存储单元进行数据的读出或写入。地址译码的方式有单译码和双译码两种。单译码如图 7.3.1 所示，n 个地址输入译码输出 2^n 条字线。在大容量存储器中，译码输出的字线条数会急剧增加，导致译码电路结构非常复杂。采用双译码方式可减小译码电路的规模。双译码是将输入地址分成行地址和列地址两部分，分别由行译码器和列译码器共同译码，其输出为存储矩阵的行列选择线，由它们共同确定欲选择的存储单元，如图 7.3.2 所示。

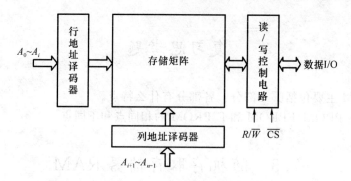

图 7.3.2 双译码 RAM 结构框图

（3）读/写控制电路

读/写控制电路用于对选中的存储单元进行读出或写入数据的控制，由片选 $\overline{CS}$ 和读/写控制 $R/\overline{W}$ 两个信号组成。当 $\overline{CS}=1$ 时，输入/输出端均处于高阻态，虽然挂接在总线上，也不能对 RAM 进行读/写操作；当 $\overline{CS}=0$ 时，RAM 处于读或写的工作状态，此时，当 $R/\overline{W}=1$ 时，进行读操作，将存储单元里的数据送到数据 I/O 引脚上输出，而当 $R/\overline{W}=0$ 时，进行写操作，加到数据 I/O 引脚的数据被写入指定的存储单元中。其功能表如表 7.3.1 所示。

表 7.3.1 RAM 的功能表

$\overline{CS}$	$R/\overline{W}$	工作方式	I/O
1	X	保持（微功耗）	高阻态
0	1	读	数据输出 D_O
0	0	写	数据输出 D_I

2. 工作原理

以图 7.3.3 所示 1024×1 位 RAM 电路为例说明 RAM 的工作原理。

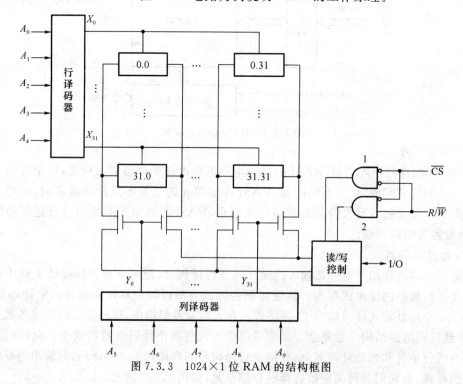

图 7.3.3 1024×1 位 RAM 的结构框图

　　1024×1 位的 RAM 共 1024 个存储单元,排列成 32 行×(乘以)32 列的矩阵。相应的需要 10 位输入地址 $A_0 \sim A_9$ 进行寻址,将 $A_0 \sim A_4$ 作为行地址译码器的输入地址,译码输出 $X_0 \sim X_{31}$ 共 32 条行字线,用来选出 32 行存储单元中的一行;将 $A_5 \sim A_9$ 作为列地址译码器的输入地址,译码输出 $Y_0 \sim Y_{31}$ 共 32 条列字线,用来选出 32 列存储单元中的一列。只有被行字线和列字线同时选中的存储单元才能进行读/写操作。

　　工作过程:① 当 $\overline{CS}=1$ 时,经过取非后输出 0 封锁两个与门,使 $R/\overline{W}$ 信号失效,电路处于保持状态,I/O 引脚为高阻态;② 当 $\overline{CS}=0$ 时,经过取非后输出 1。当 $R/\overline{W}=1$ 时,与门 1 输出 0,而与门 2 输出 1,此时电路处于读状态。若 $A_0 \sim A_9$ 输入 0000100001,则 X_1 行和 Y_1 列所交叉的存储单元 1.1 被选中,其中所存储的数据读出到 I/O 引脚上。当 $R/\overline{W}=0$ 时,与门 1 输出 1,而与门 2 输出 0,此时电路处于写状态。若 $A_0 \sim A_9$ 输入 0000100001,则 X_1 行和 Y_1 列所交叉的存储单元 1.1 被选中,加到 I/O 引脚的数据被写入到此存储单元中。

7.3.2　RAM 的基本存储单元

　　不同类型 RAM 的基本结构是相同的,其区别主要在于基本存储单元的构成。

1. 静态 RAM 的存储单元

　　SRAM 以触发器为基本存储单元,可分为双极型和 MOS 型两类。图 7.3.4 为由六个 CMOS 管构成的静态 RAM 存储单元。图中 $T_1 \sim T_4$ 组成一个基本 SR 触发器,构成一个基本存储单元,用以存储 1 位二进制数 0 或 1。T_5、T_6 为本存储单元的门控管,起模拟开关的作用,以控制 SR 触发器的输出端 Q、$\overline{Q}$ 与位线 B、$\overline{B}$ 的连接状态,由行字线 X_i 控制。$X_i=1$ 时,T_5、T_6 导通,触发器的 Q、$\overline{Q}$ 与位线 B、$\overline{B}$ 接通,Q、$\overline{Q}$ 的状态分别送至位线 B、$\overline{B}$;$X_i=0$ 时,T_5、T_6 截止,触发器与位线隔离。T_7、T_8 为一列存储单元的公用门控管,用于控制位线与数据线的连接状态,由列字线 Y_j 控制。$Y_j=1$ 时,T_7、T_8 导通,位线 B、$\overline{B}$ 和数据线 D、$\overline{D}$ 接通进行读、写等操作;$Y_j=0$ 时,T_7、T_8 截止。

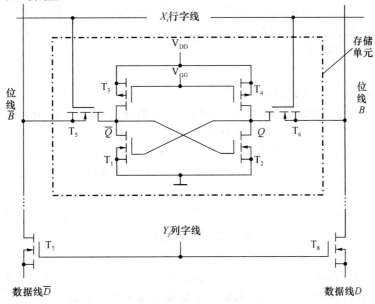

图 7.3.4　六管 CMOS 静态 RAM 存储单元

由以上分析不难看出，只有 X_i、Y_j 都为 1 时，$T_5 \sim T_8$ 都导通，触发器的输出 Q、$\overline{Q}$ 才与数据线接通，第 i 行、第 j 列所对应的存储单元才会被选中进行读或写。只要 X_i 或 Y_j 中有一条线为 0 时，存储单元就处于保持状态。

典型的 SRAM 芯片有传统的 6264（8Kx8）、62256（32Kx8）等，新型的 61LV25608（256Kx8）、61LV25616（256Kx16）等。

2. 动态 RAM 的存储单元

DRAM 的存储单元是利用 MOS 管栅极电容的电荷存储效应制成的。由于电容存在漏电流，电容上的电荷不能长时间保存，所以为了及时补充漏掉的电荷以避免存储数据的丢失，必须定时给栅极电容补充电荷，这称作再生或刷新。

DRAM 的存储单元有四管、三管和单管等几种形式。四管、三管电路虽然外围控制电路较简单，但对集成度的提高不利；单管电路的外围控制电路较复杂，但由于存储单元电路结构简单，有利于提高集成度，所以目前得到了广泛的应用。图 7.3.5 所示为由一个 MOS 管 T 和一个串联在栅极上的电容 C 构成的单管动态 RAM 存储单元。图中电容 C 用来存储数据，当电容 C 充有足够电荷时，表示存入数据 1，否则为 0；T 为门控管，作用与 SRAM 中的 $T_5 \sim T_8$ 管相同。

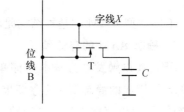

图 7.3.5　单管动态 RAM 存储单元

当需要写入数据时，使字线 $X=1$，T 管导通，位线 B 上的数据就会通过 T 存入电容 C 中；当需要读出数据时，仍使字线 $X=1$，T 管导通，则存储在电容 C 中的数据就会通过 T 送到位线上。需要注意的是，进行读操作时，会使存储在电容 C 中的数据遭到破坏。因此，在每次读出数据以后要及时对读出单元进行刷新。刷新时输出端被置成高阻态。

典型的 DRAM 芯片有 57V641620（8MB）、K4M56163LG 等。

7.3.3　RAM 存储容量的扩展

单个 RAM 存储芯片的存储容量是有限的，在使用过程中如果存储容量不够，可以将多片 RAM 按一定方式组合起来，以增加存储容量。这就是 RAM 存储容量的扩展。扩展有位扩展、字扩展和位字同时扩展 3 种方式。

1. 位扩展

如果单片 RAM 的字数够用而每个字的位数（字长）不够用，则采用位扩展。方法是将多片 RAM 并联，即将各片的地址线、读/写控制端、片选端分别接在一起，而各片的数据 I/O 端并行使用即可。需要使用的 RAM 芯片数目为：$N=$ RAM 系统的字长/RAM 芯片的字长。

例 7.3.1　试用 1024x1 位的 RAM 芯片组成一个 1024x4 的 RAM 系统。

解：需要使用的 RAM 芯片数为：N＝4/1＝4。位扩展电路如图 7.3.6 所示。

2. 字扩展

如果单片 RAM 的字长够用而字数不够用，则采用字扩展。根据字数和地址线位数的关系：字数＝2^n，可知字数每扩大 1 倍，需扩展 1 位地址线。当只扩展 1 位地址线时，利用非门控制各片芯片的片选端；若要扩展 2 位以上的地址线时，将扩展的地址通过译码器接到各个芯片的片选端即可。同时将各片 RAM 的地址线、读/写控制端和数据 I/O 端分别接在一起。需要使用的 RAM 芯片数目为：$N=$ RAM 系统的字数/RAM 芯片的字数。

例 7.3.2　试用 1024x1 位的 RAM 芯片组成一个 4096x1 位的 RAM 系统。

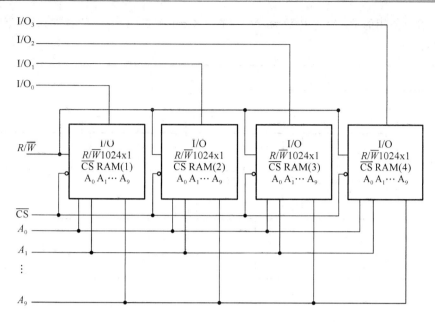

图 7.3.6　RAM 位扩展电路

解: 需要使用的 RAM 芯片数为: $N=4\ 096/1\ 024=4$。字扩展电路如图 7.3.7 所示。

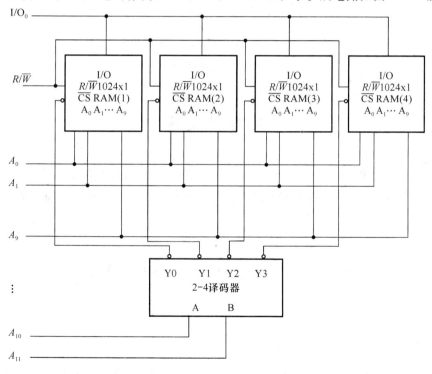

图 7.3.7　RAM 字扩展电路

3. 位、字同时扩展

如果单片 RAM 的字数和字长都不够用,则采用位、字同时扩展。需要使用的 RAM 芯片数目为: $N=$ RAM 系统的容量/RAM 芯片的容量。

例 7.3.3　试用 1024x1 位的 RAM 芯片组成一个 2048x2 位的 RAM 系统。

解： 需要使用的 RAM 芯片数为：$N = 2\ 048 \times 2 / 1\ 024 \times 1 = 4$。位、字同时扩展电路如图 7.3.8 所示。

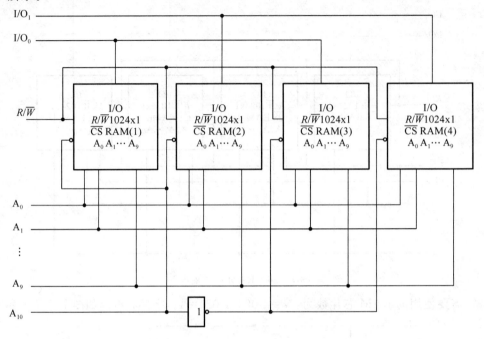

图 7.3.8　RAM 的位、字同时扩展电路

以上 RAM 的扩展方法，同样适用于 ROM 的扩展。

复习思考题

7.3.1　SRAM 和 DRAM 的区别是什么？在实际中，它们各自有什么用途？

7.3.2　容量为 $16K \times 8$ 的 RAM 有多少个基本存储单元？多少根数据引线？多少根地址引线？

7.4　可编程逻辑器件(PLD)

7.4.1　概述

前面几章中讲到的 74 系列、4000 系列等中、小规模集成逻辑器件都是通用数字集成电路，它们的逻辑功能是固定不变的，而且性能好，结构简单，用它们可以组成任何复杂的数字系统。但是对于一个大型复杂的数字系统，过多的器件会导致占用空间大、功耗高、系统可靠性差等问题。为了解决以上问题，可以采用可编程逻辑器件。

可编程逻辑器件(Programmable Logic Device，PLD)是一种由用户通过编程设定其逻辑功能，从而实现各种设计要求的集成逻辑器件，它是专用集成电路的一个重要分支。它的特点是:器件内部提供基本的逻辑单元(门、触发器等)和布线逻辑电路,用户使用厂商提供的开发软件进行电路设计,设计完成后由开发软件自动进行布线,将内部的基本逻辑单元配置成所要求的逻辑,通过下载工具将用户逻辑装载到可编程器件中。这种器件具有逻辑功能实现灵活、集成度高、处理速度快、可靠性高和有一定的保密性等特点,目前在很多领域得到广泛的应用。

PLD 自 20 世纪 70 年代出现到现在,已经形成了许多类型的产品,其结构、工艺、速度、集成度和性能等都在不断的改进和提高。7.2 节中所讲的一次可编程 ROM 实际上就是最早制成的可编程逻辑器件。除此而外,还发展有可编程逻辑阵列 PLA(Programmable Logic Array)、可编程阵列逻辑 PAL(Programmable Array Logic)、通用阵列逻辑 GAL(Generic Array Logic)、复杂可编程逻辑器件 CPLD(Complex Programmable Logic Device)和现场可编程门阵列 FPGA(Field Programmable Gate Array)等几种类型。

随着各种类型 PLD 的发展,PLD 的编程连接技术也随之发展。最初的 PLD 采用双极型连接技术,编程单元是熔丝或反熔丝。后来多数 PLD 都改用可擦除的 CMOS 连接技术,编程单元也改成了浮栅 MOS 管。

在发展各种类型 PLD 的同时,设计手段的自动化程度也日益提高。用于 PLD 编程的开发系统由硬件和软件两部分组成。硬件部分包括计算机和专门的编程器,软件部分有各种编程软件。这些编程软件都有较强的功能,操作也很简便,而且一般都可以在普通的 PC 机上运行。利用这些开发系统可以便捷地完成 PLD 的编程工作,这就大大提高了设计工作的效率。

新一代的在系统可编程(In System Programmable,ISP)器件的编程就更加简单了,编程时不需要使用专门的编程器,只要将计算机运行产生的编程数据直接写人 PLD 就行了。

7.4.2　PLD 的基本结构、表示方法和分类

1. PLD 的基本结构

PLD 的基本结构如图 7.4.1 所示,它由输入电路、与阵列、或阵列和输出电路组成。

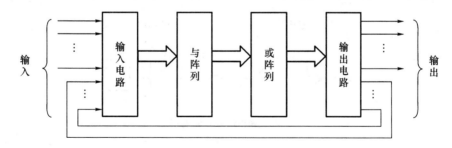

图 7.4.1　PLD 的基本结构图

(1) 与、或阵列

与阵列和或阵列是 PLD 的基本组成部分,通过对与、或阵列的编程实现所需的逻辑功能。如果两个阵列均可编程,则称为全场可编程器件;如果只有一个阵列可编程,则称为半场可编程器件。

(2) 输入电路

输入电路由输入缓冲器构成,通过它可以得到驱动能力强、并且互补的输入信号变量送到与阵列。有些 PLD 器件的输入电路还包含锁存器或寄存器等时序电路。

（3）输出电路

输出电路有多种结构形式。可以由或阵列直接输出构成组合方式，也可以由或阵列经过寄存器输出构成时序方式；可以是高电平有效，也可以是低电平有效；可以是三态输出，也可以是集电极开路输出。大部分的 PLD 都将输出电路做成输出宏单元，通过编程选择输出方式。有些电路可以根据需要将输出反馈到与阵列的输入，以增加器件的灵活性。

2. PLD 的表示方法

为了方便绘图，PLD 采用如图 7.4.2 所示的简化表示方法，这也是目前国内、国际通行的画法。

（1）连接方式

与、或阵列的交叉点有三种不同的连接方式，如图 7.4.2(a)所示。

① 固定连接点：在 PLD 出厂时已连接，不能通过编程来改变。

② 可编程接通点：在 PLD 出厂后，用户通过编程来实现接通连接。

③ 可编程断开点：在 PLD 出厂后，用户通过编程来实现断开状态。

（2）基本门电路的表示方法

PLD 中基本门电路的符号如图 7.4.2(b)～7.4.2(g)所示。

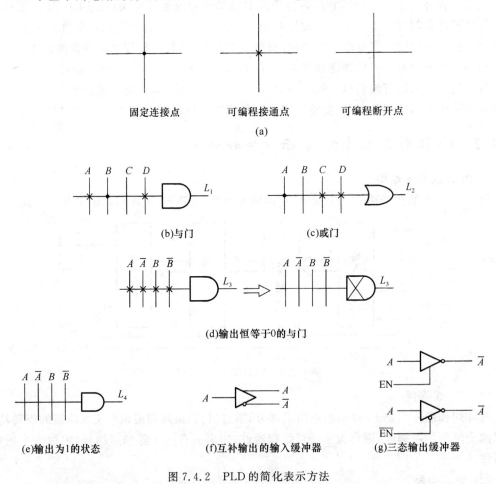

图 7.4.2　PLD 的简化表示方法

3. PLD 的分类

PLD 有多种分类方法。按照与、或阵列的物理结构可分为乘积项结构器件和可编程门阵列器件两类。乘积项结构器件的与、或阵列由实际的与门和或门构成,如可编程 ROM、PLA、PAL、GAL 和 CPLD;可编程门阵列器件通过简单的查找表(Look Up Table,LUT)来实现与、或逻辑功能,并使用多个查找表构成一个查找阵列,如 FPGA。

按照 PLD 门电路的集成度可分为低密度和高密度器件。为了便于衡量和对比数字集成电路的集成度,人们采用"门"作为逻辑集成电路规模的度量单位。一个门相当于一个 2 输入 1 输出的与非门。把数字器件中的所有逻辑电路"分解"并等效为最基本的门,这样,就可以用门的多少来表明数字器件集成度的高低。低密度器件指 1 000 门以下的器件,如可编程 ROM、PLA、PAL 和 GAL 等;1 000 门以上的为高密度器件,如 CPLD、FPGA 等。

按照 PLD 的结构体系可分为简单可编程逻辑器件(如可编程 ROM、PLA、PAL 和 GAL 等)、复杂可编程逻辑器件 CPLD 和现场可编程门阵列 FPGA。

7.4.3　简单可编程逻辑器件(SPLD)

SPLD 是早期出现的可编程逻辑器件,其规模比较小,只能实现通用数字逻辑电路的一些功能。

1. 可编程 ROM

可编程 ROM 是最早制成的 PLD 器件,它出现在 20 世纪 70 年代初,由固定的与阵列(地址译码器)和可编程的或阵列组成,其基本电路结构如图 7.4.3 所示,为简明起见,将输出三态门省略。可编程 ROM 中输出电路的结构形式除三态输出以外,也有做成集电极开路(OC)结构的。

通过上一章的分析可知,可编程 ROM 的与阵列是将输入变量的全部最小项译出来了,如果用它来实现逻辑函数,往往只用到一部分最小项,芯片的利用率不高,因此很少作为 PLD 器件使用,而是当作存储器使用。

2. 可编程逻辑阵列 PLA

PLA 是最早使用的 PLD 器件,它是 20 世纪 70 年代中期在可编程 ROM 的基础上发展起来的,由可编程的与阵列和可编程的或阵列组成,其基本电路结构如图 7.4.4 所示。PLA 的输出电路的结构形式除了做成三态输出或集电极开路(OC)输出以外,还有一些器件在或阵列输出端与输出缓冲器之间设置了可编程的异或门,以对输出的极性进行控制。

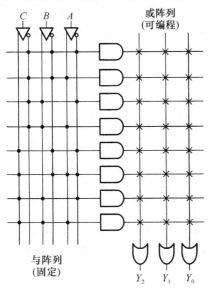

图 7.4.3　可编程 ROM 的基本电路结构

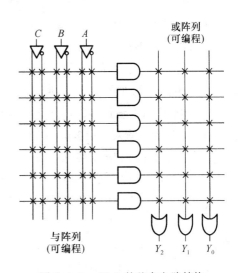

图 7.4.4　PLA 的基本电路结构

PLA 可以用来实现任何组合逻辑电路。由于它的与、或阵列均可编程,所以设计时只需将逻辑函数化简为最简的与、或表达式,然后通过编程用与阵列产生所需要的乘积项,用或阵列产生乘积项的或运算,这样就可以有效地提高芯片的利用率。

例 7.4.1 由 PLA 构成的逻辑电路如图 7.4.5 所示,试写出该电路输出的逻辑函数表达式。

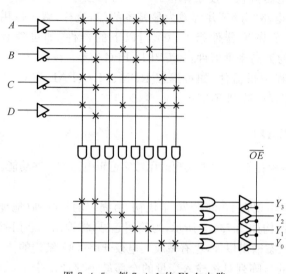

图 7.4.5 例 7.4.1 的 PLA 电路   图 7.4.6 PAL 的基本电路结构

解:由图 7.4.5 可知,该电路有 4 个输入变量,4 个输出变量,8 个乘积项,根据或阵列可得电路输出的逻辑表达式为

$$Y_3 = ABCD + \overline{A}\,\overline{B}\,\overline{C}\,\overline{D}$$
$$Y_2 = AC + BD$$
$$Y_1 = A\overline{B} + \overline{A}B = A \oplus B$$
$$Y_0 = ACD + \overline{C}\,D$$

虽然可编程逻辑阵列 PLA 的灵活性比可编程 ROM 提高了,但是由于价格较贵、编程复杂,因而没有得到广泛应用。

3. 可编程阵列逻辑 PAL

PAL 是 20 世纪 70 年代后期推出的 PLD 器件,它由可编程的与阵列和固定的或阵列组成,其基本电路结构如图 7.4.6 所示。不同型号 PAL 的门阵列规模有大有小,目前常见的 PAL 器件中,输入变量最多的可达 20 个,与阵列乘积项最多的有 80 个,或阵列输出端最多的有 10 个,每个或门输入端最多的达 16 个。

为了适应不同的应用需要,PAL 的输出电路结构有专用输出结构(如 PAL10H8、PAL14L4、PAL16C1 等)、可编程输入/输出结构(如 PAL16L8、PAL20L10 等)、寄存器输出结构(如 PAL16R4、PAL16R6 等)、异或输出结构(如 PAL20X4、PAL20X8 等)和运算选通反馈结构(如 PAL16X4、PAL16A4 等)等几种类型。选定芯片型号后,其输出结构也就选定了。用户在使用时,根据设计要求,选用相应的 PAL 器件即可。

例 7.4.2 试用 PAL16L8 设计一个两位二进制加法电路,并画出 PAL 编程后的逻辑图。设两个加数分别是 A_1A_0 和 B_1B_0,其和为 S_1S_0,C_1 为进位输出。

解:两位二进制数相加,其低位数相加用半加器实现,高位数相加用全加器实现,并注意到 PAL16L8 输出为低电平有效,所以可写出如下加法器的逻辑表达式

$$S_0 = \overline{A_0} B_0 + A_0 \overline{B_0} = \overline{\overline{A_0} \ \overline{B_0} + A_0 B_0}$$

$$C_0 = A_0 B_0 \text{（中间进位）}$$

$$S_1 = \overline{A_1} \ \overline{B_1} C_0 + \overline{A_1} B_1 \overline{C_0} + A_1 \overline{B_1} \ \overline{C_0} + A_1 B_1 C_1$$

$$DW = \overline{\overline{A_0} \ \overline{B_0} \ \overline{C_0} + \overline{A_1} B_1 C_0 + A_1 \overline{B_1} C_0 + A_1 B_1 \overline{C_0}}$$

$$C_1 = \overline{\overline{A_1} \ \overline{B_1} + \overline{A_1} \ \overline{C_0} + \overline{B_1} \ \overline{C_0}}$$

根据逻辑表达式画出 PAL16L8 编程后的逻辑图如图 7.4.7 所示。

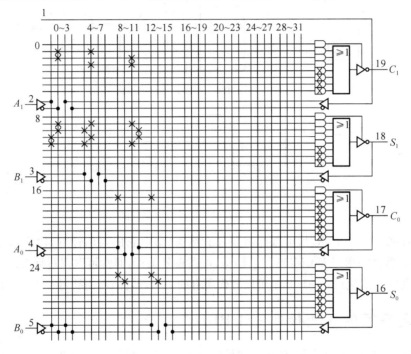

图 7.4.7　例 7.4.2 PAL 编程后的逻辑图

由于 PAL 的输出电路结构种类多,设计很灵活,而且速度和集成度较高,还具有上电复位功能和加密功能,所以成为第一个得到普遍应用的可编程逻辑器件。但是,由于它一般采用双极性熔丝工艺生产,一次可编程,并且用 PAL 实现的时序电路非常有限。为克服这一缺点,又发明了采用电可擦除 CMOS 工艺制作的通用阵列逻辑 GAL 器件。

4. 通用阵列逻辑 GAL

GAL 是 20 世纪 80 年代中期由 Lattice 公司率先推出的新型 PLD 器件。它的基本电路结构有两大类,一类与 PAL 器件基本相似,即与阵列可编程,或阵列固定,如 GAL16V8、isp-GAL16Z8、GAL20V8、GAL22V10 等;另一类与 PLA 器件类似,即与、或阵列均可编程,如 GAL39V18。

GAL 器件最大的特点是在输出端设置了一种灵活的、可编程的输出结构——输出逻辑宏单元 OLMC。通过对 OLMC 编程组态,可实现 PAL 器件所有的各种不同的输出方式。图 7.4.8 所示为 GAL22V10 器件的输出逻辑宏单元的内部结构原理图。

从图中看出,OLMC 中包含一个或门、一个 D 触发器和两个数据选择器(MUX),其中 4

选1MUX用来选择输出方式和输出极性,2选1MUX用来选择反馈信号。这些数据选择器的状态由两位可编程特征码 S_1 和 S_2 来控制。编程时,开发软件将根据设计者的要求将 $S_2 S_1$ 编为 00、01、10、11 中的一个,OLMC 便可以分别被组态为 4 种输出方式中的一种。这 4 种输出方式分别是:$S_2 S_1 = 00$ 时,低电平有效寄存器输出;$S_2 S_1 = 01$ 时,高电平有效寄存器输出;$S_2 S_1 = 10$ 时,低电平有效组合 I/O 输出;$S_2 S_1 = 11$ 时,高电平有效组合 I/O 输出。其他型号 GAL 器件的 OLMC 与 GAL22V10 相似。

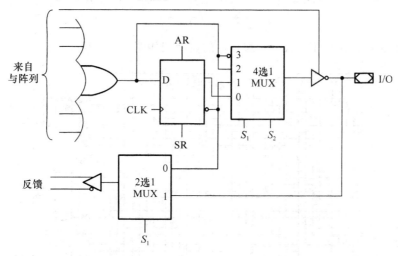

图 7.4.8　OLMC 内部结构原理图

GAL 器件的每个 OLMC 均可根据需要任意组态,所以它的通用性好,比 PAL 使用更加灵活,而且 GAL 器件采用了 E^2CMOS 工艺结构,可以重复编程,通常可以擦写百次以上,甚至上千次。由于这些突出的优点,GAL 几乎可以替代所有的 PAL 器件,因而获得了广泛的应用。

7.4.4　复杂可编程逻辑器件(CPLD)

SPLD 结构简单,设计灵活,对开发软件的要求低,但规模小,难以实现复杂的逻辑功能。因此集成度更高、功能更强的复杂可编程逻辑器件(CPLD)便迅速发展起来。

CPLD 是 20 世纪 90 年代初出现的 PLD 器件,它们大多采用 E^2CMOS 工艺或快闪存储器技术制作,是在系统可编程逻辑器件(ispPLD)。它将原属于专用编程器的编程控制电路和编程所需的高压脉冲发生器电路也集成在 PLD 器件内部,因此编程时不再使用专用编程器,也不必将器件从系统电路板上取下,在正常工作电压下即可完成对器件的直接多次编程,从而实现所需要的逻辑功能。

虽然各厂商生产的 CPLD 器件的种类和型号繁多,它们都有各自的特点,但总体结构一般都由若干个可编程的逻辑块、可编程的 I/O 模块和可编程的内部连线阵列组成,如图 7.4.9 所示。若干个逻辑块之间使用可编程内部连线实现相互连接。

1. 可编程逻辑块

可编程逻辑块的内部结构类似于 GAL 器件,由可编程的乘积项阵列(与阵列)、乘积项分配器和输出逻辑宏单元 OLMC 三部分构成,能独立地配置为时序或组合工作方式,如图 7.4.10 所示。不同的 CPLD,逻辑块中乘积项的输入变量个数 n 和宏单元个数 m 不完全相同。一般一个宏单元对应 5 个 n 变量乘积项。若要实现的函数乘积项超过 5 个时,可以将上一个或下一个相邻宏单元中没有用到的乘积项取来应用;同理,若要实现的函数乘积项小于 5 个时,可以将没有用到的乘积项送到上一个或下一个相邻宏单元去。有些 CPLD 器件的宏单元中除了有乘积项扩展功能外,还有乘积项共享电路,使得同一个乘积项可以被多个宏单元同时使用。逻辑宏单元的输出不仅送至可编程 I/O 模块,还送到内部可编程连线区,以被其他宏单元使用。

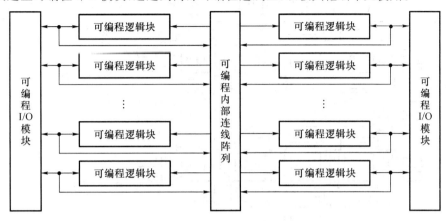

图 7.4.9　CPLD 的结构框图

2. 可编程 I/O 模块

为了增强对 I/O 的控制能力,提高引脚的适应性,CPLD 中还增加了可编程的 I/O 模块,每个 I/O 模块中有若干个 I/O 单元。它们是 CPLD 外部封装引脚和内部逻辑间的接口,每个 I/O 单元对应一个封装引脚,通过编程可以使每个 I/O 引脚单独地配置为输入、输出、双向工作、寄存器输入等各种不同的工作方式,因而使 I/O 端的使用更为方便、灵活。

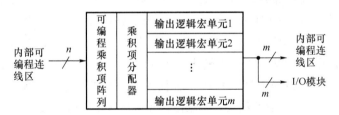

图 7.4.10　可编程逻辑块的构成图

3. 可编程内部连线阵列

可编程内部连线阵列的作用是实现逻辑块与逻辑块之间、逻辑块与 I/O 模块之间以及全局信号到逻辑块和 I/O 模块之间的连接。各逻辑块通过可编程连线阵列接收来自专用输入端的信号,并将逻辑块的信号反馈到其需要到达的目的地。这些连线的编程工作是由开发软件的布线程序自动完成的。

虽然 CPLD 在电路规模和灵活性方面不如后面将要介绍的 FPGA,但是它的可加密性和传输延时预知性,使得 CPLD 仍广泛应用于数字系统设计中。

7.4.5　现场可编程门阵列(FPGA)

FPGA 是 20 世纪 80 年代中期发展起来的一种高密度 PLD 器件,采用 CMOS-SRAM 工艺制作。与前面介绍的几类 PLD 不同,FPGA 采用查找表(LUT)来实现与、或逻辑功能。其结构框图如图 7.4.11 所示。它由 3 种可编程电路和一个用于存放编程数据的静态存储器 SRAM 组成。这 3 种可编程电路是:可编程逻辑块(CLB),输入/输出模块(IOB)和互连资源 (IR)。

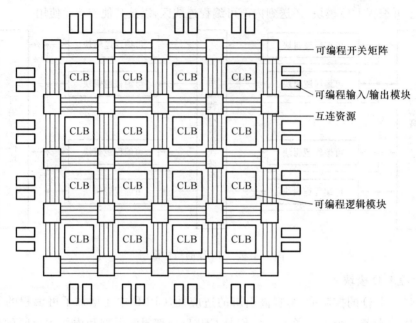

图 7.4.11 FPGA 基本结构框图

1. 可编程逻辑块 CLB

CLB 是 FPGA 的核心部分,是实现逻辑功能的基本单元,它们通常规则地排列成一个阵列,散布于整个芯片。每个 CLB 中都包含组合逻辑电路和触发器两部分,可以设置成中小规模的组合逻辑电路或时序逻辑电路。构成 CLB 的基础是逻辑单元(LC),而每个 LC 中有一个 LUT。目前 FPGA 中多使用 4 输入、1 输出的 LUT,它相当于一个有 4 位地址线的 16×1 位的 RAM。当用户通过原理图或硬件描述语言描述了一个逻辑电路以后,FPGA 开发软件会自动计算逻辑电路的所有可能的结果,并把结果事先写入 LUT,每输入一个信号进行逻辑运算就相当于输入一个地址进行查表,找到地址对应的内容输出即可。

2. 输入/输出模块 IOB

IOB 是 FPGA 内部逻辑与外部封装引脚间的接口,它通常排列在芯片的四周。每个 IOB 控制一个引脚,通过对 IOB 编程,可将它们定义为输入、输出或双向 I/O 功能。为了增强 FP-GA 的适应性和灵活性,将若干个 IOB 组织在一起,构成一个组。一般 FPGA 的 I/O 划分为 8 个组,不同的组可以与不同 I/O 信号传输标准的逻辑电路进行接口。这一特性可以使 FPGA 工作在由不同工作电源构成的复杂系统中。

3. 互连资源 IR

IR 可以将 FPGA 内部的 CLB 和 CLB 之间、CLB 和 IOB 之间以及 IOB 与 IOB 之间连接起来,构成各种具有复杂功能的系统。IR 主要由许多金属线段构成,这些金属线段带有可编程开关,通过自动布线实现各种电路的连接。

尽管 FPGA 的使用比较灵活,但仍有一些不足之处:一是其信号传输延迟时间不确定,这是因为每个信号的传输途径不同,所以传输延迟时间也就不可能相等,从而限制了器件的工作速度;另一是由于 FPGA 中的编程数据存储器是一个静态 RAM,所以断电后数据便随之丢失,因此,每次开始工作时都要重新装载编程数据,并需要配备保存编程数据的 ROM,这些都给使用带来一些不便,并且保密性较差。

复习思考题

7.4.1　什么是 OLMC? OLMC 有哪几种工作模式?

7.4.2　PAL 的主要电路结构是什么? 它与 PLA 的主要区别是什么?

7.4.3　CPLD 的主要组成结构是什么? FPGA 的主要组成结构是什么?

本 章 小 结

半导体存储器是一种能存储大量二值数据的半导体器件。一般来说,它是由许许多多存储单元组成的。每个存储单元能存储一位二进制数据,而且都有唯一的地址代码加以区分。

半导体存储器有多种分类方法。按信息的存取方式分类,可分为只读存储器(ROM)和随机存取存储器(RAM)两大类。

ROM 是一种存放固定不变二进制数码的存储器,用来存储永久性数据。其中的数据一般由专用的装置写入,数据一旦写入,不能随意改写,也不会因断电而消失。根据是否允许用户对 ROM 写入数据,可将 ROM 分为或固定 ROM 和可编程 ROM。固定 ROM 内部所存储的内容是在出厂时采用掩模工艺按用户的要求予以固化,用户是无法修改的;可编程 ROM 具有用户可编程的特点。按照能否重写,可编程 ROM 又可分为一次可编程 ROM(PROM)和可擦除可编程 ROM(EPROM)。而可擦除可编程 ROM 又可细分为光可擦除可编程的 ROM(UVEPROM)、电可擦除可编程的 ROM(E^2 PROM)和闪速存储器(Flash Memory)等。

RAM 也称随机读/写存储器。它在工作时可以随时从任何一个指定地址读出数据,也可以随时将数据写入任何一个指定的存储单元。但 RAM 不能断电,否则存储的信息将丢失。RAM 又分为静态 RAM(SRAM)和动态 RAM(DRAM)两种。静态随机存储器 SRAM:只要不断电,数据不丢失;动态随机存储器 DRAM:通电时要不断对存储的数据进行刷新,否则数据丢失。

不论是 ROM 还是 RAM,在使用过程中如果一片存储器芯片的存储容量不够,都可以进行存储容量的扩展。扩展的方式有位扩展、字扩展和位字同时扩展 3 种。

可编程逻辑器件(Programmable Logic Device,PLD)是一种由用户通过编程设定其逻辑功能,从而实现各种设计要求的集成逻辑器件,它是专用集成电路的一个重要分支。它具有逻辑功能实现灵活、集成度高、处理速度快、可靠性高和有一定的保密性等特点,目前在很多领域得到广泛的应用。

PLD 有多种分类方法。按照 PLD 的结构体系可分为简单可编程逻辑器件 SPLD、复杂可编程逻辑器件 CPLD 和现场可编程门阵列 FPGA。

SPLD 是早期出现的可编程逻辑器件,其规模比较小,只能实现通用数字逻辑电路的一些功能。常见的 SPLD 有可编程 ROM、PLA、PAL 和 GAL。可编程 ROM 是最早制成的 PLD 器件,由固定的与阵列(地址译码器)和可编程的或阵列组成,它很少作为 PLD 器件使用,而是当作存储器使用;PLA 是最早使用的 PLD 器件,由可编程的与阵列和可编程的或阵列组成,可以用来实现任何组合逻辑电路,但由于价格较贵、编程复杂,因而没有得到广泛应用;PAL 由可编程的与阵列和固定的或阵列组成,是第一个得到普遍应用的 PLD,它一般采用双极性熔丝工艺生产,一次可编程,并且用 PAL 实现的时序电路非常有限,为克服这一缺点,又发明了采用电可擦除 CMOS 工艺制作的通用阵列逻辑 GAL 器件;GAL 最大的特点是在输出端设置了一种灵活的、可编程的输出结构——输出逻辑宏单元 OLMC,通过对 OLMC 编程组态,可实现 PAL 器件所有的各种不同的输出方式,它的通用性好,比 PAL 使用更加灵活,而且 GAL 器件采用了 E^2CMOS 工艺结构,可以重复编程,因而获得了广泛的应用。

CPLD 大多采用 E^2CMOS 工艺或快闪存储器技术制作,是在线可编程逻辑器件(isp-PLD)。它由若干个可编程的逻辑块、可编程的 I/O 模块和可编程的内部连线阵列组成,逻辑功能强,而且掉电后信息不消失。

FPGA 采用 CMOS-SRAM 工艺制作,利用查找表(LUT)来实现与、或逻辑功能。它由可编程逻辑块(CLB),输入/输出模块(IOB)、互连资源(IR)和一个用于存放编程数据的静态存储器 SRAM 组成。通过编程可以将互连资源连成任何复杂的逻辑电路,已成为目前设计数字电路和系统的首选器件之一。

习　题

7.1　请用 ROM 设计组合逻辑电路,实现以下逻辑函数式:

(1) $Y_3 = AB + \overline{A}C$

$Y_2 = A + \overline{B}\,\overline{C} + \overline{A}B$

$Y_1 = A\overline{C} + BC$

$Y_0 = AB + AC + BC$

(2) $Y_3 = AD + \overline{A}\,\overline{D}$

$Y_2 = AB\overline{D} + \overline{A}CD + \overline{A}B\,\overline{C}D$

$Y_1 = \overline{A}\,\overline{B}C\overline{D} + \overline{A}BCD + A\overline{B}C\overline{D} + ABC\overline{D}$

$Y_0 = \overline{A}\,\overline{B}\,\overline{C}\,\overline{D} + A\overline{B}\,\overline{C}D + AB\overline{C}D + ABCD$

7.2　设计一个用 EPROM 实现的比较器,用来比较两个二进制数 A_1A_0 和 B_1B_0 的大小。

7.3　图题 7.3 是由 ROM 和四选一数据选择器组成的电路,分析电路的功能,并写出输入 A_1A_0 的 4 种取值组合下 F 的表达式。

7.4　已知多输出逻辑函数 ROM 阵列如图题 7.4 所示,写出其逻辑函数的表达式,列出真值表,并说明该 ROM 实现何种逻辑功能。

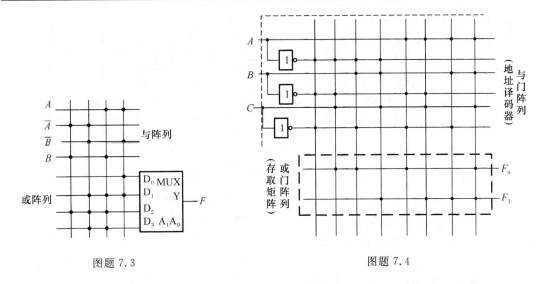

图题 7.3 图题 7.4

7.5 使用 ROM 实现一个译码器,将 4 位二进制码转换成余三码。

7.6 ROM 点阵图及地址线上的波形图如图题 7.6 所示,试画出数据线 $D_3 \sim D_0$ 上的波形图。

7.7 试用 2 片 2114(1024×4 位的 RAM)组成 1024×8 位的 RAM。

7.8 试用 4 片 2114 和 3-8 译码器组成 4096×4 位的存储器。

7.9 试用 4 片 2114 组成 2048×8 位的存储器。

7.10 用 3 片 2114 组成图题 7.10 所示电路。

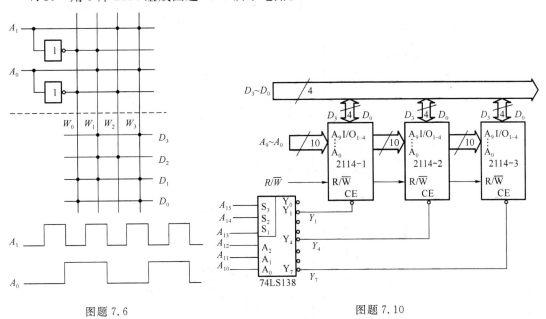

图题 7.6 图题 7.10

(1) 分析图示电路存储器的容量是多少?

(2) 写出每一片 RAM 2114 的地址范围(用十六进制表示)。

(3) 图示电路是对 RAM2114 进行字扩展?还是位扩展?或者是字位同时进行扩展?

(4) 若要实现 2048×8 的存储器,需要多少片 2114 芯片?

7.11 画出实现下面双输出逻辑函数的 PLD 电路。

$$F_1(A,B,C)=\overline{A}\ \overline{B}\ \overline{C}+A\overline{B}C+ABC$$

$$F_2(A,B,C,D)=\overline{A}\ \overline{B}\ \overline{C}\ \overline{D}+\overline{A}\ B\overline{C}D+$$
$$\overline{A}\ \overline{B}\ CD+AB\overline{C}\ \overline{D}$$

7.12 可编程逻辑阵列（PLA）实现的组合逻辑电路如图题 7.12 所示。

（1）分析电路的功能，写出 $F_1 \sim F_3$ 的表达式；

（2）若已知 A_1A_0，B_1B_0 为两个两位的二进制数，试证明电路实现的是两位二进制全加运算。

（3）说明电路矩阵的容量，若改用 PROM 实现此电路，则矩阵的容量又应为多少？

7.13 使用 PAL14H4 产生以下逻辑函数式：

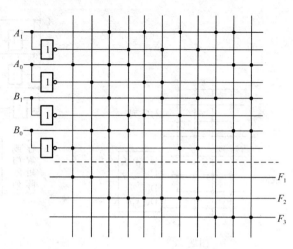

图题 7.12

$$\begin{cases} Y_1 = \overline{A}B\overline{C}D + A\overline{B}\overline{C}D + ABC\overline{D} + AB\ \overline{C}\ \overline{D} \\ Y_2 = AB\ \overline{C}\ \overline{D} + \overline{B}C\overline{D} + BD \\ Y_3 = \overline{A}\ \overline{B}CD + ABC\overline{D} + A\overline{B}C\overline{D} \\ Y_4 = AC + BD \end{cases}$$

7.14 试分析如图题 7.14 所示的由 PAL 编程的组合逻辑电路，写出 Y_1、Y_2、Y_3 与 A、B、C、D 的逻辑关系表达式。

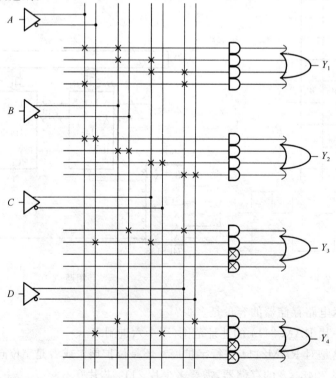

图题 7.14

7.15　试分析如图题 7.15 所示由 PAL 编程的时序逻辑电路,写出电路的驱动方程、状态方程、输出方程、画出电路的状态转换图。

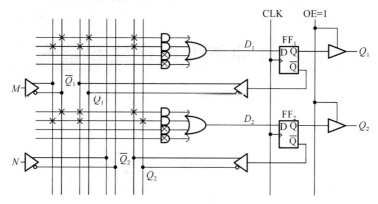

图题 7.15

7.16　选用适当的 PAL 器件设计一个 3 位二进制可逆计数器。当 $X=0$ 时,实现加法计数;当 $X=1$ 时,实现减法计数。

7.17　试用 GAL16V8 实现一个 8421 码十进制计数器。

7.18　图题 7.18 所示是用 PAL16R4 实现的时序逻辑电路,试分析电路的逻辑功能。

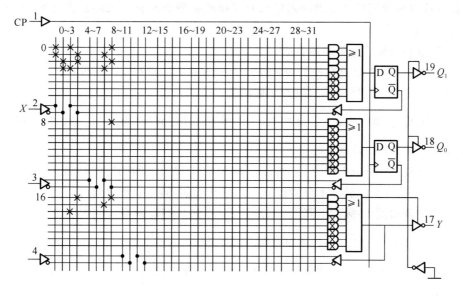

图题 7.18

第8章 脉冲波形的产生和整形

8.1 概　述

在数字电路中,常常需要不同宽度、不同幅值和不同形状的脉冲波形,如矩形脉冲、三角脉冲、梯形脉冲等。其中矩形脉冲波是最常用的一种脉冲波形。

1. 矩形脉冲波形的获取方法

矩形脉冲波形的获取方法通常有两种:一种是利用矩形脉冲信号产生电路直接产生所需要的矩形脉冲,如各种形式的多谐振荡器;另一种则是通过各种波形变换或整形电路将已有的非矩形脉冲或者特性不符合要求的矩形脉冲变换或整形为符合要求的矩形脉冲,如施密特触发器或单稳态触发器。

2. 矩形脉冲波形的主要描述参数

实际的矩形脉冲波形如图 8.1.1(a)所示。描述它的参数有以下几种:

① 脉冲幅度 V_m:脉冲电压的最大变化幅度。

② 脉冲周期 T:周期性重复的脉冲中,两个相邻脉冲之间的间隔时间。有时也用频率 $f = \dfrac{1}{T}$ 来表示,即单位时间内脉冲重复的次数。

③ 脉冲宽度 t_w:同一个脉冲上升沿与下降沿的 $0.5V_m$ 之间的时间间隔。

④ 脉冲上升时间 t_r:脉冲上升沿由 $0.1V_m$ 上升到 $0.9V_m$ 所需要的时间。

⑤ 脉冲下降时间 t_f:脉冲下降沿由 $0.9V_m$ 下降到 $0.1V_m$ 所需要的时间。

⑥ 占空比 q:脉冲宽度 t_w 与脉冲周期 T 的比值,即 $q = \dfrac{t_w}{T}$。

理想的矩形脉冲只有 4 个参数,即脉冲幅度 V_m,脉冲周期 T、脉冲宽度 t_w 和占空比 q,如图 8.1.1(b)所示。

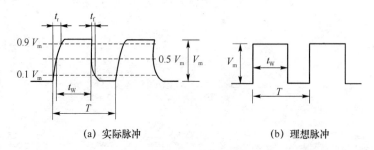

(a) 实际脉冲　　　　　　　　(b) 理想脉冲

图 8.1.1　矩形脉冲波形的主要参数

8.2　施密特触发器

8.2.1　施密特触发器的特点

施密特触发器是一种常用的矩形脉冲整形电路。它与前面介绍的一般触发器一样,也有两个稳定的输出状态:"1"或"0"。但它又有如下两个重要的特点。

① 电路属于电平触发方式;缓慢变化的信号也可作为触发信号,当输入信号的幅值达到某一特定的阈值电压时,由于电路内部正反馈的作用,输出电平会迅速跳变,即从一个稳态翻转到另一个稳态。

② 电路有两个阈值电压:输入信号从低电平上升时使电路状态发生跳变的输入电压称为正向阈值电压 V_{T+};输入信号从高电平下降时使电路状态发生跳变的输入电压称为负向阈值电压 V_{T-}。根据输入相位、输出相位关系的不同,施密特触发器有同相输出和反相输出两种电路形式。其电压传输特性曲线及逻辑符号如图 8.2.1(a)、(b)所示。

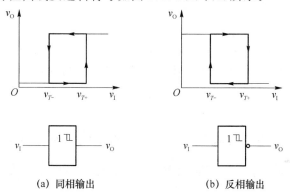

(a) 同相输出　　　　　　　　　(b) 反相输出

图 8.2.1　施密特触发器电压传输特性及逻辑符号

8.2.2　施密特触发器的电路组成及工作原理

1. 门电路组成的施密特触发器

(1)电路组成原理图

施密特触发器可以由 TTL 门电路组成,也可以由 CMOS 门电路组成。CMOS 门组成的施密特触发器的电路原理图如图 8.2.2 所示。它由两个串联的反相器 G1、G2 和两个分压电阻 R_1、R_2($R_1 <$ R_2)组成。分压电阻 R_1、R_2 将输出端电压反馈到输入端形成正反馈。

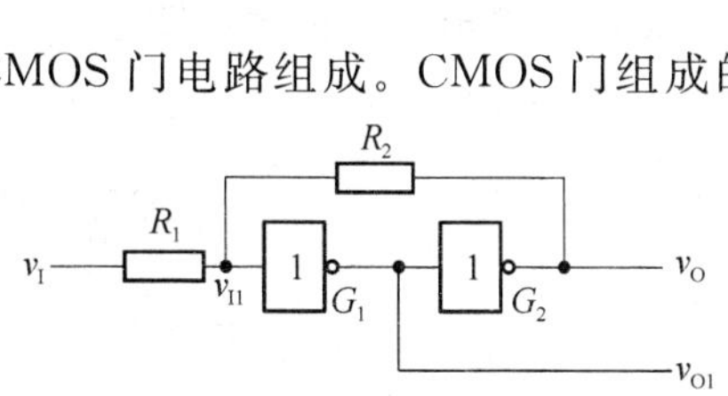

(2)工作原理

假设 CMOS 门电路的阈值电压为 $V_{TH} \approx \dfrac{1}{2} V_{DD}$,且 $V_{OH} \approx V_{DD}$,$V_{OL} \approx 0$。根据叠加原理得

图 8.2.2　电路组成原理图

$$v_{I1} = \frac{R_2}{R_1 + R_2} v_I + \frac{R_1}{R_1 + R_2} v_O \tag{8.2.1}$$

设电路的输入电压 v_I 为如图 8.2.3 所示的三角波。

① 第一稳态:当 $v_I=0$ V 时,由于 $R_1<R_2$,不论 v_O 是否高电平,$v_{I1}=\dfrac{R_1}{R_1+R_2}v_O<V_{TH}=\dfrac{1}{2}V_{DD}$,所以门 G_1 输出 v_{o1} 为高电平,门 G_2 输出 v_o 为低电平。v_o 又反馈回来,使得 $v_{I1}\approx0$,$v_{o1}\approx V_{DD}$,$v_O\approx0$。

② 由第一稳态翻转到第二稳态:当 v_I 逐渐升高时,$v_{I1}=\dfrac{R_2}{R_1+R_2}v_I$ 也升高,但只要 $v_{I1}<V_{TH}$,输出状态维持 $v_o\approx0$ 不变。当 v_I 升高到使 $v_{I1}=V_{TH}$ 时,则产生如下正反馈过程:

$$v_{I1}\uparrow \longrightarrow v_{o1}\downarrow \longrightarrow v_O\uparrow$$

于是门 G_1、G_2 的输出状态迅速翻转,即 v_{o1} 变为低电平,而 v_o 变为高电平 V_{DD}。此时,$v_I=V_{T+}$ 即 $v_{I1}=V_{TH}=\dfrac{R_2}{R_1+R_2}V_{T+}$,所以可得正向阈值电压

$$V_{T+}=(1+\frac{R_1}{R_2})V_{TH} \tag{8.2.2}$$

之后,即使 v_I 继续上升,由于 $v_{I1}=\dfrac{R_2}{R_1+R_2}v_I+\dfrac{R_1}{R_1+R_2}V_{DD}>V_{TH}$,电路输出状态维持 $v_o\approx V_{DD}$ 不变。

③ 由第二稳态翻转为第一稳态:当 v_I 从高电平逐渐下降,v_{I1} 也随着下降,但只要 $v_{I1}>V_{TH}$,输出状态维持 $v_o\approx V_{DD}$ 不变。当 v_I 下降到使 $v_{I1}=V_{TH}$ 时,则又产生如下正反馈过程:

$$v_{I1}\downarrow \longrightarrow v_{o1}\uparrow \longrightarrow v_O\downarrow$$

于是门 G_1、G_2 的输出状态又迅速翻转,即 v_{o1} 变为高电平,而 v_o 变为低电平。此时,$v_I=V_{T-}$ 即 $v_{I1}=V_{TH}=\dfrac{R_2}{R_1+R_2}V_{T-}+\dfrac{R_1}{R_1+R_2}V_{DD}$,将 $V_{DD}=2V_{TH}$ 代入可得负向阈值电压

$$V_{T-}=(1-\frac{R_1}{R_2})V_{TH} \tag{8.2.3}$$

之后,即使 v_I 继续下降,由于 $v_{I1}=\dfrac{R_2}{R_1+R_2}v_I<V_{TH}$,电路输出状态维持 $v_o\approx0$ 不变。

电路的工作波形如图 8.2.3 所示。

(3) 回差电压及传输特性

① 回差电压:正向阈值电压 V_{T+} 与负向阈值电压 V_{T-} 的差,用 ΔV_T 表示。即

$$\Delta V_T=V_{T+}-V_{T-}=\frac{2R_1}{R_2}V_{TH}=\frac{R_1}{R_2}V_{DD} \tag{8.2.4}$$

可见,电路的回差电压与 $\dfrac{R_1}{R_2}$ 成正比,改变 R_1、R_2 的比值即可调节回差电压的大小。但值得注意的是,R_1 必须小于 R_2。

② 传输特性:根据以上分析可以画出分别以 v_o 和 v_{o1} 作为输出的电路传输特性,如图 8.2.4 所示。

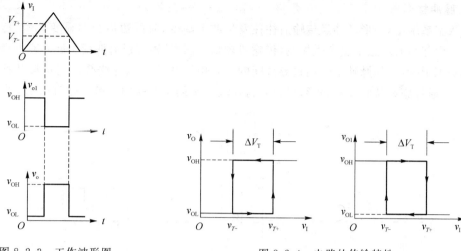

图 8.2.3　工作波形图

图 8.2.4　电路的传输特性

可见,若以 v_o 端作为电路的输出,电路为同相输出施密特触发器;若 v_{o1} 作为输出端,则电路为反相输出施密特触发器。

TTL 门电路组成的施密特触发器的工作原理与 CMOS 门的工作原理类似,不再赘述。

2. 集成施密特触发器

无论是在 CMOS 电路还是 TTL 电路中,都有许多单片的集成施密特触发器产品。如 TTL 电路的 74LS14 和 CMOS 电路的 CC40106、74HC14 均为施密特触发的六反相器,TTL 电路的 74LS132 和 CMOS 电路的 CC4093 都是施密特触发的四 2 输入与非门等。集成施密特触发器的引脚图、逻辑符号、参数指标、典型应用等可查阅相关资料。

8.2.3　施密特触发器的应用

由于集成施密特触发器具有稳定的性能,且输出矩形脉冲边沿陡峭,因此应用十分广泛。典型的应用有波形变换、脉冲整形、脉冲鉴幅等。

1. 波形变换

施密特触发器可以把边沿变化缓慢的三角波、正弦波等变换成边沿陡峭的矩形脉冲波形。前面已经介绍了三角波变换为矩形波的转换过程,若在施密特触发器的输入端加入正弦波,只要输入信号的幅度大于 V_{T+},则可在输出端得到的同周期的矩形脉冲,其输出脉冲宽度 t_W 可由回差 ΔV_T 调节。如图 8.2.5 所示。

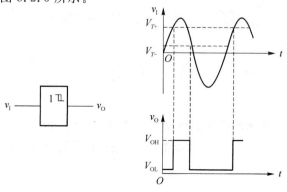

图 8.2.5　施密特触发器用作波形变换

2. 脉冲整形

在数字系统中,矩形脉冲经传输后往往发生波形畸变,有的边沿会明显变缓慢(传输线的电容较大引起),有的边沿会产生振荡(传输线较长,接收端阻抗没有匹配引起),有的会在信号上附加噪声干扰(其他脉冲信号通过导线间的分布电容或公共电源线叠加到矩形脉冲信号上引起)等。通过施密特触发器整形,可以获得比较理想的矩形脉冲波形。如图 8.2.6 所示。

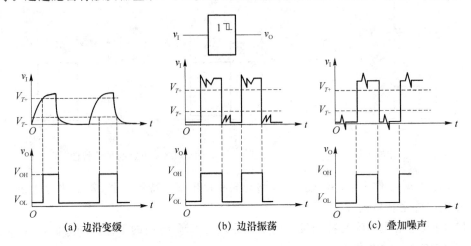

(a) 边沿变缓   (b) 边沿振荡   (c) 叠加噪声

图 8.2.6 施密特触发器用作脉冲整形

3. 脉冲鉴幅

将一系列幅度各异的脉冲信号加到施密特触发器的输入端,只有那些幅度大于 V_{T+} 的脉冲才会在输出端产生输出信号。因此,通过这一方法施密特触发器可以选出幅度大于 V_{T+} 的脉冲,即具有脉冲鉴幅能力,如图 8.2.7 所示。

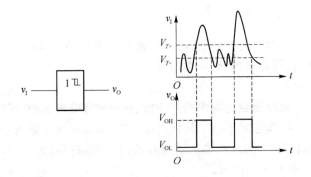

图 8.2.7 施密特触发器用作脉冲鉴幅

复习思考题

8.2.1 在图 8.2.2 所示的施密特触发器电路中,为什么要取 $R_1 < R_2$?

8.2.2 如果改变图 8.2.2 中 R_1 的取值,对电路的传输特性有何影响?

8.3　单稳态触发器

8.3.1　单稳态触发器的特点

单稳态触发器是另一种常用的矩形脉冲整形电路。与前面介绍的各类触发器不同,它只有一个稳定的工作状态——稳态,可以是"1",也可以是"0";还有一个暂时稳定的工作状态——暂稳态。其特点如下。

① 电路属于边沿触发方式,无外加触发脉冲作用时,电路始终处于稳态。

② 当电路输入端有外加触发脉冲作用时,工作状态从稳态跳变到暂稳态。暂稳态是一个不能长久保持的状态,经过一段时间 t_W 之后,电路又自动返回到稳态,并在输出端产生一个宽度为 t_W 的矩形脉冲。t_W 与外加触发脉冲无关,只取决于电路本身的参数。

8.3.2　单稳态触发器的电路组成及工作原理

通常单稳态触发器的暂稳态都是靠 RC 电路的充放电来维持的。根据 RC 电路是接成微分电路形式还是积分电路形式,可将单稳态触发器分为微分型和积分型两种。这里只介绍微分型单稳态触发器。

1. 门电路组成的微分型单稳态触发器

（1）电路组成原理图

同施密特触发器一样,单稳态触发器也可以由 TTL 门电路或者 CMOS 门电路组成。CMOS 门组成的一种微分型单稳态触发器的电路原理图如图 8.3.1 所示。它由或非门 G_1、反相器 G_2、RC 微分电路和 $R_d C_d$ 微分电路组成。$R_d C_d$ 微分电路的作用是将输入触发脉冲变成很窄的的脉冲,以防止因输入脉冲过宽而使输出信号的边沿变缓。D 是反相器 G_2 内部的输入保护电路中的二极管。

（2）工作原理

假设 CMOS 门电路的阈值电压为 $V_{TH} \approx \frac{1}{2} V_{DD}$,且 $V_{OH} \approx V_{DD}$,$V_{OL} \approx 0$。

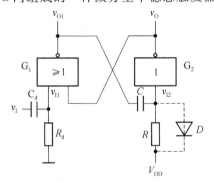

图 8.3.1　微分型单稳态触发器的电路原理图

① 稳态:无触发脉冲时,$v_I = 0$ V,$v_{I2} = V_{DD}$,则 $v_{I1} \approx 0$ V,$v_o \approx 0$,$v_{o1} \approx V_{DD}$,电容 C 上无电压。只要没有正脉冲触发,电路就一直保持这一稳态不变。

② 由稳态跳变到暂稳态:当输入触发脉冲 v_I 时,经过 $R_d C_d$ 微分电路后,在 v_I 的上升沿和下降沿得到很窄的正、负脉冲 v_{I1}。当 v_{I1} 的正脉冲上升到 G1 门的阈值电压 V_{TH} 时,则产生如下正反馈过程:

$$v_{I1} \uparrow \longrightarrow v_{o1} \downarrow \longrightarrow v_{I2} \downarrow \longrightarrow v_o \uparrow$$

于是门 G_1 的输出状态迅速跳变,即 v_{o1} 变为低电平,由于电容 C 两端的电压不能突变,所以 v_{I2} 也瞬间被拉低至 $-V_D$(V_D 为二极管的导通压降),从而使门 G_2 的输出 v_o 迅速变为高电平。电路从稳态跳变为暂稳态。此后，即使输入触发脉冲 v_{I1} 变为低电平，v_o 的高电平仍将维持。暂稳态时，$v_{o1} \approx 0$，$v_o \approx V_{DD}$。

③ 由暂稳态自动返回到稳态

进入暂稳态的同时，电源 V_{DD} 经电阻 R 和 G_1 门导通的工作管对电容 C 充电，v_{I2} 逐渐升高。但只要 $v_{I2} < V_{TH}$，输出状态维持 $v_o \approx V_{DD}$ 不变。当 v_{I2} 升高到阈值电压 V_{TH} 时，电路又产生如下正反馈过程：

$$v_{I2} \uparrow \longrightarrow v_O \downarrow \longrightarrow v_{o1} \uparrow$$

于是门 G_2 的输出状态迅速跳变，即 v_o 变为低电平。如果此时触发脉冲 v_{I1} 已变为低电平，则门 G_1 的输出 v_{o1} 迅速跳变为高电平。同样，由于电容 C 两端的电压不能突变，所以 v_{I2} 瞬间被拉升至 $V_{DD} + V_D$，电路的暂稳态结束。此后，电容 C 经电阻 R 和 G_2 门的输入保护二极管向电源 V_{DD} 放电，直至电容上的电压为 0，电路恢复到触发前的起始状态（稳态），等待下一个触发脉冲的到来。

电路的工作波形如图 8.3.2 所示。

（3）主要性能参数

为了定量描述单稳态触发器的性能，经常使用输出脉冲宽度 t_W、恢复时间 t_{re} 和最高工作频率 f_{max} 等几个参数。

① 输出脉冲宽度 t_W

输出脉冲宽度 t_W 就是 v_{I2} 从 0 V 上升到 V_{TH} 所需时间，是由 RC 的充电回路来决定的。根据 RC 电路过渡过程的分析可得

$$t_W = RC \ln \frac{v_C(\infty) - v_C(0)}{v_C(\infty) - V_{TH}} \tag{8.3.1}$$

将 $v_C(0) = 0$，$v_C(\infty) = V_{DD}$，$V_{TH} = \frac{1}{2} V_{DD}$ 代入式（8.3.1）可求出

$$t_W = RC \ln \frac{V_{DD} - 0}{V_{DD} - \frac{1}{2} V_{DD}} = RC \ln 2 \approx 0.7\, RC \tag{8.3.2}$$

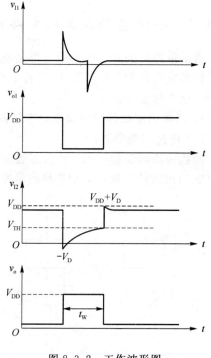

图 8.3.2 工作波形图

② 恢复时间 t_{re}

恢复时间 t_{re} 就是暂稳态结束到电路恢复到起始状态所需的时间，是由 RC 的放电回路来决定的。一般认为经过 3～5 倍于放电回路的时间常数的时间后，电容可放电完毕。所以

$$t_{re} = (3 \sim 5)\tau$$
$$\tau = (R//R_D)C \tag{8.3.3}$$

其中 R_D 为保护二极管的导通电阻。

③ 最高工作频率 f_{max}

最高工作频率 f_{max} 是指在保证电路能正常工作的前提下，输入触发脉冲 v_I 的最大频率。所以

$$f_{max} = \frac{1}{t_W + t_{re}} \tag{8.3.4}$$

TTL 门电路组成的单稳态触发器的工作原理与 CMOS 门的工作原理类似,不再赘述。

2. 施密特触发器构成的单稳态触发器

(1)电路组成原理图

用 CMOS 施密特反相器组成的一种微分型单稳态触发器的电路原理图如图 8.3.3(a)所示。该电路是由下降沿触发的。

(2)工作原理

① 稳态时:$v_I = V_{DD}$,$v_{I1} \approx V_{DD}$,则 $v_o \approx 0$ V。

② 由稳态跳变到暂稳态:当输入触发脉冲 v_I 的下降沿到来时,v_I 从 V_{DD} 跳变到 0,由于电容两端电压不能突变,所以 v_{I1} 也跳变为 0,在过 V_{T-} 时使输出 v_o 跳变为高平,即 $v_o \approx V_{DD}$。电路由稳态跳变到暂稳态。

③ 由暂稳态自动返回到稳态

进入暂稳态的同时,电源 V_{DD} 经电阻 R 对电容 C 充电,v_{I1} 逐渐升高。当升高到 V_{T+} 时,v_o 又跳变为低电平,即 $v_o \approx 0$,暂稳态结束。此时,v_I 仍为低电平,V_{DD} 继续向电容 C 充电,v_{I1} 继续上升。当 v_I 的上升沿到来时,v_I 从 0 跳变到 V_{DD},由于电容两端电压不能突变,所以 v_{I1} 瞬间被拉升至 $V_{DD}+V_D$(V_D 为施密特触发器的内部保护二极管的导通压降)。此后,电容 C 经电阻 R 和反相器的输入保护二极管向电源 V_{DD} 放电,直至电容上的电压为 0,电路恢复到触发前的起始状态(稳态),等待下一个触发脉冲的到来。

电路的工作波形如图 8.3.3(b)所示。

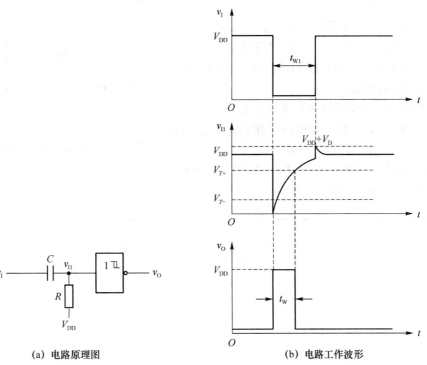

(a) 电路原理图　　　　(b) 电路工作波形

图 8.3.3　集成施密特反相器组成的单稳态触发器

从波形图可以看出,输入信号的负脉冲宽度 t_{W1} 必须大于输出脉冲的宽度 t_W。输出脉宽为

$$t_W = RC\ln \frac{v_C(\infty)-v_C(0)}{v_C(\infty)-V_{T+}} = RC\ln \frac{V_{DD}}{V_{DD}-V_{T+}} \tag{8.3.5}$$

3. 集成单稳态触发器

无论是在 CMOS 电路还是 TTL 电路中,都有许多单片的集成单稳态触发器器件。集成单稳态触发器根据电路工作特性的不同可分为可重复触发和不可重复触发两种。不可重复触发单稳态触发器在稳态情况下,一旦受到触发进入暂稳态,暂稳态维持的时间仅取决于电路的 R、C 参数,与在暂稳态期间是否再受到其他信号的作用无关,也就是说输出脉冲的宽度是固定的;而可重复触发单稳态触发器在暂稳态期间,会接受其他触发信号的作用,电路将重新被触发,使输出脉冲再继续维持一个 t_W 宽度。这两种集成单稳态触发器的工作波形如图 8.3.4 所示。如 TTL 电路的 74121、74221、74LS221 等都是不可重复触发的集成单稳态触发器;而 TTL 电路的 74LS122、74LS123 等、CMOS 电路的 CC4098、CC14528、CC14538 等都为可重复触发的集成单稳态触发器。

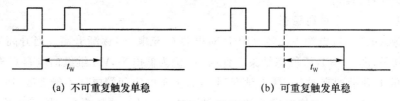

(a) 不可重复触发单稳　　　　　(b) 可重复触发单稳

图 8.3.4　两种集成单稳态触发器的工作波形

下面以 74121 集成器件为例简单介绍集成单稳态触发器的引脚图、功能表和连接方式等。

(1) 74121 的引脚图

74121 单稳态触发器的引脚图如图 8.3.5 所示。A_1、A_2、B 为触发脉冲输入端,R_{int} 为芯片内部电阻端,C_{ext}、R_{ext}/C_{ext} 分别为外接电容和外接电阻端,Q、$\overline{Q}$ 为输出端。

(2) 74121 的功能表

74121 单稳态触发器的功能表如表 8.3.1 所示。

由表可见,74121 器件既可以工作在上升沿触发方式,又可以工作在下降沿触发方式。

① 触发脉冲由 B 端输入,同时 A_1、A_2 当中至少要有一个接低电平时电路由 B 的上沿触发;

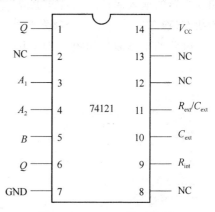

图 8.3.5　74121 的引脚图

表 8.3.1　74121 的功能表

输入			输出		说明
A_1	A_2	B	Q	$\overline{Q}$	
0	×	1	0	1	稳态
×	0	1	0	1	
×	×	0	0	1	
1	1	×	0	1	
1	↓	1	⊓	⊔	下降沿触发
↓	1	1	⊓	⊔	
↓	↓	1	⊓	⊔	
0	×	↑	⊓	⊔	上升沿触发
×	0	↑	⊓	⊔	

② 触发脉冲由 A_1 或 A_2 端输入(另一个接高电平)或由 A_1、A_2 同时输入,且 B 端接高电平时电路工作在下降沿触发方式。

74121 的工作波形如图 8.3.6 所示。

由波形图可见,无论哪种触发方式,输出矩形脉冲的宽度都为 t_W,且

$$t_W \approx 0.7RC \qquad (8.3.6)$$

(3) 74121 的电路连接方法

74121 在使用时需在 10、11 脚之间外接电容 C,通常 C 的取值在 10 pF ~ 10 μF 之间。定时电阻 R 可采用外接电阻 R_{ext} 或内部电阻 R_{int}(2 kΩ),通常外接电阻 R_{ext} 的取值在 2 ~ 30 kΩ 之间。74121 的电路连接方法如图 8.3.7 所示。

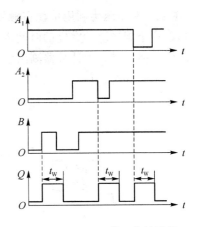

图 8.3.6　74121 的工作波形图

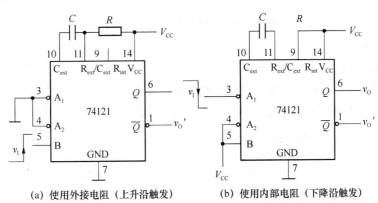

(a) 使用外接电阻（上升沿触发）　　(b) 使用内部电阻（下降沿触发）

图 8.3.7　74121 的电路连接方法

8.3.3　单稳态触发器的应用

单稳态触发器典型的应用除脉冲整形外,还有定时/延时、消除噪声等。

1. 脉冲整形

由于单稳态触发器一经触发,电路就从稳态进入暂稳态,且暂稳态的时间仅由电路参数 R、C 决定,在暂稳态期间输出信号的高低电平与触发输入信号状态无关。因此不规则的脉冲输入单稳态电路后,只要能够触发电路,输出端电压就会是具有一定宽度、一定幅度、边沿陡峭的矩形波,从而达到整形的目的。如图 8.3.8 所示。

2. 定时/延时

由于单稳态触发器能产生一定宽度 t_W 的矩形输出脉冲,若利用这个矩形脉冲作为定时或延时信号去控制某一电路,就可以达到定时或延时的目的。例如楼道灯的延时开关电路就是单稳触发器的典型应用。

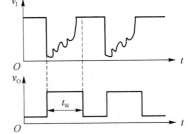

图 8.3.8　单稳态触发器用作脉冲整形

图 8.3.9 所示为利用单稳态触发器设计的一个简易频率计。单稳输出的正脉冲控制一个与门,在这个矩形脉冲宽度的时间内,让另一个频率很高的脉冲信号 V_F 通过,而在非正脉冲期间 V_F 就不能通过。用计数器测出通过与门的脉冲数,就可以测出脉冲信号 V_F 的频率。

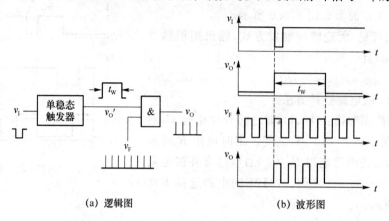

(a) 逻辑图　　　　　　　　(b) 波形图

图 8.3.9　单稳态触发器用作定时

3. 噪声消除

利用单稳态触发器可以构成噪声消除电路(或称脉宽鉴别电路)。通常噪声多表现为尖脉冲,宽度较窄,而有用的信号都具有一定的宽度。利用单稳电路,将输出脉宽调节到大于噪声宽度而小于信号脉宽,即可消除噪声。由单稳态触发器组成的噪声消除电路及波形如图 8.3.10 所示。

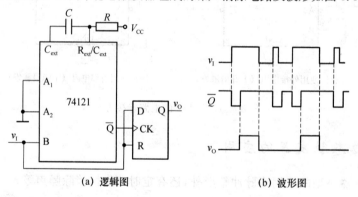

(a) 逻辑图　　　　　　　　(b) 波形图

图 8.3.10　单稳态电路构成的噪声消除电路

复习思考题

8.3.1　如果去掉图 8.3.1 所示单稳态触发器电路中的 $R_d C_d$ 微分电路,当触发脉冲宽度大于单稳态触发器输出脉宽时,试问电路会产生什么现象?

8.3.2　单稳触发器的输出脉宽由哪些因素决定? 与触发脉冲的宽度和幅度有无关系?

8.3.3　集成单稳态触发器分为哪两类? 它们各有什么特点?

8.3.4　用集成单稳触发器 74121 产生输出脉宽等于 3 ms 的脉冲信号,如果 R 接内部电阻,试问外接电容 C_{ext} 应取何值?

8.4　多谐振荡器

8.4.1　多谐振荡器的特点

多谐振荡器是一种常用的矩形脉冲产生电路。它没有稳定状态,只存在两个暂稳态。其特点如下。

① 它是一种自激振荡器,即无需外加触发脉冲,接通电源后,电路便可在两个暂稳态之间自动相互转换,产生一定频率和一定幅值的矩形脉冲。

② 产生的矩形脉冲的频率取决于多谐振荡器中反馈网络的定时元件的大小。定时元件可以是 R、C,也可以是石英晶体,前者为 RC 多谐振荡器,后者为石英晶体多谐振荡器。

8.4.2　RC 多谐振荡器

RC 多谐振荡器的电路形式有很多,如由门电路构成的环形振荡器、对称式多谐振荡器、非对称式多谐振荡器等及由施密特触发器构成的多谐振荡器、由单稳态触发器构成的多谐振荡器等。

1. 门电路组成的 RC 多谐振荡器

(1) 电路组成原理图

同单稳态触发器一样,多谐振荡器也可以由 TTL 门电路或 CMOS 门电路组成。CMOS 门组成的一种非对称式多谐振荡器的电路原理图和内部结构图如图 8.4.1(a)、(b)所示。它由两个反相器 G_1、G_2 和反馈电阻 R、反馈电容 C 组成。

(2) 工作原理

假设 CMOS 门电路的阈值电压为 $V_{TH} \approx \frac{1}{2} V_{DD}$,且 $V_{OH} \approx V_{DD}$,$V_{OL} \approx 0$。

① 第一暂稳态:假设 $t=0$ 时接通电源,电容 C 上尚未电荷,电路状态为 $v_{o1} = V_{DD}$,$v_o = v_I = 0$,即电路处于第一暂稳态。

② 由第一暂稳态自动翻转为第二暂稳态:接通电源的同时,电源 V_{DD} 经 G_1 的 T_{P1} 管、R 和 G_2 的 T_{N2} 管给电容 C 充电。随着充电时间的增加,v_I 的值不断上升,当上升到 $v_I = V_{TH}$ 时,电路发生下述正反馈过程:

$$v_I \uparrow \longrightarrow v_{o1} \downarrow \longrightarrow v_o \uparrow$$

于是门 G1、G2 的输出状态迅速翻转,即 v_{o1} 变为低电平 0,而 v_o 变为高电平 V_{DD},电路翻转为第二暂稳态。

③ 由第二暂稳态自动翻转为第一暂稳态:进入第二暂稳态的瞬间,由于电容 C 两端的电压不能突变,所以 v_I 瞬间被拉升至 $V_{DD} + V_D$(V_D 为保护二极管的导通压降)。此后,电容 C 经 G_2 的 T_{P2} 管、R 和 G_1 的 T_{N1} 管开始放电。v_I 的值不断下降,当下降到 $v_I = V_{TH}$ 时,电路又发生下述正反馈过程:

$$v_I \downarrow \longrightarrow v_{o1} \uparrow \longrightarrow v_o \downarrow$$

于是门 G1、G2 的输出状态又迅速翻转,即 v_{o1} 变为高电平 V_{DD},而 v_o 变为低电平 0,电路翻转为第一暂态。同样,由于电容 C 两端的电压不能突变,所以 v_I 瞬间被拉低至 $-V_D$。

此后电路周而复始地重复上述过程,在 v_o 输出端便可得到方波。电路的工作波形如图 8.4.2 所示。

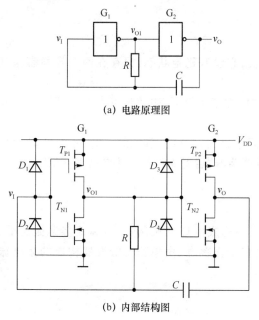

图 8.4.1 非对称式多谐振荡器

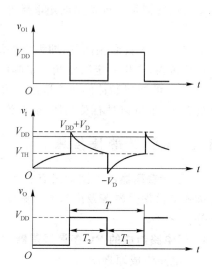

图 8.4.2 非对称式多谐振荡器的工作波形图

(3) 振荡周期 T 计算

设电路的第一暂稳态和第二暂稳态的持续时间分别为 T_1、T_2,根据以上分析可以计算出 T_1、T_2 的值。

① T_1 的计算。第一暂稳态持续时间 T_1 就是 v_I 从 $-V_D$ 上升到 V_{TH} 所需时间,是由 RC 的充电回路来决定的。根据 RC 电路过渡过程的分析可得

$$T_1 = RC\ln \frac{v_C(\infty) - v_C(0)}{v_C(\infty) - V_{TH}} \tag{8.4.1}$$

将 $v_C(0) = -V_D \approx 0$,$v_C(\infty) = V_{DD}$,$V_{TH} = \frac{1}{2}V_{DD}$ 代入式(8.4.1)可求出

$$T_1 = RC\ln \frac{V_{DD} - 0}{V_{DD} - \frac{1}{2}V_{DD}} = RC\ln 2 \tag{8.4.2}$$

② T_2 的计算。第二暂稳态持续时间 T_2 就是 v_I 从 $V_{DD} + V_D$ 下降到 V_{TH} 所需时间,是由 RC 的放电回路来决定的。将 $v_C(0) = V_{DD} + V_D \approx V_{DD}$,$v_C(\infty) = 0$,$V_{TH} = \frac{1}{2}V_{DD}$ 代入式(8.4.1)可求出

$$T_2 = RC\ln \frac{0 - V_{DD}}{0 - \frac{1}{2}V_{DD}} = RC\ln 2 \tag{8.4.3}$$

③ T 的计算。

振荡周期 T 为

$$T = T_1 + T_2 = 2RC\ln 2 \approx 1.4RC \tag{8.4.4}$$

2. 施密特触发器构成的 *RC* 多谐振荡器

（1）电路组成原理图

用 CMOS 施密特触发器构成的多谐振荡器的电路原理图如图 8.4.3 所示。它由一个施密特反相器和 *RC* 积分电路组成。

（2）工作原理

假设 $t=0$ 时接通电源，因为电容 C 上无电荷，所以 $v_1=0$，$v_o=V_{DD}$。v_o 通过电阻 R 对电容 C 充电，v_1 的值不断上升，当上升到 $v_1=V_{T+}$ 时，施密特触发器翻转，v_o 变为低电平；此后，电容 C 又开始通过 R 放电，v_1 的值不断下降，当下降到 $v_1=V_{T-}$ 时，施密特触发器又发生翻转，v_o 变为高电平，电容 C 又被重新充电。如此周而复始，电路不停的振荡，在输出端便得到矩形脉冲波形。电路的工作波形如图 8.4.4 所示。

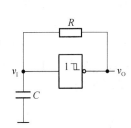

图 8.4.3　施密特触发器构成的多谐振荡器的电路原理图

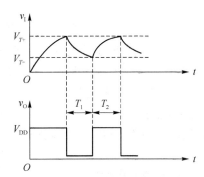

图 8.4.4　施密特触发器构成的多谐振荡器的工作波形图

（3）振荡周期 T 的计算

假设 CMOS 门电路的 $V_{OH}\approx V_{DD}$，$V_{OL}\approx 0$，则电路的振荡周期 $T=T_1+T_2$。计算如下。

① T_1 的计算

将 $v_C(0)=V_{T+}$，$v_C(\infty)=0$，$V_{TH}=V_{T-}$　代入式（8.4.1）可求出

$$T_1=RC\ln\frac{0-V_{T+}}{0-V_{T-}}=RC\ln\frac{V_{T+}}{V_{T-}} \tag{8.4.5}$$

② T_2 的计算。

将 $v_C(0)=V_{T-}$，$v_C(\infty)=V_{DD}$，$V_{TH}=V_{T+}$　代入式（8.4.1）可求出

$$T_2=RC\ln\frac{V_{DD}-V_{T-}}{V_{DD}-V_{T+}} \tag{8.4.6}$$

③ T 的计算。

振荡周期 T 为

$$T=T_1+T_2=RC(\ln\frac{V_{T+}}{V_{T-}}+\ln\frac{V_{DD}-V_{T-}}{V_{DD}-V_{T+}})=RC\ln(\frac{V_{T+}}{V_{T-}}\cdot\frac{V_{DD}-V_{T-}}{V_{DD}-V_{T+}}) \tag{8.4.7}$$

3. 单稳态触发器构成的 *RC* 多谐振荡器

（1）电路组成原理图

用集成单稳态触发器构成的多谐振荡器的电路原理图如图 8.4.5 所示。它由两片 74121 集成单稳态触发器组成。S 为振荡器的控制开关。

（2）工作原理

① 开关 S 闭合时，两片 74121 均处于稳态，电路不振荡，设此时输出为 $Q_1=Q_2=0$。

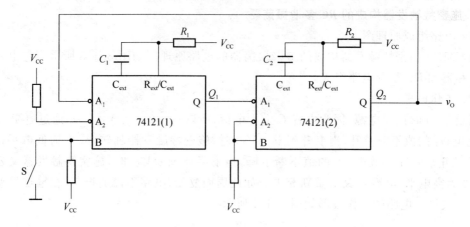

图 8.4.5 单稳态触发器构成的多谐振荡器的电路原理图

② 将开关 S 打开,电路开始振荡,其过程为:S 打开瞬间,74121(1)的 B 端产生正跳变,由于其 $A_1=Q_2=0$,$A_2=1$,所以 74121(1)被触发,Q_1 输出跳变为 1,进入暂稳态,其持续时间为 $T_1 \approx 0.7R_1C_1$,当其暂稳态结束时,Q_1 的下跳沿触发 74121(2),Q_2 输出跳变为 1,进入暂稳态,其持续时间为 $T_2 \approx 0.7R_2C_2$,当其暂稳态结束时,Q_2 的下跳沿又触发 74121(1),如此周而复始地产生振荡,输出 v_0 便得到振荡周期为 T 的矩形脉冲。振荡周期 T 为

$$T = T_1 + T_2 \approx 0.7(R_1C_1 + R_2C_2) \tag{8.4.8}$$

电路的工作波形如图 8.4.6 所示。

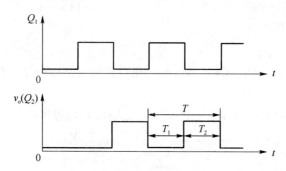

图 8.4.6 单稳态触发器构成的多谐振荡器的工作波形图

8.4.3 石英晶体多谐振荡器

前面介绍的各种 RC 多谐振荡器的振荡频率(振荡周期)不仅与时间常数 RC 有关,而且还取决于门电路的阈值电压 V_{TH}。由于 V_{TH} 容易受温度、电源电压的变化及电路中的干扰等因素的影响,所以频率稳定性较差,在频率稳定性要求较高的场合不太适用。因此,在对频率稳定性有较高要求时,必须采取稳频措施。

目前普遍采用的一种稳频的方法是在多谐振荡器中接入石英晶体,组成石英晶体多谐振荡器。

1. 石英晶体的符号和电抗频率特性

石英晶体的符号和电抗频率特性如图 8.4.7 所示。

由晶体的电抗频率特性可知,它有一个极为稳定的串联谐振频率 f_s,当外加电压的频率

为 f_s 时它的阻抗最小,所以把它接入多谐振荡器以后,频率为 f_s 的电压信号最容易通过它,而其他频率信号均会被石英晶体所衰减。因此,振荡器的工作频率也必然是 f_s。

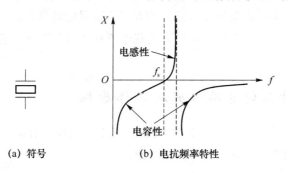

(a) 符号　　　　　　(b) 电抗频率特性

图 8.4.7　石英晶体的符号和电抗频率特性

2. 石英晶体多谐振荡器电路

石英晶体多谐振荡器的一种常用电路如图 8.4.8 所示。

图中,电阻 R 的作用是保证反相器工作在线性放大区。若反相器为 TTL 门电路,则 R 值通常在 $0.7 \sim 2$ kΩ 之间;若反相器为 CMOS 门电路,则 R 值一般在 $10 \sim 100$ MΩ 之间。电容 C_1 是两个反相器间的耦合电容,其容值应保证在串联谐振频率 f_s 时可以忽略不计。电容 C_2 的作用是抑制高频谐波,其容值应保证 $2\pi RC_2 f_s \approx 1$,以减少谐振信号的损失。电路的振荡频率仅取决于石英晶体的串联谐振频率 f_s,而与电路中外接的电阻和电容的数值无关。

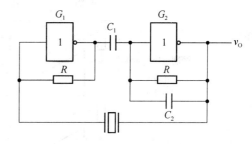

图 8.4.8　石英晶体多谐振荡器电路

一般来说,石英晶体多谐振荡器的频率稳定度($\Delta f_s / f_s$)可达 $10^{-10} \sim 10^{-11}$,足以满足大多数数字系统对频率稳定度的要求。

复习思考题

8.4.1　RC 多谐振荡器的振荡周期与哪些因素有关?如何改变 RC 多谐振荡器的振荡周期?

8.4.2　若要对图 8.4.3 所示的施密特触发器构成的多谐振荡器电路的占空比进行调节,电路应如何修改?

8.5　555 定时器

555 定时器是一种将模拟电路和数字逻辑混合在一起的中规模集成电路。它有双极型(TTL 型)和单极型(CMOS 型)两种类型,它们都有单或双定时器产品。

双极型单定时器产品型号最后三位都是 555,双定时器产品为 556。双极型定时器的电源电压范围为 5～16 V,输出最大负载电流可达 200 mA。它具有驱动能力较强的特点。

CMOS 型单定时器产品型号最后三位都是 7555,双定时器产品为 7556。CMOS 型定时器的电源电压范围为 3～18 V,但输出最大负载电流在 4 mA 以下。它具有功耗低、输入阻抗高等优点。

8.5.1 555 定时器的电路组成及工作原理

无论哪种类型的 555 定时器,它们的电路结构、工作原理和引脚功能都基本相同。下面以国产双极型定时器 CB555 为例对其作详细介绍。

1. 电路组成

CB555 定时器的电路组成原理图和逻辑符号如图 8.5.1(a)、(b)所示。它由三个精度极高的 5 kΩ 精密电阻构成的分压器、两个电压比较器 C_1 和 C_2、两个与非门 G_1 和 G_2 构成的基本 SR 触发器、放电三极管 T、直接复位控制与非门 G_3 及输出缓冲器 G_4 组成。

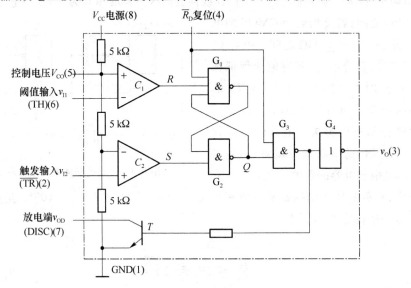

(a) 电路组成原理图

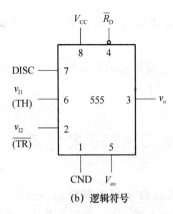

(b) 逻辑符号

图 8.5.1 CB555 定时器

（1）分压器

分压器为电压比较器 C_1、C_2 提供基准电压。当控制电压 $V_{CO}(5)$ 端悬空（或对地接一个 $0.01\ \mu\text{F}$ 左右的电容，以旁路高频干扰）时，C_1 和 C_2 的基准电压分别为 $\frac{2}{3}V_{CC}$ 和 $\frac{1}{3}V_{CC}$；当控制电压 $V_{CO}(5)$ 端外接电压 V_{CO} 时，则 C_1 和 C_2 的基准电压变为 V_{CO} 和 $\frac{1}{2}V_{CO}$。

（2）电压比较器

v_{I1} 是比较器 C_1 的输入端（也称阈值输入端，用 TH 标注），v_{I2} 是比较器 C_2 的输入端（也称触发输入端，用 $\overline{\text{TR}}$ 标注），它们分别与各自的基准电压相比较，输出作为基本 SR 触发器的两个控制端 R 和 S。

（3）基本 SR 触发器

基本 SR 触发器的状态受电压比较器 C_1 和 C_2 输出的控制，并通过输出缓冲器 G_4 最终控制 555 定时器的输出状态。

（4）直接复位控制与非门 G_3

$\overline{R}_D$ 为直接复位输入端，当它为低电平时，不管其他输入端的状态如何，门 G_3 输出高电平，从而将输出端 v_O 置为低电平。正常工作时 $\overline{R}_D$ 应置为高电平。

（5）放电三极管 T 和输出缓冲器 G_4

放电三极管 T 为外接电路提供放电通路，它的状态受与非门 G_3 输出的控制，当 G_3 输出为高电平时导通，反之截止。输出缓冲器 G_4 的作用是提高定时器的带负载能力和隔离负载对定时器的影响。

2. 工作原理

设电压比较器 C_1、C_2 的基准电压由电源电压 V_{CC} 分压提供。

① 当 $v_{I1}>\frac{2}{3}V_{CC}$，$v_{I2}>\frac{1}{3}V_{CC}$ 时，比较器 C_1 的输出为低电平，比较器 C_2 的输出为高电平，即 $SR=01$，则基本 SR 触发器 Q 端被置为 0，放电三极管 T 导通，输出 v_O 为低电平。

② 当 $v_{I1}<\frac{2}{3}V_{CC}$，$v_{I2}<\frac{1}{3}V_{CC}$ 时，比较器 C_1 的输出为高电平，比较器 C_2 的输出为低电平，即 $SR=10$，则基本 SR 触发器 Q 端被置为 1，放电三极管 T 截止，输出 v_O 为高电平。

③ 当 $v_{I1}<\frac{2}{3}V_{CC}$，$v_{I2}>\frac{1}{3}V_{CC}$ 时，$SR=11$，则基本 SR 触发器的状态保持不变，T 和输出 v_O 也保持原状态不变。

④ 当 $v_{I1}>\frac{2}{3}V_{CC}$，$v_{I2}<\frac{1}{3}V_{CC}$ 时，$SR=00$，则基本 SR 触发器的 Q 和 $\overline{Q}$ 端都被置为 1，放电三极管 T 截止，输出 v_O 为高电平。但由于这种状态不稳定，所以实际使用中不允许出现。

根据以上分析，可得如表 8.5.1 所示的 CB555 定时器的功能表。

表 8.5.1　CB555 定时器的功能表

输入			输出	
$\overline{R}_D$	v_{I1}	v_{I2}	v_O	T
0	$\times$	$\times$	低	导通
1	$>\frac{2}{3}V_{CC}$	$>\frac{1}{3}V_{CC}$	低	导通
1	$<\frac{2}{3}V_{CC}$	$<\frac{1}{3}V_{CC}$	高	截止
1	$<\frac{2}{3}V_{CC}$	$>\frac{1}{3}V_{CC}$	不变	不变

8.5.2 555 定时器的应用

555 定时器的应用非常广泛,最典型的三种应用是可外接少量的阻容元件构成的施密特触发器、单稳态触发器和多谐振荡器。

1. 555 定时器组成施密特触发器

(1) 电路组成

555 定时器组成的施密特触发器电路比较简单,只需将 v_{I1} 端(6 脚)和 v_{I2} 端(2 脚)接在一起作为信号输入端即可。电路如图 8.5.2(a)所示。

(2) 工作原理

设输入信号 v_I 为图 8.5.2(b)中所示的三角波。

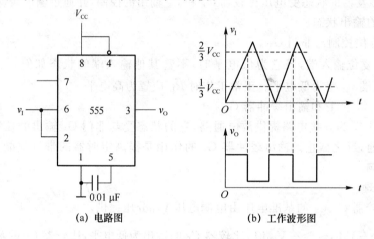

(a) 电路图　　　　　　(b) 工作波形图

图 8.5.2　555 定时器组成的施密特触发器电路及工作波形

① v_I 从 0 逐渐升高的过程:

- 当 $v_I < \frac{1}{3}V_{CC}$ 时,$SR=10$,$Q=1$,v_o 输出高电平;

- 当 $\frac{1}{3}V_{CC} < v_I < \frac{2}{3}V_{CC}$ 时,$SR=11$,Q 保持 1 不变,v_o 输出保持高电平;

- 当 $v_I > \frac{2}{3}V_{CC}$ 时,$SR=01$,$Q=0$,v_o 翻转为低电平。

可见,电路的正向阈值电压 $V_{T+} = \frac{2}{3}V_{CC}$。

② v_I 从大于 $\frac{2}{3}V_{CC}$ 逐渐下降的过程

- 当 $v_I > \frac{2}{3}V_{CC}$ 时,$SR=01$,$Q=0$,v_o 输出低电平;

- 当 $\frac{1}{3}V_{CC} < v_I < \frac{2}{3}V_{CC}$ 时,$SR=11$,Q 保持 0 不变,v_o 输出保持低电平;

- 当 $v_I < \frac{1}{3}V_{CC}$ 时,$SR=10$,$Q=1$,v_o 翻转为高电平。

可见,电路的负向阈值电压 $V_{T-} = \frac{1}{3}V_{CC}$。

电路的工作波形如图 8.5.2(b)所示。

（3）回差电压和传输特性

① 回差电压。电路的回差电压为

$$\Delta V_T = V_{T+} - V_{T-} = \frac{1}{3}V_{CC} \tag{8.5.1}$$

要想调节回差电压的大小，只需在施密特触发器的 V_{CO} 端（5 脚）外接电压，通过调节外接电压即可。

② 传输特性。根据以上分析可以画出电路传输特性如图 8.5.3 所示。可见，555 定时器组成的施密特触发器为反相输出施密特触发器。

2. 555 定时器组成单稳态触发器

（1）电路组成

555 定时器组成单稳态触发器如图 8.5.4 所示。触发信号 v_1 由定时器的 v_{I2} 端（2 脚）接入，下降沿有效，且低电平宽度小于暂稳态时间 t_W；定时器的 v_{I1} 端（6 脚）和 DISC 端（7 脚）接在一起经定时电容 C 接地、经定时电阻 R 接电源 V_{CC}，一般 R 的取值在几百欧到几兆欧之间，C 的取值在几百皮法到几百微法之间。

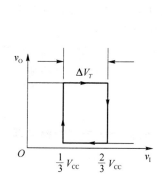

图 8.5.3　电路的传输特性

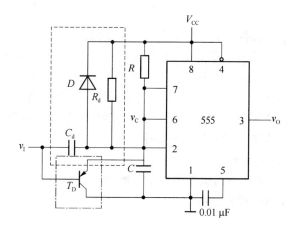

图 8.5.4　555 定时器组成的单稳态触发器

（2）工作原理

① 稳态。无触发脉冲时，v_1 为高电平，接通电源后，无论基本 SR 触发器的输出 Q 为何种状态，电路都会自动返回到 v_o 为低电平的稳定状态。这是因为：

若 $Q=1$，v_o 输出为高电平，T 截止，电源 V_{CC} 经电阻 R 向电容 C 充电，v_C 逐渐升高。当升高到 $v_C = \frac{2}{3}V_{CC}$ 时，$SR=01$，Q 端被置为 0，输出 v_o 变为低电平。同时，T 导通，电容 C 通过 T 迅速放电，使 $v_C \approx 0$。此后，$SR=11$，Q 保持 0 不变，输出 v_o 也保持低电平不变。

若 $Q=0$，v_o 输出为低电平，T 导通，电容 C 通过 T 迅速放电，使 $v_C \approx 0$。因此，$SR=11$，Q 保持 0 不变，输出 v_o 也保持低电平不变。

② 由稳态跳变到暂稳态。

当触发脉冲 v_1 下降沿到来时，即 $v_1 < \frac{1}{3}V_{CC}$，$SR=10$，Q 端被置为 1，输出 v_o 跳变为高电平，电路从稳态跳变为暂稳态。

③ 由暂稳态自动返回到稳态。

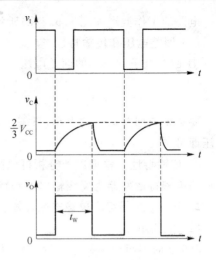

图 8.5.5　工作波形图

进入暂稳态的同时，T 截止，电源 V_{CC} 经电阻 R 向电容 C 充电，v_C 逐渐升高。当升高到 $v_C = \frac{2}{3}V_{CC}$ 时，由于 v_I 低电平宽度小于暂稳态时间 t_W，所以 $SR=01$，Q 端又被置为 0，输出 v_O 跳变为低电平，电路的暂稳态结束。同时，T 导通，电容 C 通过 T 迅速放电，使 $v_C \approx 0$，$SR=11$，Q 保持 0 不变，输出 v_O 也保持低电平不变，电路恢复到稳态，等待下一个触发脉冲的到来。

电路的工作波形如图 8.5.5 所示。

（3）输出脉冲宽度 t_W 的计算。

根据以上分析可知，输出脉冲宽度 t_W 就是电压 v_C 从 0 上升到 $\frac{2}{3}V_{CC}$ 所需的时间，所以

$$t_W = RC\ln \frac{v_C(\infty) - v_C(0)}{v_C(\infty) - \frac{2}{3}V_{CC}} = RC\ln \frac{V_{CC}}{V_{CC} - \frac{2}{3}V_{CC}} = RC\ln 3 \approx 1.1RC \tag{8.5.2}$$

以上分析中只有当触发信号 v_I 的低电平宽度小于暂稳态时间 t_W 时才能正常工作。若触发信号的低电平宽度大于暂稳态时间，则只需在电路输入端增加一个 $R_d C_d$ 微分电路即可，如图 8.5.4 中虚线部分所示。图中 D 是钳位二极管，起保护 555 定时器的作用。

同样，上述电路是一个不可重复触发的单稳态触发器。若在电路输入端和电容之间接上一个晶体管 T_D，就可以构成可重复触发的单稳态触发器，如图 8.5.4 中点划线部分所示。

3. 555 定时器组成多谐振荡器

（1）电路组成

555 定时器组成的多谐振荡器如图 8.5.6(a)所示。先将定时器接成施密特触发器，然后再接上 RC 积分电路即可。

（2）工作原理

假设电源接通时电容 C 上无电荷，即 $v_C=0$，T 截止，输出 v_O 为高电平。电源 V_{CC} 经电阻 R_1、R_2 向电容 C 充电，v_C 逐渐上升。当上升到 $v_C = \frac{2}{3}V_{CC}$ 时，输出 v_O 变为低电平。同时，T 导通，电容 C 通过 R_2、T 迅速放电，v_C 逐渐下降。当下降到 $v_C = \frac{1}{3}V_{CC}$ 时，输出 v_O 又变为高电平不变。T 又截止，电容 C 又充电。如此周而复始，电路不停的振荡，在输出端便得到矩形脉冲波形。电路的工作波形如图 8.5.6(b)所示。

（3）振荡周期 T 及占空比 q 的计算

① 振荡周期 T 的计算。

根据以上分析可知，T_1 为电压 v_C 从 $\frac{1}{3}V_{CC}$ 上升到 $\frac{2}{3}V_{CC}$ 所需的时间，所以

$$T_1 = (R_1 + R_2)C\ln \frac{v_C(\infty) - v_C(0)}{v_C(\infty) - \frac{2}{3}V_{CC}} = (R_1 + R_2)C\ln \frac{V_{CC} - \frac{1}{3}V_{CC}}{V_{CC} - \frac{2}{3}V_{CC}} \tag{8.5.3}$$

$$= (R_1 + R_2)C\ln 2 \approx 0.7(R_1 + R_2)C$$

T_2 为电压 v_C 从 $\dfrac{2}{3}V_{CC}$ 下降到 $\dfrac{1}{3}V_{CC}$ 所需的时间,所以

$$T_2 = R_2 C \ln \frac{v_C(\infty) - v_C(0)}{v_C(\infty) - \frac{2}{3}V_{CC}} = R_2 C \ln \frac{0 - \frac{2}{3}V_{CC}}{0 - \frac{1}{3}V_{CC}} \qquad (8.5.4)$$

$$= R_2 C \ln 2 \approx 0.7 R_2 C$$

所以振荡周期 T 为

$$T = T_1 + T_2 = (R_1 + 2R_2)C\ln 2 \approx 0.7(R_1 + 2R_2)C \qquad (8.5.5)$$

② 占空比 q 的计算。

电路输出波形的占空比为

$$q = \frac{T_1}{T} = \frac{R_1 + R_2}{R_1 + 2R_2} \qquad (8.5.6)$$

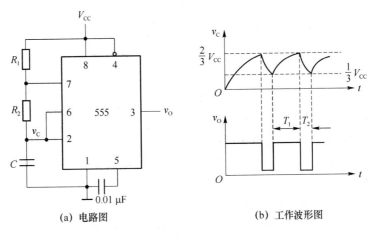

(a) 电路图   (b) 工作波形图

图 8.5.6 555 定时器组成的多谐振荡器电路及工作波形

可见,图 8.5.6(a)电路的占空比大于 50% 且固定不变。为了得到占空比可调的振荡波形,可采用如图 8.5.7 所示的电路。

图示电路输出波形的占空比为

$$q = \frac{R_1 + R_{31}}{R_1 + R_2 + R_3} \qquad (8.5.7)$$

在实际应用中,只需将上述三种典型应用电路稍作修改或将它们相结合,就可构成很多实用电路。

例 8.5.1 图 8.5.8 所示是救护车扬声器发音电路。当 $V_{CC} = 12\text{ V}$ 时,555 定时器输出的高、低电平分别为 11 V 和 0.2 V,输出电阻小于 100 Ω。

(1) 简述电路的组成及工作原理。

(2) 在图中给出的电路参数下,试计算扬声器发出声音的高、低音频率 f_H、f_L 以及高、低音的持续时间 t_H、t_L。

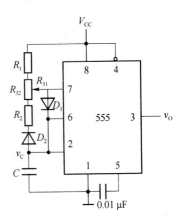

图 8.5.7 占空比可调的多谐振荡器

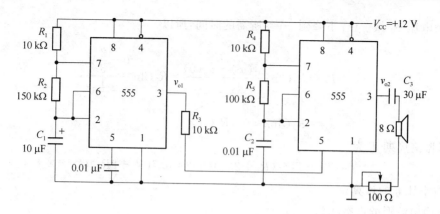

图 8.5.8　救护车扬声器发音电路

解:(1) 电路组成及工作原理:图中的两个 555 定时器均接成了多谐振荡器。第一个振荡器的基准电压由电源 V_{CC} 提供,它的输出 v_{o1} 控制第二个振荡器的 V_{CO} 端(5 脚)。当 v_{o1} 为高电平时,第二个振荡器的基准电压较高,输出 v_{o2} 的周期较大,扬声器发出声音的频率较低,扬声器发出低音;当 v_{o1} 为低电平时,第二个振荡器的基准电压较低,输出 v_{o2} 的周期较小,扬声器发出声音的频率较高,扬声器发出高音。

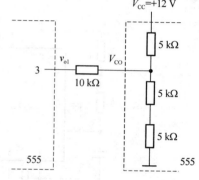

图 8.5.9　计算 V_{CO} 的电路图

(2) 低音的持续时间(v_{o1} 为高电平的持续时间):

根据式(8.5.3)可得:$t_L \approx 0.7(R_1+R_2)C_1 = 0.7 \times 160 \times 10^3 \times 10 \times 10^{-6} \approx 1.1$ s

此时 $v_{o1}=11$ V。根据图 8.5.9 利用叠加原理计算出加到第二个振荡器 5 脚的电压 $V_{CO}=8.75$ V。所以第二个振荡器的阈值电压为 $V_{T+}=V_{CO}=8.75$ V,$V_{T-}=\dfrac{1}{2}V_{CO}=4.375$ V。

则第二个振荡器的振荡周期为

$$T_L = (R_4+R_5)C_2 \ln \frac{V_{CC}-V_{T-}}{V_{CC}-V_{T+}} + R_5 C_2 \ln \frac{0-V_{T+}}{0-V_{T-}}$$

$$= 110 \times 10^3 \times 0.01 \times 10^{-6} \ln \frac{12-4.375}{12-8.75} + 100 \times 10^3 \times 0.01 \times 10^{-6} \ln 2$$

$$= 1.63 \times 10^{-3} \text{ s}$$

所以扬声器发出低音频率为:$f_L = \dfrac{1}{T_L} = 613$ Hz

高音的持续时间(v_{o1} 为低电平的持续时间):

根据式(8.5.4)可得:$t_H \approx 0.7 R_2 C_1 = 0.7 \times 150 \times 10^3 \times 10 \times 10^{-6} \approx 1.05$ s

此时 $v_{o1}=0.2$ V。根据图 8.5.9 可以用叠加原理计算出加到第二个振荡器 5 脚的电压 $V_{CO} \approx 6$ V。所以第二个振荡器的阈值电压为 $V_{T+}=V_{CO}=6$ V,$V_{T-}=\dfrac{1}{2}V_{CO}=3$ V,则第二个振荡器的振荡周期为

$$T_H = (R_4 + R_5)C_2 \ln \frac{V_{CC} - V_{T-}}{V_{CC} - V_{T+}} + R_5 C_2 \ln \frac{0 - V_{T+}}{0 - V_{T-}}$$

$$= 110 \times 10^3 \times 0.01 \times 10^{-6} \ln \frac{12-3}{12-6} + 100 \times 10^3 \times 0.01 \times 10^{-6} \ln 2$$

$$= 1.14 \times 10^{-3} \text{ s}$$

所以扬声器发出高音的频率为：$f_{II} = \dfrac{1}{T_H} = 877$ Hz

复习思考题

8.5.1　用什么方法可以调节图 8.5.2(a)所示 555 定时器组成的施密特触发器电路的回差电压？

8.5.2　如果将图 8.5.4 所示 555 定时器组成的单稳态触发器电路的控制电压输入端(5脚)改接外部输入电压 V_{CO} 上，试问电路的输出脉宽 t_w 有无改变？ t_w 与 V_{CO} 的关系如何？

8.5.3　能否采用改变图 8.5.6(a)555 定时器组成的多谐振荡器电路的控制电压的方法调节电路的振荡频率？为什么？

8.6　用 Multisim 11.0 分析 555 定时器

Multisim11.0 不仅具有分析组合逻辑电路和时序逻辑电路的功能，还可以用于分析各种脉冲产生和整形电路。下面通过一个简单的例子加以说明。

例 8.6.1　分析图 8.6.1 所示用 555 定时器接成的多谐振荡器，求输出电压的波形 v_O 和周期 T。

解：启动 Multisim11.0 程序，我们从 MIXED 库中的定时器件(Timer)中取 555 定时器，从工具栏中找出电阻 R_1 和 R_2、电容 C_1 和 C_2、地以及电源 V_{DD} 信号。将 555 定时器接成多谐振荡器，如图 8.6.2 所示。

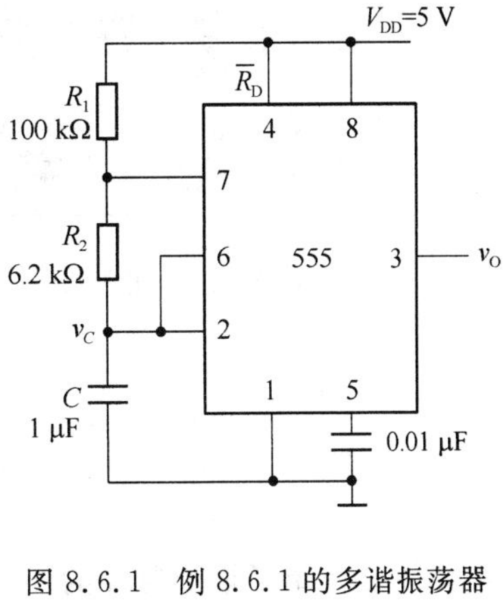

利用 Multisim11.0 中的示波器对 C_1 的波形 V_c 和输出波形 V_o 的波形进行观测，如图 8.6.3 所示。用示波器中的时间线进行测量，得到波形的周期 $T = 79.0$ ms。

根据 8.5.2 节的理论分析，这个电路振荡周期的计算公式为式(8.5.5)，将图 8.6.1 的电路参数代入式(8.5.5)计算，得到

图 8.6.1　例 8.6.1 的多谐振荡器

$$T = T_1 + T_2 = (R_1 + 2R_2)C\ln 2 \approx 0.7(R_1 + 2R_2)C \approx 78.7 \text{ ms}$$

可见，用 Multisim 11.0 得到的分析结果与理论计算结果完全符合。

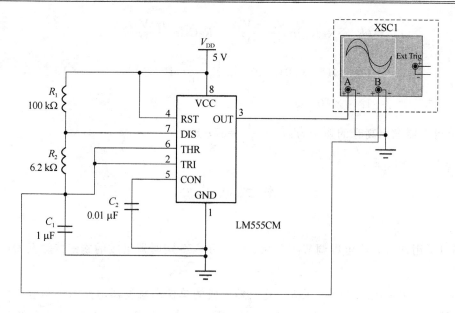

图 8.6.2　用 Multisim11.0 搭建图 8.6.1 的电路

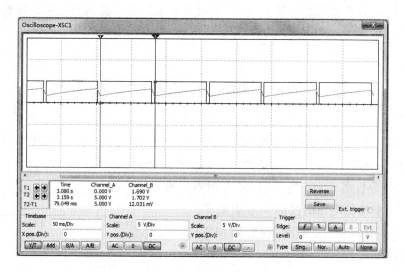

图 8.6.3　用 Multisim11.0 中的示波器观测图 8.6.1V_c 和 V_o 的波形

本 章 小 结

　　本章主要介绍了矩形脉冲的产生和整形电路。

　　矩形脉冲的获取通常有两种方法,一种是通过脉冲整形电路将其他形状的周期性信号变换为要求的矩形脉冲。常用的整形电路有施密特触发器和单稳态触发器。另一种是利用自激的矩形脉冲信号产生电路直接产生所需要的矩形脉冲,如各种多谐振荡器。

　　施密特触发器有两个稳态和两个阈值电压:正向阈值电压和负向阈值电压。当输入信号上升时过正向阈值电压和下降时过负向阈值电压,会使输出信号在两个稳态间转换,形成高、低电平的脉冲信号,从而将各种波形整形为矩形脉冲。

单稳态触发器有一个稳态,一个暂稳态。电路在输入端外加的触发脉冲的上升沿或下降沿作用下,输出信号从稳态跳变到暂稳态。暂稳态持续一段时间 t_W 之后,电路又自动返回到稳态。这样会在输出端产生一个脉冲宽度为 t_W 的矩形脉冲。

多谐振荡器没有稳态,只有两个暂稳态。电路不需要外加输入信号作用,接通电源后,能够自动的在两个暂稳态之间转换,在输出端产生一定频率和一定幅值的矩形脉冲。

555 定时器是一种用途很广的集成电路,除了可以组成上述 3 种电路以外,还可以构成很多实用电路。

习　题

8.1　在图题 8.1(a)所示的施密特触发器电路中,已知 $R_1 = 10$ kΩ,$R_2 = 30$ kΩ。G_1 和 G_2 为 CMOS 反相器,$V_{DD} = 15$ V。

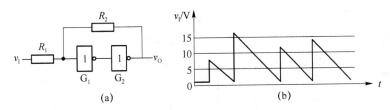

图题 8.1

(1) 试计算电路的正向阈值电压 V_{T+}、负向阈值电压 V_{T-} 和回差电压 ΔV_T。

(2) 若将图题 8.1(b)给出的电压信号加到图题 8.1(a)电路的输入端,试画出输出电压的波形。

8.2　由 CC40106 构成的电路如图题 8.2(a)所示,图题 8.2(b)为 CC40106 的电压传输特性曲线,图题 8.2(c) 中的输入 v_I 高电平脉宽和低电平脉宽均大于时间常数 RC。试画出 v_I 作用下的 v_A、v_{O1} 和 v_{O2} 波形。

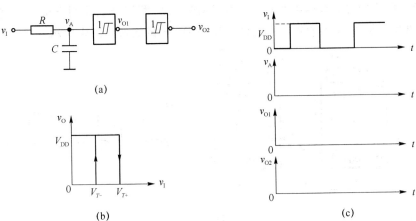

图题 8.2

8.3　图题 8.3 所示电路为一个回差可调的施密特触发电路,它是利用射极跟随器的发射极电阻来调节回差的。试:

（1）分析电路的工作原理；

（2）当 R_{e1} 在 $50\sim100$ Ω 的范围内变动时,求回差电压的变化范围。

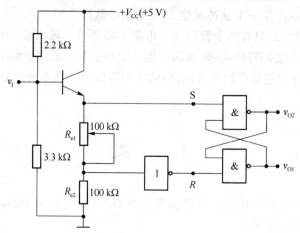

图题 8.3

8.4 图题 8.4(a)所示为 TTL 与非门组成的微分型单稳态电路,试根据图题 8.4(b)中给出的输入信号 v_I 波形,画出 a,b,d,e 各点电压波形,并估算输出脉冲宽度 t_w。

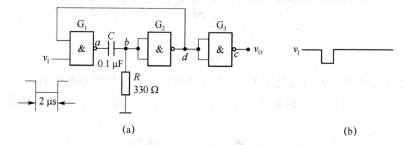

图题 8.4

8.5 图题 8.5 所示是用两个集成电路单稳态触发电器 74121 所组成的脉冲变换电路,外接电阻和外接电容的参数如图中所示。试计算在输入触发信号 v_I 作用下 v_{O1}、v_{O2} 输出脉冲的宽度,并画出与 v_I 波形相对应的 v_{O1}、v_{O2} 的电压波形。v_I 的波形如图中所示。

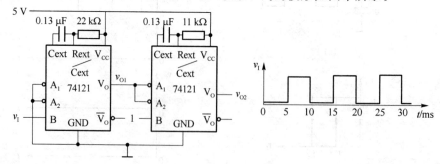

图题 8.5

8.6 4 位二进制加法计数器 74161 和集成单稳态触发器 74LS121 组成如图题 8.6(a)所示电路。

（1）分析 74161 组成电路的功能,画出状态图；

(2) 估算 74LS121 组成电路的输出脉宽 T_W 值；

(3) 设 CP 为如图题 8.6(b) 中所示方波 (周期 $T \geqslant 1$ ms)，画出 v_I、v_O 的工作波形。

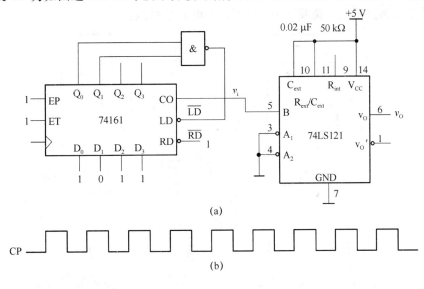

(a)

(b)

图题 8.6

8.7　图题 8.7 所示是用 COMS 反相器组成的对称式多谐振荡器。若 $R_{F1} = R_{F2} = 10$ kΩ，$C_1 = C_2 = 0.01$ μF，$R_{P1} = R_{P2} = 33$ kΩ，试求电路的振荡频率，并画出 v_{I1}、v_{O1}、v_{I2}、v_{O2} 各点的电压波形。

8.8　在图题 8.8 所示的非对称式多谐振荡器电路中，若 G_1、G_2 为 CMOS 反相器，$R_F = 9.1$ kΩ，$C = 0.001$ μF，$V_{DD} = 5$ V，$V_{TH} = 2.5$ V，试计算电路的振荡频率。

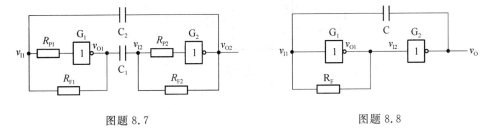

图题 8.7　　　　　　　　　　　　　　　图题 8.8

8.9　图题 8.9(a) 所示为由 555 定时器构成的心率失常报警电路。经放大后的心电信号 v_I 如图题 8.9(b) 所示，v_I 的峰值 $V_m = 4$ V。

(1) 分别说出 555 定时器 Ⅰ 和 555 定时器 Ⅱ 所构成单元电路的名称；

(2) 对应 v_I 分别画出 A、B、D 三点波形；

(3) 说明心率失常报警的工作原理。

8.10　如图题 8.10 所示是一个由 555 定时器构成的防盗报警电路，a、b 两端被一细铜丝接通，此铜丝置于盗窃者必经之路，当盗窃者闯入室内将铜丝碰断后，扬声器即发出报警声。

(1) 试问 555 接成何种电路？

(2) 说明本报警电路的工作原理。

8.11　由 555 定时器和模数 $M = 2^4$ 同步计数器及若干逻辑门构成的电路如图题 8.11 所示。

（1）说明 555 构成的多谐振荡器，在控制信号 A、B、C 取何值时起振工作？

（2）驱动喇叭发声的 Z 信号是怎样的波形？喇叭何时发声？

（3）若多谐振荡器的振荡频率为 640 Hz，求电容 C 的取值。

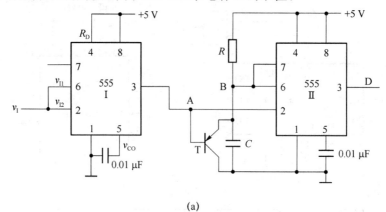

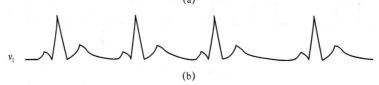

图题 8.9

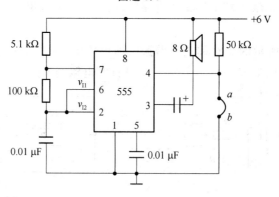

图题 8.10

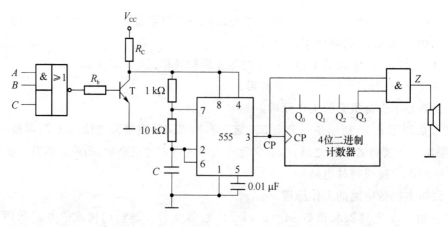

图题 8.11

8.12　用 555 定时器设计一个多谐振荡器,要求振荡周期 $T=1\sim10$ s,选择电阻、电容参数,并画出连线图。

8.13　图题 8.13 所示为由一个 555 定时器和一个 4 位二进制加法计数器组成的可调计数式定时器原理示意图。试:

(1) 分析电路中 555 定时器接成何种电路?

(2) 若计数器的初态 $Q_4Q_3Q_2Q_1=0000$,当开关 S 接通后大约经过多少时间发光二极管 D 变亮(设电位器的阻值 R_2 全部接入电路)?

8.14　图题 8.14 是用两个 555 定时器接成的延时报警器。当开关 S 断开后,经过一定的延迟时间后,扬声器开始发声。如果在延迟时间内开关 S 重新闭合,扬声器不会发出声音。在图中给定参数下,试求延迟时间的具体数值和扬声器发出声音的频率。图中 G_1 是 CMOS 反相器,输出的高、低电平分别为 $V_{OH}=12$ V,$V_{OL}\approx0$ V。

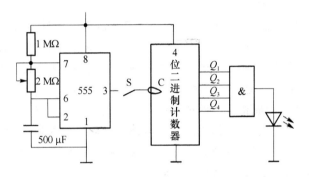

图题 8.13

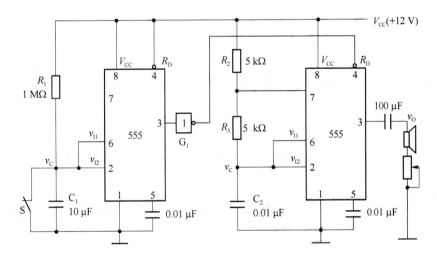

图题 8.14

第9章　数/模和模/数转换器

9.1 概　述

随着数字技术和计算机技术的迅猛发展,数字系统的优点尤显突出,因此人类从事的很多领域都广泛采用数字系统来实现,如工业测控系统、数字通信系统、数字仪表等。数字系统只能接收、处理和输出数字信号,而自然界中的物理量大多为模拟量(如温度、压力、流量、声音、图像等)。故要使数字系统处理模拟信号,须先将模拟信号转化为数字信号;而数字系统输出的数字信号也往往需要还原成相应的模拟量后才能实现对模拟装置的控制。这就需要一种能在数字信号和模拟信号之间起桥梁作用的接口电路。为此,模/数和数/模转换器就应运而生。

将模拟信号转换为数字信号的过程称为模/数转换,简称 A/D(Analog to Digital)转换;实现模/数转换的电路称为模/数转换器,简称 A/D 转换器,或写为 ADC(Analog-Digital Converter)。

将数字信号转换为模拟信号的过程称为数/模转换,简称 D/A(Digital to Analog)转换;实现数/模转换的电路称为数/模转换器,简称 D/A 转换器,或写为 DAC(Digital-Analog Converter)。

ADC 和 DAC 是模拟系统和数字系统相互联系的纽带,在数字系统中占有非常重要的地位。图 9.1.1 所示为一个典型的计算机控制系统的原理框图。

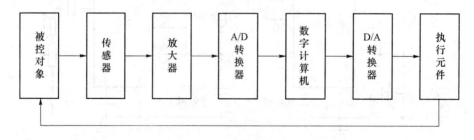

图 9.1.1　典型的计算机控制系统原理框图

被控对象中的模拟非电量的被控参数(如压力、液位等)首先通过传感器转变成相应的模拟电信号(电压或电流),然后由放大器放大后送入 A/D 转换器转换成数字信号。经过数字计算机分析处理后输出仍为数字信号,必须经过 D/A 转换器转换成模拟电信号后,才能送去控制执行元件,由执行元件对被控对象实施控制。

下一节首先介绍 DAC,因为 DAC 的工作原理比 ADC 简单,而且在有些 ADC 的内部反馈电路中要用到 DAC。

9.2　D/A 转换器(DAC)

9.2.1　D/A 转换的基本原理

DAC 的功能是将输入的二进制数字量转换为与该数字量成比例的输出模拟量电压或电流。其转换示意图如图 9.2.1 所示。

图 9.2.1　D/A 转换示意图

图中,$D = D_{n-1} \cdots D_1 D_0$ 为 D/A 转换器输入的 n 位二进制数,设其按照各数位的权值转换成的十进制数为 N_D,即:

$$N_D = D_0 \times 2^0 + D_1 \times 2^1 + \cdots + D_{n-1} \times 2^{n-1} = \sum_{i=0}^{n-1} D_i 2^i \tag{9.2.1}$$

v_0(或 i_0)为输出的模拟量,则

$$v_0(\text{或 } i_0) = K N_D = K \sum_{i=0}^{n-1} D_i 2^i \tag{9.2.2}$$

式中 K 为与 D/A 转换器电路结构、输入二进制数的位数、基准电压 V_{REF} 等有关的一个常数,在数值上等于电路的最小输出电压,即当输入数字量的最低位 D_0 为 1,其余位都为 0 时所对应的输出电压,用 V_{LSB} 表示。

D/A 转换的基本原理就是将输入二进制数中为 1 的每 1 位代码按其权的大小,转换成模拟量,然后将这些模拟量相加,相加的结果就是与数字量成正比的模拟量。

9.2.2　DAC 的基本组成及分类

1. DAC 的基本组成

DAC 通常由基准电压、数据锁存器、模拟电子开关电路、解码网络及求和电路几部分组成,如图 9.2.2 所示。

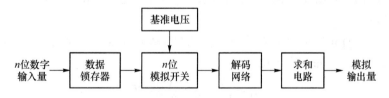

图 9.2.2　DAC 的组成框图

图中,n 位数字输入量以串行或并行方式输入并存储于数据锁存器中,数据锁存器输出的各位二进制数码分别控制对应位的模拟电子开关的状态,通过模拟开关将基准电压按权关系加到解码网络,最后由求和电路将各位的权值相加得到与数字量对应的模拟输出量。

2. DAC 的分类

DAC 可以按不同的方式进行分类。按解码网络结构的不同可分为权电阻网络 DAC、倒 T 形电阻网络 DAC 等;按模拟电子开关电路的不同可分为 CMOS 开关型 DAC 和双极型开关 DAC,其中双极型开关 DAC 又分为电流开关型和 ECL 电流开关型两种,在速度要求不高的

情况下,一般可选用 CMOS 开关型 D/A 转换器,如果转换速度要求较高,则选用双极型电流开关 DAC 或转换速度更高的 ECL 电流开关型 DAC;按数字量的输入方式的不同又可分为并行输入和串行输入两种类型。

9.2.3 几种不同类型的 DAC

1. 权电阻网络 DAC

（1）电路组成原理图

权电阻网络 DAC 的电路组成原理图如图 9.2.3 所示。

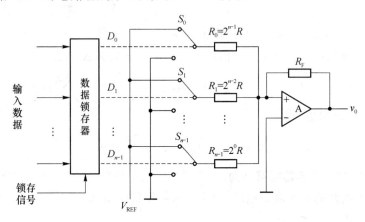

图 9.2.3　权电阻网络 DAC 电路组成原理图

图中由 n 个电阻（$2^0R \sim 2^{n-1}R$）构成的权电阻解码网络与运算放大器 A 组成求和电路。n 个模拟电子开关 $S_0 \cdots S_{n-1}$ 分别由数据锁存器输出的 n 个二进制数码 $D_0 \cdots D_{n-1}$ 控制,当 $D_i = 1$ 时,S_i 将权电阻网络中相应的电阻 R_i 和基准电压 V_{REF} 接通;当 $D_i = 0$ 时,S_i 将电阻 R_i 接地。权电阻网络中电阻阻值的选择应使流过各电阻支路的电流 I_i 和对应 D_i 位的权值成正比。例如:数码最高位 D_{n-1},其权值为 2^{n-1},驱动开关 S_{n-1},连接的权电阻 $R_{n-1} = 2^{n-1-(n-1)} = 2^0R$;最低位 D_0,其权值为 2^0,驱动开关 S_0,连接的权电阻为 $R_0 = 2^{n-1-(0)}R = 2^{n-1}R$。因此,对于任意位 D_i,其权值为 2^i,驱动开关 S_i,连接的权电阻值为 $R_i = 2^{n-1-i}R$。

（2）工作原理

当 $D_i = 1$ 时,S_i 将相应的权电阻 $R_i = 2^{n-1-i}R$ 与基准电压 V_{REF} 接通,此时,由于运算放大器负输入端为虚地,该支路产生的电流为

$$I_i = \frac{V_{REF}}{2^{n-1-i}R} = \frac{V_{REF}}{2^{n-1}R}2^i \tag{9.2.3}$$

当 $D_i = 0$ 时,由于 S_i 接地,$I_i = 0$。因此,对于 D_i 位所产生的电流应表示为

$$I_i = \frac{V_{REF}}{2^{n-1-i}R}D_i = \frac{V_{REF}}{2^{n-1}R}2^iD_i \tag{9.2.4}$$

运算放大器总的输入电流为

$$I = \sum_{i=0}^{n-1}I_i = \sum_{i=0}^{n-1}\frac{V_{REF}}{2^{n-1}R}D_i2^i = \frac{V_{REF}}{2^{n-1}R}\sum_{i=0}^{n-1}D_i2^i = \frac{V_{REF}}{2^{n-1}R}N_D \tag{9.2.5}$$

运算放大器的输出电压为

$$v_o = -R_F I = -\frac{R_F V_{REF}}{2^{n-1}R}N_D \tag{9.2.6}$$

若 $R_F = \dfrac{1}{2}R$，代入上式后则得

$$v_o = -\frac{V_{REF}}{2^n}N_D \tag{9.2.7}$$

从上式可见，输出模拟电压 v_o 的大小与输入二进制数的大小成正比，实现了数字量到模拟量的转换。

当 $D = D_{n-1} \cdots D_0 = 0$，即 $N_D = 0$ 时，$v_o = 0$。

当 $D = D_{n-1} \cdots D_0 = 11 \cdots 1$，即 $N_D = 2^n - 1$ 时，最大输出电压

$$v_{om} = -\frac{2^n - 1}{2^n}V_{REF} \tag{9.2.8}$$

因而 v_o 的变化范围是

$$0 \sim -\frac{2^n - 1}{2^n}V_{REF} \tag{9.2.9}$$

（3）特点

① 优点：电路结构简单，所用的电阻元件数较少，转换速度较快。

② 缺点：各电阻的阻值相差较大，尤其当输入的数字信号的位数较多时，阻值相差更大。这样大范围的阻值，要保证每个都有很高的精度是极其困难的，不利于集成电路的制作。为了克服此缺点，可以采用双级权电阻网络，但使用更多的是倒 T 形电阻网络 DAC。

2. 倒 T 形电阻网络 DAC

（1）电路组成原理图

倒 T 形电阻网络 DAC 的电路组成原理图如图 9.2.4 所示。

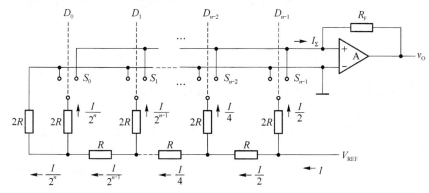

图 9.2.4　倒 T 形电阻网络 DAC 的电路组成原理图

图中由 R 和 $2R$ 两种阻值电阻构成的呈倒 T 形的解码网络与运算放大器 A 组成求和电路。模拟电子开关 S_i 仍受数据锁存器输出的数码 D_i 控制，当 $D_i = 1$ 时，S_i 与运算放大器的 V_- 相连；当 $D_i = 0$ 时，S_i 与地（或运算放大器的 V_+）相连。根据理想运放虚地的特性，无论 S_i 置于何种位置，与 S_i 相连的 $2R$ 电阻从效果上看总是接"地"的，流过每条 $2R$ 电阻支路的电流与 D_i 的取值无关，是恒定值。D_i 的取值只决定 $2R$ 电阻支路的电流是流向地还是虚地，只有流向虚地的电流才形成求和电路的总电流。

（2）工作原理

根据电路分析的理论，基准电压源 V_{REF} 输出的总电流是固定的，其大小为

$$I = \frac{V_{REF}}{R} \tag{9.2.10}$$

流过 D_i 所控制的 $2R$ 电阻支路的电流为

$$I_i = \frac{I}{2^{n-i}} = \frac{I}{2^n} 2^i \qquad (9.2.11)$$

由前面分析可知,运算放大器总的输入电流为

$$I_{\Sigma} = \sum_{i=0}^{n-1} I_i D_i = \sum_{i=0}^{n-1} \frac{I}{2^n} D_i 2^i = \frac{V_{REF}}{2^n R} \sum_{i=0}^{n-1} D_i 2^i = \frac{V_{REF}}{2^n R} N_D \qquad (9.2.12)$$

运算放大器的输出电压为

$$v_o = -R_F I_{\Sigma} = -\frac{R_F V_{REF}}{2^n R} \sum_{i=0}^{n-1} D_i 2^i = -\frac{R_F V_{REF}}{2^n R} N_D \qquad (9.2.13)$$

若 $R_F = R$,代入上式后则得

$$v_o = -\frac{R_F V_{REF}}{2^n R} N_D = -\frac{V_{REF}}{2^n} N_D \qquad (9.2.14)$$

上式与权电阻网络 DAC 的输出相同,即输出模拟电压 v_o 的大小正比于输入的二进制数,实现了数字量到模拟量的转换。

(3) 特点

① 优点:模拟开关在地与虚地之间转换,不论开关状态如何变化,各支路的电流始终不变,因此,不需要电流建立时间;而且各支路电流直接流入运算放大器的输入端,不存在传输时间差,因而提高了转换速度,并减小了动态过程中传输电压的尖峰脉冲。鉴于以上优点,倒 T 形电阻网络在 DAC 中被广泛采用。如常用的 AD7520(10 位)、DAC1210(12 位)等。

② 缺点:电路中的模拟开关存在导通电阻和导通压降,当流过各支路的电流稍有变化时就会产生转换误差,从而影响 DAC 的转换精度。权电流型 DAC 可以解决这一问题。权电流型 DAC 的具体内容可参阅相关资料,此处不再赘述。常用的 DAC0806、DAC0808 等 DAC 器件均采用这种转换方式。

9.2.4 DAC 中的模拟电子开关

各种 DAC 中使用的模拟电子开关基本都是由晶体管构成的双极型模拟开关或由场效应管构成的单极性模拟开关。图 9.2.5 所示为场效应管组成的模拟电子开关单元电路。它由 9 个 MOS 管组成。其中 T_1、T_2、T_3 组成电平转移电路,其目的是使输入信号能与 TTL 电平兼容。T_4、T_5 构成的反相器与 T_6、T_7 构成的反相器互为倒相,两个反相器的输出分别控制着 T_8 和 T_9 的栅极,T_8、T_9 的漏极同时接电阻网络中的一个电阻,例如倒 T 形电阻网络中的 $2R$,而源极分别接电流输出端 I_{o1} 和 I_{o2}。

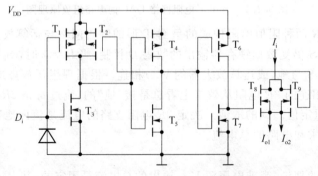

图 9.2.5 CMOS 模拟电子开关单元电路

当输入端 $D_i = 0$ 时，T_3 输出高电平，T_4、T_5 构成的反相器输出低电平，T_6、T_7 构成的反相器输出高电平，结果使 T_8 导通、T_9 截止，T_8 将电流 I_i 引向 I_{o1}。

当输入端 $D_i = 1$ 时，T_3 输出低电平，T_4、T_5 构成的反相器输出高电平，T_6、T_7 构成的反相器输出低电平，则 T_8 截止、T_9 导通，T_9 将电流 I_i 引向 I_{o2}。

该电路具有使用简便、功耗低、转换速度较快、温度系数小、通用性强等优点。但值得注意的是，为了保证 D/A 转换的精度，电子开关的导通电阻应计入相应支路的阻值中。

9.2.5　DAC 的输出方式

DAC 的输出方式有单极性输出和双极性输出两种。下面以集成 D/A 转换器 AD7520 为例介绍这两种工作方式。

AD7520 是 10 位的 DAC，其内部只含有倒 T 形电阻网络（$R = 10\ \mathrm{k\Omega}$）、CMOS 电流开关和反馈电阻（$R_F = 10\ \mathrm{k\Omega}$），使用时需外接运算放大器和基准电压源。

1. 单极性输出电路

工作于单极性输出方式的 DAC 的输入数字量为无符号位的自然二进制码，只有大小，没有极性，全部数码都表示数值。根据式（9.2.14）可知，AD7520 的单极性输出电压为

$$v_o = -\frac{V_{\mathrm{REF}}}{2^{10}} N_D \tag{9.2.15}$$

其输入二进制数码与输出电压的关系如表 9.2.1 所示。

表 9.2.1　AD7520 单极性输入与输出关系

输入二进制数码										输出模拟电压
D_9	D_8	D_7	D_6	D_5	D_4	D_3	D_2	D_1	D_0	v_o
1	1	1	1	1	1	1	1	1	1	$\pm\dfrac{1023}{1\,024}V_{\mathrm{REF}}$
				⋮						⋮
1	0	0	0	0	0	0	0	0	1	$\pm\dfrac{513}{1\,024}V_{\mathrm{REF}}$
1	0	0	0	0	0	0	0	0	0	$\pm\dfrac{512}{1\,024}V_{\mathrm{REF}}$
0	1	1	1	1	1	1	1	1	1	$\pm\dfrac{511}{1\,024}V_{\mathrm{REF}}$
				⋮						⋮
0	0	0	0	0	0	0	0	0	1	$\pm\dfrac{1}{1\,024}V_{\mathrm{REF}}$
0	0	0	0	0	0	0	0	0	0	0

具体的单极性输出电路如图 9.2.6 所示。

2. 双极性输出电路

在实际的应用中，DAC 输入的数字量有正有负，则希望输出的模拟电压也对应的有正、负极性，即 DAC 工作于双极性输出方式。双极性 DAC 的输入量常用二进制补码的形式，其输出要求为具有正、负极性的模拟电压。AD7520 双极性输入与输出之间的关系如表 9.2.2 所示。

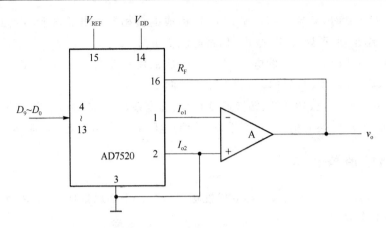

图 9.2.6　AD7520 单极性反相输出电路

表 9.2.2　AD7520 双极性输入与输出关系

十进制数	带符号位原码(N_B)										输入的补码$(N_B)_{补}$										输出模拟电压
N_D	D_9	D_8	D_7	D_6	D_5	D_4	D_3	D_2	D_1	D_0	D_9	D_8	D_7	D_6	D_5	D_4	D_3	D_2	D_1	D_0	V_o
+511	0	1	1	1	1	1	1	1	1	1	0	1	1	1	1	1	1	1	1	1	$\frac{511}{1\,024}V_{REF}$
+510	0	1	1	1	1	1	1	1	1	0	0	1	1	1	1	1	1	1	1	0	$\frac{510}{1\,024}V_{REF}$
⋮					⋮											⋮					⋮
+1	0	0	0	0	0	0	0	0	0	1	0	0	0	0	0	0	0	0	0	1	$\frac{1}{1\,024}V_{REF}$
0	0	0	0	0	0	0	0	0	0	0	0	0	0	0	0	0	0	0	0	0	0
−1	1	0	0	0	0	0	0	0	0	1	1	1	1	1	1	1	1	1	1	1	$-\frac{1}{1\,024}V_{REF}$
⋮					⋮											⋮					⋮
−511	1	1	1	1	1	1	1	1	1	1	1	0	0	0	0	0	0	0	0	1	$-\frac{511}{1\,024}V_{REF}$
−512	1	0	0	0	0	0	0	0	0	0	1	0	0	0	0	0	0	0	0	0	$-\frac{512}{1\,024}V_{REF}$

　　对比表 9.2.2 与表 9.2.1 可见,双极性输入的补码与单极性输入的无符号二进制码除最高位 D_9 相反外,其它位数码完全相同,称为偏移二进制码;而输出模拟电压双极性比正号单极性的对应行均减小了 $\frac{512}{1\,024}V_{REF} = \frac{1}{2}V_{REF}$ 。所以,只要将表 9.2.2 中的补码$(N_B)_{补}$ 的最高位(符号位)D_9 取反,再作为单极性输出电路的输入,并将单极性输出电路的输出减去 $\frac{1}{2}V_{REF}$ 就可得到双极性输出电路。具体电路如图 9.2.7 所示。

　　D_9 取反相当于补码$(N_B)_{补}$ 加 200H,即单极性输出电压为:

$$v_{o1} = -\left(\frac{V_{REF}}{2^{10}}(N_B)_{补} + \frac{1}{2}V_{REF}\right) \tag{9.2.16}$$

　　经分析,双极性输出电压为:

$$v_o = -v_{o1} - \frac{1}{2}V_{REF} = -\left[-\left(\frac{V_{REF}}{2^{10}}(N_B)_{补}\right) + \frac{1}{2}V_{REF}\right] - \frac{1}{2}V_{REF} = \frac{V_{REF}}{2^{10}}(N_B)_{补} \quad (9.2.17)$$

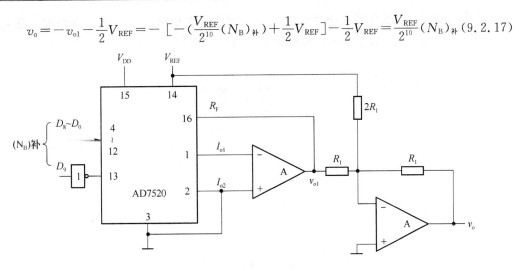

图 9.2.7　AD7520 双极性输出电路

9.2.6　DAC 的主要技术指标

通常把分辨率、转换精度和转换速度作为衡量 DAC 性能优劣的主要技术指标。

1. 分辨率

DAC 的分辨率是指对模拟输出最小电压的分辨能力,有两种表示方法。一种是用模拟输出的最小电压 V_{LSB}(对应的输入数字量最低位为 1,其余位都为 0)与最大电压 v_{om}(对应的输入数字量都为 1)之比来表示,即:

$$分辨率 = \frac{V_{LSB}}{v_{om}} = \frac{-\dfrac{V_{REF}}{2^n} \cdot 1}{-\dfrac{V_{REF}}{2^n} \cdot (1 + 2^1 + 2^2 + \cdots + 2^{n-1})} = \frac{1}{2^n - 1} \quad (9.2.18)$$

可见,分辨率与 DAC 的位数成反比,位数越多,分辨率越小,分辨能力就越高。

另一种是用输入的数字量的位数 n(DAC 的位数)来表示。一个分辨率为 n 的 DAC,其输出模拟电压最多有 2^n 个不同等级。输入数字量的位数 n 越多,输出电压可分离的等级越多,则分辨率越大,分辨能力就越高。

2. 转换精度

为了保证系统数据处理结果的精确度,DAC 必须有足够的转换精度,通常用转换误差来描述。转换误差是指 DAC 在稳态工作时,实际模拟输出值和理想输出值之间的最大偏差。一般用最小输出电压 V_{LSB} 的倍数表示。例如,某 DAC 的转换误差为 $\frac{1}{2}V_{LSB}$,表示输出模拟电压与理论值之间的误差等于或小于最小输出电压的一半。转换误差是一个由各种因素引起的综合性的指标,包括由基准电压的的波动引起的比例系数误差、运算放大器的零点漂移产生的漂移误差、模拟开关的导通内阻和导通压降及电阻网络中阻值的偏差产生的非线性误差等。

3. 转换速度

为了实现对快速过程的实时控制和检测,DAC 必须有足够快的转换速度,通常用建立时间 t_{set} 来描述。建立时间 t_{set} 是指输入数字量开始变化,到输出模拟电压进入规定的误差范围$\left(一般为 \pm \frac{1}{2}V_{LSB}\right)$所需的时间。因为输入数字量变化越大建立时间就越长,所以数据手册中一般给出的都是输入数字量从全 0 变化到全 1(或从全 1 变化到全 0)的建立时间。建立时间一般为几百纳秒到几百微秒。建立时间越短,DAC 的转换速度越快。

复习思考题

9.2.1　用哪些方法可以调节图 9.2.4 所示倒 T 形电阻网络 DAC 的输出电压 v_O 的最大幅度?

9.2.2　如果已知某 D/A 转换器满刻度输出电压为 10 V,试问要求 1 mV 的分辨率,其输入数字量的位数 n 至少是多少?

9.3　A/D 转换器(ADC)

9.3.1　A/D 转换的基本原理

ADC 的功能是将输入的模拟量电压(或电流)转换为与之成比例的输出二进制数字量。其转换示意图如图 9.3.1 所示。

图中,v_I(或 i_I)为输入的模拟量,D 为 A/D 转换器输出的 n 位二进制数,则

$$D = D_{n-1} D_{n-2} \dots D_1 D_0 \propto v_I (\text{或 } i_I) \quad (9.3.1)$$

只是这种转换关系体现在转换过程中,不能都像 D/A 转换那样写出具体的表达式。

图 9.3.1　A/D 转换示意图

9.3.2　ADC 的基本组成和分类

1. ADC 的基本组成

A/D 转换实质上是将一个时间和幅值都连续的模拟信号转化为时间和幅值都离散的数字信号的过程,一般经过采样、保持、量化和编码四个步骤完成。所以,ADC 通常由采样保持电路和量化编码电路两部分组成,如图 9.3.2 所示。

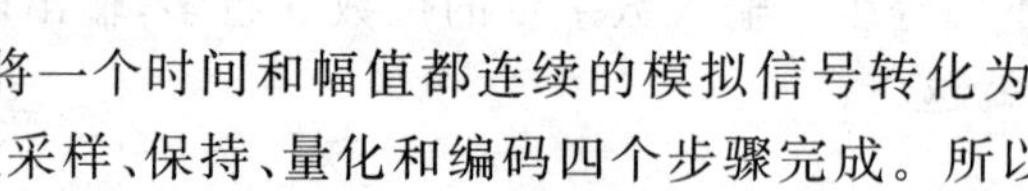

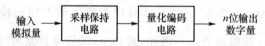

图 9.3.2　ADC 的组成框图

输入模拟量首先经过采样保持电路进行采样,采样结束后进入保持时间,在保持时间内量化编码电路将采样所得的模拟量量化为数字量,并按一定的编码形式给出转换结果。然后,再开始下一次采样。

(1) 采样保持电路

所谓采样就是将时间和幅值都连续的模拟信号转换为时间离散而幅值连续的采样信号;为了让量化编码电路有充分的时间对采样信号进行量化编码,每次采样结束后都应保持一段

时间再进行下一次采样。这二者通常由采样保持电路同时完成。采样保持电路的基本原理图如图 9.3.3 所示。

电路由 N 沟道增强型 MOS 开关管 T、信号保持电容 C 及连接成电压跟随器的运放 A 组成。v_T 为开关管 T 的控制信号。电路工作原理为：

①　当 v_T 为高电平时，T 导通，v_I 对电容 C 充电，$v_o = v_C = v_I$，电路处于采样阶段；

②　当 v_T 为低电平时，T 截止，电路处于保持阶段。由于电容 C 没有放电通道，所以 C 上电压保持为采样结束时刻所对应的 v_I 值不变，直到下一个采样脉冲到来为止。

采样保持波形示意图如图 9.3.4 所示。

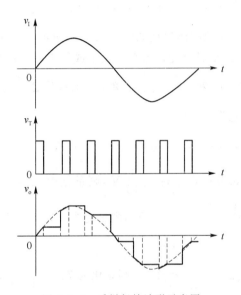

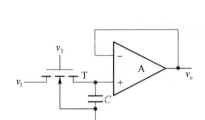

图 9.3.3　采样保持基本原理图　　　　图 9.3.4　采样保持波形示意图

为了能从采样信号中无失真的恢复出原信号，采样控制信号的频率应满足采样定理，即 v_T 的频率 f_s 应大于等于输入信号 v_I 的最高频率分量的频率 f_m 的 2 倍。表示为：

$$f_s \geq 2f_m \tag{9.3.2}$$

（2）量化编码电路

采样保持电路的输出信号幅值仍然是连续的，而数字信号的幅值是离散的，所以需要将这些连续的幅值进行离散化。这就要通过量化编码电路来完成。

量化就是将采样保持的输出电压信号表示为某个规定的最小数量单位的整数倍的过程。将量化后的信号用二进制码或其他形式的代码表示出来的过程就是编码，这些代码就是 ADC 输出的数字信号。量化和编码是由 A/D 转换器完成的。

量化过程中规定的最小数量单位称为量化单位，用 Δ 表示。Δ 是数字信号最低位为 1、其余位都为 0 时所对应的模拟电压，用 V_{LSB} 表示。

既然采样保持的输出电压幅值是连续的，那么它就不一定都能被 Δ 整除，所以量化过程中不可避免地存在误差，称为量化误差。它属于原理误差，是无法消除的。A/D 转换器的位数越多，量化误差的绝对值越小。

量化一般有两种方法：只舍不入法和四舍五入法。

①　只舍不入法：量化单位一般取作 $\Delta = \dfrac{v_{Im}}{2^n}$ V（v_{Im} 是被转换模拟信号的最大值，n 为转换

后数字信号的位数),如果 $(n-1)\Delta \leqslant v_I < n\Delta$,则将 v_I 量化为 $(n-1)\Delta$ 。

例如,将 $0\sim1$ V 的模拟电压转换为 3 位二进制码,则有 $\Delta = \dfrac{1}{8}$ V,那么:

如果 0 V $\leqslant v_I < \dfrac{1}{8}$ V,则量化为 $0\Delta = 0$ V,用二进制码 000 表示;

$\dfrac{1}{8}$ V $\leqslant v_I < \dfrac{2}{8}$ V,则量化为 $1\Delta = \dfrac{1}{8}$ V,用二进制码 001 表示;

$\vdots$

$\dfrac{7}{8}$ V $\leqslant v_I < 1$ V,则量化为 $7\Delta = \dfrac{7}{8}$ V,用二进制码 111 表示;

其量化编码过程如图 9.3.5(a)所示。从图中不难看出,这种量化方法产生的最大量化误差为 Δ ,而且量化误差总是大于或等于 0 。为了减小误差,可以采用四舍五入法。

② 四舍五入法:量化单位一般取作 $\Delta = \dfrac{2v_{Im}}{2^{n+1}-1}$ V,如果 $\dfrac{2n-1}{2}\Delta \leqslant v_I < \dfrac{2n+1}{2}\Delta$,则将 v_I 量化为 $n\Delta$ 。

例如,将 $0\sim1$ V 的模拟电压转换为 3 位二进制码,则有 $\Delta = \dfrac{2}{15}$ V,那么:

如果 0 V $\leqslant v_I < \dfrac{1}{15}$ V,则量化为 $0\Delta = 0$ V,用二进制码 000 表示;

$\dfrac{1}{15}$ V $\leqslant v_I < \dfrac{3}{15}$ V,则量化为 $1\Delta = \dfrac{2}{15}$ V,用二进制码 001 表示;

$\cdots\cdots$

$\dfrac{13}{15}$ V $\leqslant v_I < 1$ V,则量化为 $7\Delta = \dfrac{14}{15}$ V,用二进制码 111 表示;

其量化编码过程如图 9.3.5(b)所示。从图中不难看出,这种量化方法产生的最大量化误差为 $\dfrac{1}{2}\Delta$,而且量化误差可正、可负或等于 0 。

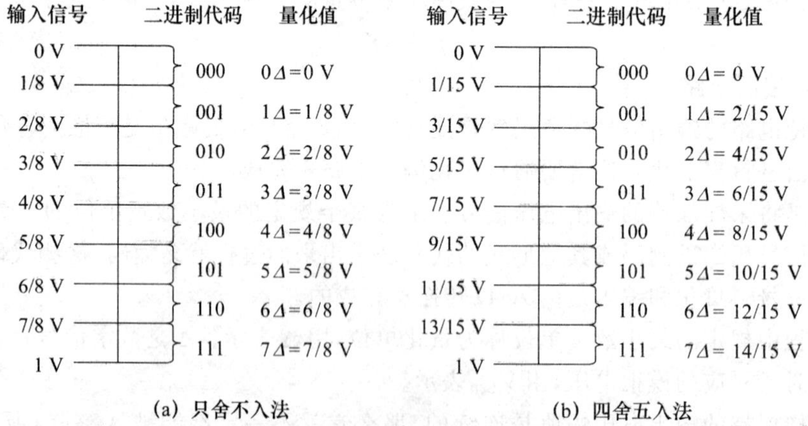

图 9.3.5　量化编码示意图

由于四舍五入法量化误差小,所以在实际的 ADC 中,大多数采用这种方法。

2. ADC 的分类

ADC 的类型有很多,按其工作原理可分为直接 ADC 和间接 ADC。直接 ADC 将输入模拟信号直接转换成对应的数字信号输出,典型电路有并行比较型 ADC 和逐次比较型 ADC。间接 ADC 首先将输入模拟信号转换成某种中间变量(如时间、频率等),然后再将中间变量转换成对应的数字信号输出,典型电路有双积分型 ADC。

9.3.3 几种不同类型的 ADC

1. 并行比较型 ADC

（1）电路组成原理图

三位并行比较型 ADC 的电路组成原理图如图 9.3.6 所示。它由 C_1、C_2、$\cdots$、C_7 7 个电压比较器、7 个 D 触发器构成的寄存器和 1 个优先编码器组成。V_{REF} 为基准电压,v_I 是采样保持电路输出的采样信号,v_I 的变化范围为 $0 \leqslant v_I < V_{REF}$,$D_2$、$D_1$、$D_0$ 为三位二进制输出数字量。

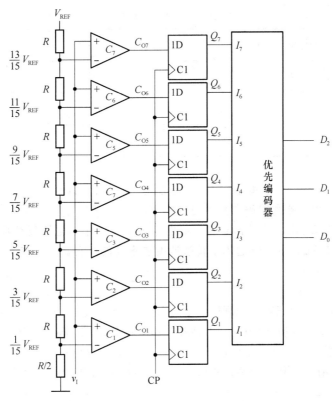

图 9.3.6 三位并行比较型 ADC 的电路组成原理图

（2）工作原理

基准电压 V_{REF} 经电阻链分压,得到 $\frac{1}{15}V_{REF}$、$\frac{3}{15}V_{REF}\cdots\frac{13}{15}V_{REF}$ 共 7 个电平,分别接到 C_1、$C_2\cdots C_7$ 7 个电压比较器的反相输入端,为对应比较器提供参考电压。而输入模拟信号 v_I 同时接到各电压比较器的同相输入端,与对应参考电压进行比较。若输入模拟信号 v_I 小于参考电压,比较器输出为 0;反之,比较器输出为 1。电压比较器的输出状态由 D 触发器构成的寄存器存储,经优先编码器编码成 3 位二进制数输出,从而实现了模拟量到数字量的转换。例如,当 $0 \leqslant v_I < \frac{1}{15}V_{REF}$ 时,$C_1 \sim C_7$ 的输出都为 0,则 $I_7 \cdots I_1 = Q_7 \cdots Q_1 = 0\cdots 0$,对应输出的二进制码 $D_2D_1D_0 = 000$;当 $\frac{1}{15}V_{REF} \leqslant v_I <$

$\frac{3}{15}V_{REF}$ 时，C_1 输出为 1，$C_2 \sim C_7$ 输出都为 0，则 $I_7 \cdots I_1 = Q_7 \cdots Q_1 = 0 \cdots 1$，对应输出的二进制码 $D_2 D_1 D_0 = 001$；以此类推，可得 3 位并行比较型 ADC 的输入输出对应关系如表 9.3.1 所示。

表 9.3.1　3 位并行比较型 ADC 的输入输出对应关系

输入模拟量 v_I	寄存器状态							输出数字量			代表的模拟电压
	Q_7	Q_6	Q_5	Q_4	Q_3	Q_2	Q_1	D_2	D_1	D_0	
$0 \leqslant v_I < \frac{1}{15}V_{REF}$	0	0	0	0	0	0	0	0	0	0	0
$\frac{1}{15}V_{REF} \leqslant v_I < \frac{3}{15}V_{REF}$	0	0	0	0	0	0	1	0	0	1	$\frac{2}{15}V_{REF}$
$\frac{3}{15}V_{REF} \leqslant v_I < \frac{5}{15}V_{REF}$	0	0	0	0	0	1	1	0	1	0	$\frac{4}{15}V_{REF}$
$\frac{5}{15}V_{REF} \leqslant v_I < \frac{7}{15}V_{REF}$	0	0	0	0	1	1	1	0	1	1	$\frac{6}{15}V_{REF}$
$\frac{7}{15}V_{REF} \leqslant v_I < \frac{9}{15}V_{REF}$	0	0	0	1	1	1	1	1	0	0	$\frac{8}{15}V_{REF}$
$\frac{9}{15}V_{REF} \leqslant v_I < \frac{11}{15}V_{REF}$	0	0	1	1	1	1	1	1	0	1	$\frac{10}{15}V_{REF}$
$\frac{11}{15}V_{REF} \leqslant v_I < \frac{13}{15}V_{REF}$	0	1	1	1	1	1	1	1	1	0	$\frac{12}{15}V_{REF}$
$\frac{13}{15}V_{REF} \leqslant v_I < V_{REF}$	1	1	1	1	1	1	1	1	1	1	$\frac{14}{15}V_{REF}$

（3）特点

① 优点：转换时间最短，速度最快，且与位数无关。并行 ADC 完成一次转换所需要的时间只包括比较器、D 触发器和编码器延迟时间的总和。

② 缺点：位数越多，用的比较器和触发器也越多（$2^n - 1$ 个），电路复杂程度急剧增加。

因此，并行比较型 ADC 一般适用于转换速度要求高的场合。

2. 逐次比较型 ADC

（1）电路组成原理图

逐次比较型 ADC 的电路组成原理框图如图 9.3.7 所示。它由电压比较器、n 位 DAC、n 位数据寄存器、移位寄存器、控制逻辑电路和时钟脉冲源等部分组成。V_{REF} 为基准电压；v_I 为采样保持电路输出的采样信号，v_I 的变化范围为 $0 \leqslant v_I \leqslant V_{REF}$；$v_o$ 为 DAC 转换成的模拟电压；v_L 为转换控制信号，高电平有效；CP 为转换时钟脉冲；$D_{n-1} \cdots D_0$ 为 n 位输出二进制数字量。

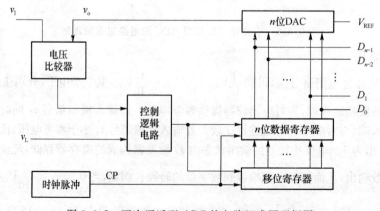

图 9.3.7　逐次逼近型 ADC 的电路组成原理框图

（2）工作原理

转换开始前先将所有寄存器清零。转换控制信号 v_L 变为高电平时开始转换。其转换过程为：在转换时钟脉冲 CP 作用下，控制逻辑电路使移位寄存器的最高位置 1，其他位置 0，即输出为 10…0。这个数字量经过数据寄存器送入 DAC 转换成相应的模拟电压 v_o，并送入电压比较器与输入信号 v_I 进行比较。如果 $v_I > v_o$，则先置入的 1 保留，并存于数据寄存器的 D_{n-1} 位；如果 $v_I < v_o$，则先置入的 1 被清除为 0，然后再使移位寄存器的次高位置 1，其他低位置 0，按上述方法进行比较，以确定数据寄存器的 D_{n-2} 位存 1 还是存 0。以此类推，逐次比较下去，直到最低位比较完为止。此时数据寄存器中所存的二进制数码就是与输入模拟电压 v_I 相应的输出数字量。

例 9.3.1　3 位逐次比较型 ADC 的电路图如图 9.3.8 所示。图中 FF_2、FF_1、FF_0 3 个 JK 触发器构成三位数据寄存器，$FF_A \sim FF_E$ 五个 D 触发器构成环形右移移位寄存器。若已知 $V_{REF} = 8$ V，输入模拟电压 $v_I = 6.8$ V，试分析其转换结果。

解：　转换开始前，先将数据寄存器 FF_2、FF_1、FF_0 清零，并将环形右移移位寄存器 $FF_A \sim FF_E$ 置数为 $Q_A Q_B Q_C Q_D Q_E = 10000$。当转换控制信号 v_L 变为高电平时，与门 G_6 打开，电路在转换时钟脉冲 CP 作用下开始转换。

第一个 CP 上升沿到来时，由于 FF_2 的 $J = Q_A = 1$，$K = 0$，而 FF_1、FF_0 的 J、K 都为 0，所以使得 $Q_2 Q_1 Q_0 = 100$。该数字量经 3 位 DAC 转换后得到 $v_o = \dfrac{V_{REF}}{2^3} N_D = 4$ V。因为 $v_I > v_o$，所以比较器输出 $v_C = 0$。同时在 CP 作用下，使得环形右移移位寄存器的 $Q_A Q_B Q_C Q_D Q_E = 01000$。根据 A/D 转换原理，$Q_2 = 1$ 应保留。

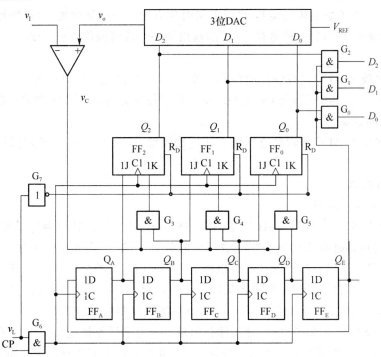

图 9.3.8　3 位逐次比较型 ADC 电路图

第二个 CP 上升沿到来时，由于 $v_C = 0$，且只有 $Q_B = 1$，所以 FF_2 的 J、K 都为 0，使得 Q_2 保

持为 1；而 FF_1 的 $J=Q_B=1$、$K=0$，FF_0 的 J、K 也为 0，所以 $Q_2Q_1Q_0=110$。该数字量经 3 位 DAC 转换后得到 $v_o=\dfrac{V_{REF}}{2^3}N_D=6$ V。因为 $v_I>v_o$，所以比较器输出 $v_C=0$。同时在 CP 作用下，使得环形右移移位寄存器的 $Q_AQ_BQ_CQ_DQ_E=00100$。根据 A/D 转换原理，$Q_2=Q_1=1$ 都应保留。

第三个 CP 上升沿到来时，由于 $v_C=0$，且只有 $Q_C=1$，所以 FF_2、FF_1 的 J、K 都为 0，使得 Q_2、Q_1 都保持为 1；而 FF_0 的 $J=Q_C=1$、$K=0$，所以 $Q_2Q_1Q_0=111$。该数字量经 3 位 DAC 转换后得到 $v_o=\dfrac{V_{REF}}{2^3}N_D=7$ V。因为 $v_I<v_o$，所以比较器输出 $v_C=1$。同时在 CP 作用下，使得环形右移移位寄存器的 $Q_AQ_BQ_CQ_DQ_E=00010$。根据 A/D 转换原理，$Q_2=Q_1=1$ 应保留，而 $Q_0=1$ 不应保留。

第四个 CP 上升沿到来时，由于 $v_C=1$，且只有 $Q_D=1$，所以 FF_2、FF_1 的 J、K 都为 0，使得 Q_2、Q_1 都保持为 1；而 FF_0 的 $J=0$、$K=1$，使得 Q_0 被置为 0，即上次比较的结果 $Q_0=1$ 被撤消，所以 $Q_2Q_1Q_0=110$。该数字量就是输入模拟信号 $v_I=6.8$ V 的转换结果。同时在 CP 作用下，使得环形右移移位寄存器的 $Q_AQ_BQ_CQ_DQ_E=00001$。这样，在 $Q_E=1$ 的作用下，与门 G_2、G_1、G_0 被打开，数字量 $Q_2Q_1Q_0=110$ 输出到输出端，从而 $D_2D_1D_0=110$。

第五个 CP 上升沿到来时，环形右移移位寄存器的 $Q_AQ_BQ_CQ_DQ_E=10000$，恢复为初始状态。这时，$Q_E=0$，与门 G_2、G_1、G_0 被封锁。同时，使转换控制信号 v_L 变为低电平，经非门 G_7 反相后使 R_D 为高电平，将数据寄存器 FF_2、FF_1、FF_0 清零，整个 A/D 转换过程结束。

通过以上分析可知，本例题采用的是只舍不入法的量化方法，最大量化误差为 Δ，最大转换误差也为 Δ。为了减小转换误差，可以采用两种方法。一种是增加位数，每增加 1 位，量化误差可减为原来的 $1/2$；另一种是在 DAC 的输出加一个负向偏移电压 $\Delta/2$。

（3）特点

① 逐次比较型 ADC 具有较高的转换速度。n 位逐次比较型 ADC 完成一次转换所需的时间为 $(n+2)T_{CP}$，其中 T_{CP} 为 CP 脉冲周期。数字量位数越少，CP 脉冲频率越高，完成一次转换所需的时间就越短。

② 逐次比较型 ADC 的转换速度低于并行比较型 ADC，但电路简单，是目前应用较多的一种 ADC。

3. 双积分型 ADC

（1）电路组成原理图

双积分型 ADC 是一种间接 ADC，它首先将输入模拟电压 v_I 转换为与之成正比的中间变量时间 T，然后再将时间 T 转换为与之成正比的数字量，这样就可以得到与输入模拟电压 v_I 成正比的数字量。所以，双积分型 ADC 也称为电压—时间变换型（简称 V—T 变换型）ADC。

双积分型 ADC 的电路组成原理图如图 9.3.9 所示。它由积分器（运放 A 及 R、C 构成）、过零比较器（运放 B）、n 位计数器（$FF_0\sim FF_{n-1}$）和逻辑控制电路（FF_n、G、L1、L2 等，其中 L1、L2 为模拟开关 S1、S2 的驱动电路）等几部分组成。v_I 为采样保持电路输出的采样信号；V_{REF} 为基准电压，与 v_I 极性相反；v_L 为转换控制信号，高电平有效；CP 为时钟脉冲；$D_{n-1}\cdots D_0$ 为 n 位输出二进制数字量。

（2）工作原理

转换开始前，转换控制信号 v_L 为低电平使触发器 $FF_0\sim FF_n$ 都被清零，并通过反相器变为高电平后经开关驱动电路 L_1 驱动后使开关 S_1 闭合,将积分电容完全放电。当 v_L 变为高电平时,开关 S_1 断开,转换开始。转换分两次积分进行。

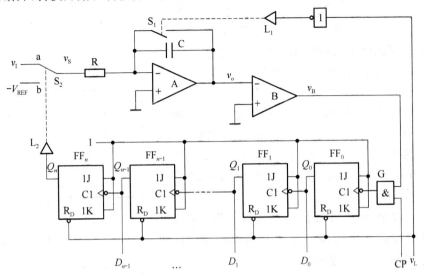

图 9.3.9 双积分型 ADC 的电路组成原理图

① 第一次积分。

$Q_n = 0$ 的低电平经开关驱动电路 L_2 驱动后使开关 S_2 与 a 点接通,积分器对输入模拟信号 v_I 进行积分。积分器的输出为

$$v_o = -\frac{1}{RC}\int_0^t v_I dt = -\frac{v_I}{RC}t \tag{9.3.3}$$

当 $v_I > 0$ 时 $v_o < 0$,所以过零比较器的输出 v_B 为高电平,与门 G 打开,$FF_0 \sim FF_{n-1}$ 构成的 n 位二进制加法计数器对时钟脉冲 CP 进行计数。当计满 2^n 个脉冲后,n 个触发器都翻转为全 0 状态,同时触发器 FF_n 的输出 $Q_n = 1$,第一次积分结束。

由以上分析可知,第一次积分的积分时间为一常数 $T_1 = 2^n T_{CP}$,T_{CP} 为 CP 脉冲周期。第一次积分结束时,积分器的输出电压为

$$v_{o1} = -\frac{v_I}{RC}T_1 = -\frac{2^n T_{CP}}{RC}v_I \tag{9.3.4}$$

可见,第一次积分结束时,积分器的输出电压 v_{o1} 与输入模拟电压 v_I 成正比。

② 第二次积分。

$Q_n = 1$ 的高电平经开关驱动电路 L_2 驱动后使开关 S_2 与 b 点接通,积分器对基准电压 $-V_{REF}$ 进行反相积分,积分器的输出电压开始上升。此时,仍有为 $v_o < 0$,所以过零比较器的输出 v_B 仍为高电平,与门 G 打开,计数器又从 0 开始计数。经过时间 T_2 后积分器的输出电压上升到 0,过零比较器的输出 v_B 变为低电平,将与门封锁,计数停止。至此,一次 A/D 转换结束。此时,积分器的输出电压为

$$v_{o2} = v_{o1} - \frac{1}{RC}\int_0^{T_2} -V_{REF} dt = -\frac{2^n T_{CP}}{RC}v_I + \frac{V_{REF}}{RC}T_2 = 0 \tag{9.3.5}$$

所以

$$T_2 = \frac{2^n T_{CP}}{V_{REF}}v_I \tag{9.3.6}$$

可见，T2 与输入模拟信号 v_1 成正比。T2 就是双积分型 ADC 转换过程的中间变量。设 T2 期间计数器的计数结果为 D,则

$$D = \frac{T_2}{T_{CP}} = \frac{2^n}{V_{REF}} v_1 \qquad (9.3.7)$$

这便是与输入模拟电压 v_1 相应的输出数字量。

双积分 ADC 的工作波形图如图 9.3.10 所示。

（3）特点

① 优点:一是工作性能稳定、转换精度较高,在两次积分中的时间常数相同,且转换结果与 R、C 参数无关,故 R、C 参数的缓慢变化不影响转换精度;另一个是抗干扰能力强,因为积分电路对工频电源周期整数倍的干扰信号输出为零。

② 缺点:双积分型 ADC 的转换速度较慢。n 位双积分型 ADC 完成一次转换所需的时间至少为 $2T_1 = 2^{n+1}T_{CP}$,其中 T_{CP} 为 CP 脉冲周期。

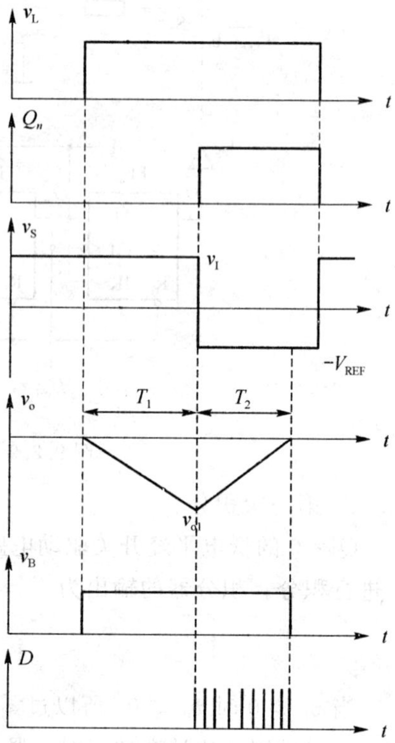

9.3.4 ADC 的主要技术指标

同 DAC 一样,ADC 的主要技术指标也是分辨率、转换精度和转换速度。

1. 分辨率

ADC 的分辨率是指对输入模拟信号的分辨能力,通常用输出的二进制或十进制数的位数来表示。输出位数越多,量化单位越小,分辨率越高。

2. 转换精度

ADC 的转换精度也用转换误差来描述。转换误差是实际输出的数字量和理想上应该输出的数字量之间的差别。通常用输出数字量最低有效位的倍数表示。例如,给出转换误差 $\leq \pm \frac{1}{2} LSB$,这表明实际输出的数字量和理论应该输出的数字量之间的误差不大于最低有效位的一半。

3. 转换速度

ADC 的转换速度常用转换时间来描述。转换时间是指完成一次 A/D 转换所需的时间,即从转换控制信号发出开始到有稳定数字信号输出为止的一段时间。转换时间越短,转换速度越快。ADC 的转换速度与其类型有关,并行比较型最快,逐次比较型次之,双积分型最慢。

图 9.3.10 双积分型 ADC 的工作波形图

复习思考题

9.3.1 什么是量化误差? 有哪些可以减小量化误差的方法?

9.3.2 在图 9.3.6 所示并行比较 A/D 转换电路中,若输入电压 v_1 为负电压,试问电路能否正常进行 A/D 转换? 为什么? 如果不能正常工作,需要如何改进电路?

9.3.3 在图 9.3.8 所示逐次比较型 A/D 转换器中,完成一次 A/D 转换所需时间为多少? 转换时间与哪些因素有关?

9.3.4 已知在图 9.3.6 所示并行比较 A/D 转换电路中,$V_{REF} = 10\ V$,$v_I = 9\ V$,试问输出数字量 $D_2 D_1 D_0 = ?$

本 章 小 结

ADC 和 DAC 是模拟系统和数字系统相互联系的纽带,在数字系统中占有非常重要的地位。

DAC 是将数字信号转换为模拟信号的电路。它可以按不同的方式进行分类,按解码网络结构的不同可分为权电阻网络 DAC、倒 T 形电阻网络 DAC、权电流型 DAC 等。这几种电路在集成 DAC 中均有应用。目前,在双极型的集成 DAC 产品中,权电流型电路用得比较多;在 CMOS 集成 DAC 中,倒 T 形电阻网络电路较为常见。DAC 的输出方式有单极性输出和双极性输出两种。无论哪种输出方式,在使用时应注意进行零点和满量程调节。

ADC 是将模拟信号转换为数字信号的电路。它的转换一般经过采样、保持、量化和编码四个步骤完成。常用的 ADC 有并行比较型、逐次比较型、双积分型等几种类型。不同结构的 ADC 有各自的特点,在要求转换速度高的场合,可选用并行比较型 ADC;在要求精度高的情况,可以采用双积分型 ADC,当然也可选用高分辨率的其他形式 ADC,但成本会增加。由于逐次比较型 ADC 在一定程度上兼顾了以上两种转换器的优点,因此得到普遍应用。

ADC 和 DAC 的主要技术指标都是分辨率、转换精度和转换速度。为了得到较高的转换精度,除了选用分辨率较高的器件外,还必须保证参考电源的稳定度。

习 题

9.1 在 10 位二进制数 D/A 转换器中,已知其最大满刻度输出模拟电压 $V_{om} = 5\ V$,求最小分辨电压 V_{LSB} 和分辨率。

9.2 对于一个 8 位 D/A 转换器:

(1) 若最小输出电压增量 V_{LSB} 为 0.02 V,试问当输入代码为 01001101 时,输出电压 v_O 为多少伏?

(2) 假设 D/A 转换器的转换误差为 1/2LSB,若某一系统中要求 D/A 转换器的精度小于 0.25%,试问这一 D/A 转换器能否应用?

9.3 n 位权电阻型 D/A 转换器如图题 9.3 所示。

(1) 试推导输出电压 v_O 与输入数字量的关系式;

(2) 如 n=8,$V_{REF} = -10\ V$ 时,如输入数码为 20H,试求输出电压值。

9.4 10 位倒 T 型电阻网络 D/A 转换器如图题 9.4 所示,当 R=R_f 时:

(1) 试求输出电压的取值范围;

(2) 若要求电路输入数字量为 200H 时输出电压 $v_O = 5\ V$,试问 V_{REF} 应取何值?

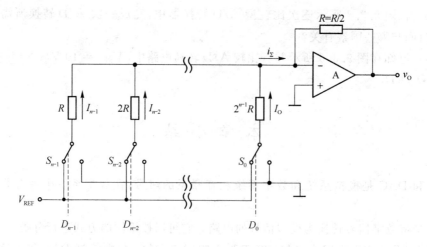

图题 9.3

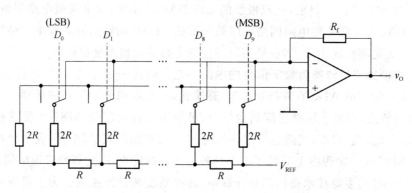

图题 9.4

9.5 图题 9.5 所示电路可用作阶梯波发生器。如果计数器是加/减计数器,它和 D/A 转换器相适应,均是 10 位(二进制),时钟频率为 1MHz,求阶梯波的重复周期,试画出加法计数和减法计数时 D/A 转换器的输出波形(使能信号 $S=0$,加计数;$S=1$,减计数)。

9.6 由 555 定时器、3 位二进制加计数器、理想运算放大器 A 构成如图题 9.6 所示电路。设计数器初始状态为 000,且输出低电平 $V_{OL}=0$ V,输出高电平 $V_{OH}=3.2$ V,R_d 为异步清零端,高电平有效。

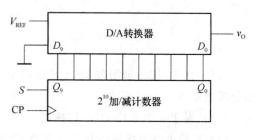

图题 9.5

(1) 说明虚框(1)、(2)部分各构成什么功能电路?

(2) 虚框(3)构成几进制计数器?

(3) 对应 CP 画出 v_O 波形,并标出电压值。

9.7 一程控增益放大电路如图题 9.7 所示,图中 $D_i=1$ 时,相应的模拟开关 S_i 与 v_I 相接;$D_i=0$,S_i 与地相接。

(1) 试求该放大电路的电压放大倍数 $A_V=\dfrac{v_O}{v_I}$ 与数字量 $D_3 D_2 D_1 D_0$ 之间的关系表达式;

（2）试求该放大电路的输入电阻 $R_I = \dfrac{v_I}{i_I}$ 与数字量 $D_3D_2D_1D_0$ 之间的关系表达式。

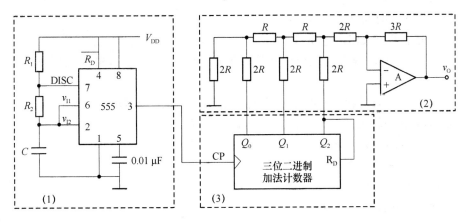

图题 9.6

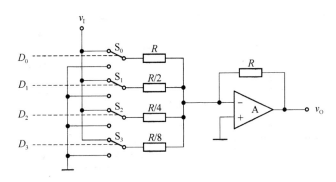

图题 9.7

9.8　双积分式 A/D 转换电路如图题 9.8 所示。

（1）若被测电压 $v_{I(max)} = 2\ \text{V}$，要求分辨率 $\leqslant 0.1\ \text{mV}$，则二进制计数器的计数总容量 N 应大于多少？

（2）需要多少位的二进制计数器？

（3）若时钟频率 $f_{cp} = 200\ \text{kHz}$，则采样保持时间为多少？

（4）若 $f_{cp} = 200\ \text{kHz}$，$|v_I| < |V_{REF}| = 2\ \text{V}$，积分器输出电压的最大值为 5 V，此时积分时间常数 RC 为多少毫秒？

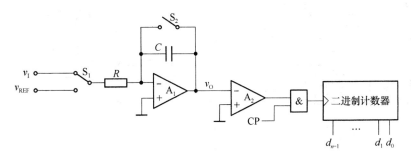

题图 9.8

9.9　某双积分型 A/D 转换器中，计数器为十进制，其最大计数容量为 $(3000)_D$。已知计

数时钟频率 $f_{cp}=30\ kHz$ ，积分器中 $R=100\ k\Omega$ ，$C=1\ \mu F$ ，输入电压 v_I 的变化范围为 $0\sim5\ V$ 。试求：

(1) 第一次积分时间 T_1 ；

(2) 求积分器的最大输出电压 $|V_{Omax}|$ ；

(3) 当 $V_{REF}=10\ V$ ，第二次积分计数器计数值 $\lambda=(1\ 500)_{10}$ 时，输入电压 v_I 的平均值为多少？

9.10 计数式 A/D 转换器框图如图题 9.10 所示。D/A 转换器输出最大电压 $v_{omax}=5\ V$ ，v_I 为输入模拟电压，X 为转换控制端，CP 为时钟输入，转换器工作前 $X=0$ ，R_D 使计数器清零。已知，$v_I>v_O$ 时，$v_C=1$ ；$v_I\leqslant v_O$ 时，$v_C=0$ 。当 $v_I=1.2\ V$ 时，试问

(1) 输出的二进制数 $D_4D_3D_2D_1D_0=?$

(2) 转换误差为多少？

(3) 如何提高转换精度？

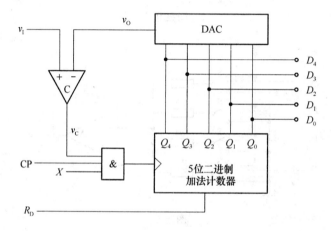

图题 9.10

9.11 如图题 9.11(a) 所示为一个 4 位逐次比较型 A/D 转换器，其 4 位 D/A 输出波形 v_O 与输入电压 v_I 分别如图题 9.11(b) 和 (c) 所示。

(1) 转换结束时，图题 9.11(b) 和 (c) 的输出数字量各为多少？

(2) 若 4 位 A/D 转换器的输入满量程电压 $V_{FS}=5\ V$ ，估计两种情况下的输入电压范围各为多少？

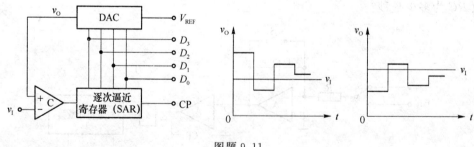

图题 9.11

参 考 文 献

[1] 阎石.数字电子技术基础.第 5 版.北京:高等教育出版社,2006.

[2] 康华光.电子技术基础(数字部分).第 5 版.北京:高等教育出版社,2006.

[3] 余孟尝.数字电子技术基础简明教程.第 3 版.北京:高等教育出版社,2006.

[4] 杨春玲,王淑娟.数字电子技术基础.北京:高等教育出版社,2011.

[5] 包晓敏,王开全.数字电子技术.北京:机械工业出版社,2012.

[6] 周良权,方向乔.数字电子技术基础.第 3 版.北京:高等教育出版社,2008.

[7] 张裕民.数字电子技术基础.西安:西北工业大学出版社,2003.

[8] 张豫滇.数字电子技术.北京:北京邮电大学出版社,2004.

[9] 阎石,王红.数字电子技术基础习题解答.(第 5 版).北京:高等教育出版社,2006.

[11] 赵曙光.可编程逻辑器件原理、开发与应用.第 2 版.西安:西安电子科技大学出版社,2006.

[12] 潘松,黄继业,陈龙.EDA 技术与 Verilog HDL.北京:清华大学出版社,2010.

[13] 贾立新,何剑春,包晓敏.数字电路.第 2 版.北京:电子工业出版社,2011.

[14] 李良荣.现代电子设计技术—基于 Multisim 7 & Ultiboard 2001.北京:机械工业出版社,2004.

[15] Victor P. Nelson,数字逻辑电路分析与设计.北京:科学出版社,2002.

[16] 卫桦林,主编.数字电子技术基础学习指导书.北京:高等教育出版社,2004.

[17] 李哲英.电子技术及其应用基础(数字部分).北京:高等教育出版社,2003.

[18] 侯建军.数字电子技术基础.北京:高等教育出版社,2003.

[19] 集成电路手册编委会.标准集成电路数据手册 CMOS4000 系列电路.北京:电子工业出版社,1995.

[20] 电子工程手册编委会.标准集成电路数据手册 TTL 电路.北京:电子工业出版社,1991.